우리 모두의 수학자
오일러
Euler, The Master of Us All

월리엄 던햄 지음
김영주·김지영 옮김

KM 경문사

옮긴이의 말

수학자들은 대체로 다른 수학자의 삶에 대해서 관심이 적은 것 같다. 아마도 항상 아직 답을 찾지 못한 현재의 상황에 골몰하며 먼저 간 수학자의 삶보다 남겨둔 수학 문제에 더 집중하기 때문인 것 같다. 수학이 인류의 역사에서 가장 오래된 학문 중 하나라는 것을 고려하면 수학자들의 이야기는 극히 미미하게 알려졌다. 우리가 오일러에 관심을 두게 된 계기는 고등과학원에서 해마다 열리는 e-day e-time이다. 이 책의 2장과 5장에서도 소개된 유명한 오일러 상수 $e = 2.71828\cdots$ 에서 영감을 얻어서 매년 2월 7일 18시 28분에 시작하는 수학의 날이다. 매년 이를 위해 강연을 준비하면서 오일러에 대해 조금씩 더 알아갈수록 그가 얼마나 훌륭한 인격을 갖춘 위대한 수학자였는지 놀랐고 점점 더 궁금해졌다.

우리가 수학을 배워야 하는 이유가 자유롭게 사고하고 어려움을 포기하지 않는 것이라면, 오일러는 이에 대해 가장 훌륭한 스승일 것이다. 감탄스러운 오일러의 연구와 삶을 알려서 여러 사람들이 그로부터 영감을 얻기 바란다. 해외에서는 이미 많은 오일러 클럽이 활동한다. 던햄 역시 이 클럽의 멤버로 활동하며 오일러에 관한 책을 이미 여러 권 냈고 계속 쓰고 있다. 그러나 아쉽게도 국내에는 오일러에 대한 책이 거의 없다.

그래서 오일러를 잘 소개해주는 책이 한 권쯤 있었으면 하는 소망에서 이 책의 번역을 시작했다.

역사 속에 지나간 위대한 스승들을 만나는 방법은 다양하다. 그들이 어디서 태어나서 어떤 성장과정을 거쳐서 그러한 사람이 되었는지를 볼 수도 있다. 그러나 우리는 오일러가 마지막 순간까지 열정을 놓지 않았던 수학을 통해 그를 만나는 것이 가장 좋은 방법이라고 생각한다. 그것이 이 책의 가장 큰 장점이다. 여덟 개의 수학 분야에서 그가 남긴 업적을 통해서 오일러를 만나는 것이다.

각각의 장은 모두 독립적이다. 어느 장이든 좋아하는 주제를 골라서 먼저 읽거나, 장의 순서를 바꾸어 읽어도 무리가 없을 것이다. 원서에 각주로 달려 있던 참고문헌들은 모두 책 뒤에 한 곳으로 모았고, 그 자리에 대신 한국 독자들을 위한 역자주를 추가했다. 이 책은 고등학교에서 복소수, 수열, 미분, 적분을 배운 적이 있는 사람이라면 별 무리 없이 읽을 수 있을 것이다.

이 책을 번역하는 일을 계기로 지난여름 오일러의 고향인 바젤을 방문했던 것은 예상치 못한 큰 기쁨이었다. 바젤은 오일러의 고향이고 오페라 옴니아를 편찬하는 베르누이-오일러 센터가 바젤 대학에 있다. 오래된 책 냄새가 가득한 바젤 대학 도서관에서 직접 책장들을 넘기며 《오페라 옴니아》를 볼 수 있었고, 오일러가 쓴 책들과 친필 원고와 서한 속에 묻혀볼 수 있었다. '오페라 옴니아'는 전집/총서를 뜻하는 라틴어로 '오일러 전집'으로 번역하는 것이 적당하겠으나, 오일러가 남긴 유산은 역사에 유례가 없는 독특한 것이기에 라틴어를 그대로 둔다.

스위스에서 오일러는 우리나라의 이순신 장군이나 세종대왕만큼의 인기를 누린다. 독일어로 '오일러'라는 단어와 '부엉이'가 발음이 똑같아서, 사람들은 부엉이라는 별명을 오일러에게 붙였다. 그래서 수학과 관련된 행사를 알리는 포스터 등에서 학자의 모습을 한 귀엽고 영리한 부엉이가 많이 눈에 띄었다. 오일러가 수학자로서 삶을 시작하고 마감했던 러시아 상트 페테르부르크 학술원이 베르누이-오일러 센터Bernoulli-Euler Zentrum에 선물한 부엉이 조각상이 친근해 보였다. 베르누이-오일러 센터에 방문했을 때 인쇄소에서 보내 온 상자의 포장을 뜯으며 막 새로 추가된 《오페라 옴니아》의 두 권을 볼 수 있었다. 바로 골드바흐와의 서신을 모은 4부A의 제4권 part 1과 part 2였다.

라인 강이 흐르는 바젤 곳곳을 돌아다니며 하루를 온통 오일러의 이런저런 이야기로 채워준 한스-크리스토프 임호프Hans-Christoph Im Hof 교수와 베르누이-오일러 센터의 마틴 매트뮬러Martin Mattmüller에게 이 글을 통해 특별한 감사를 전한다. 오일러가 주로 쓰던 언어는 라틴어와 독일어였고 바젤은 독일어를 사용하는 도시고, 곳곳의 역사적인 장소들엔 라틴어가 흔했다. 거의 까막눈인 처지의 우리를 위해 인간번역기를 자처하며 하루종일 눈에 보이는 모든 것을 설명해 주었다. 이들이 영어, 프랑스어, 독일어에 라틴어와 수학을 자유롭게 넘나드는 모습은 놀라움을 지나 감탄스러웠다. 임호프 교수는 또한 우리의 번역작업에 대해 무한한 지지와 격려를 보내며, 우리가 이 책에 《오페라 옴니아》의 현재 출판 상황을 정확히 업데이트할 수 있도록 자세히 알려주는 것은 물론 우리가 문의를 할 때마다 하나하나 친절하게 대답해주었다.

마지막으로 던햄이 인용한 라플라스는 프랑스어로 "Lisez Euler, lisez Euler, c'est notre maître à tous"이다. 던햄은 이것을 "Read Euler. Read

Euler. He is the master of us all."이라고 번역했지만, 우리는 라플라스의 말을 더 충실하게 번역한 김홍종 교수(서울대 수학과)의 것을 사용했다는 것을 밝힌다.

    독자들도 아는 것처럼 두 명의 역자 모두 수학쟁이다. 그러나 수학의 진정한 아름다움은 누구든 음미할 수 있을 것이다. 우리가 이 책에서 얻은 감동을 많은 사람들과 나눌 수 있기를 소망한다.

김영주, 김지영 배상

감사의 글

나는 1997–98년 뮬런버그 대학Muhlenberg College에서 도날드 호프만 연구비Donald B. Hoffman Research Fellowship를 받는 특권을 누렸다. 이 기회에 뮬런버그 대학의 교수 발전 연구 위원회와 커티스 드레쉬Curtis Dretsch 학과장과 아서 테일러Arthur Taylor 총장에게 감사의 말을 전한다. 이 연구비가 아니었다면 나는 이 프로젝트를 완성은 고사하고 시작도 할 수 없었을 것이다.

또한 이 책을 집필했던 뮬런버그 대학의 트렉슬러 도서관Trexler Library과 오일러의 《오페라 옴니아 Opera Omnia》를 모두 소장하고 있는 리하이 대학Lehigh University의 페어차일드-마틴데일 도서관Fairchild-Martindale Library이 중요한 역할을 했음을 밝힌다.

이 책의 집필을 가장 크게 격려해준 사람은 미국 수학 연합회 출판과 프로그램Publications and Programs of Mathematical Association of America의 디렉터인 돈 알버스Don Albers이다. 돈은 끊임없는 격려와 조언의 창구가 되어 왔다. 그가 보여준 전문성과 우정에 대해 항상 감사한다.

이 책이 나오기까지 그 외에도 많은 사람들의 기여가 있었다. 돌시아니 수학 시리즈Dolciani Mathematical Expositions의 편집인 부르스 팔카Bruce Palka, 편집기간 내내 이 책의 원고를 살펴준 일레인 페드레이라Elaine Pedreira와 베벌리 루디Beverly Ruedi, 그리고 원고를 세심하게 읽고 도움이 되는 제안들을 많이 해준 제리 알렉샌더슨Jerry Alexanderson과 리온 바지안Leon Varjian이 가장 눈에 띈다.

뮬런버그 대학 수리과학과의 동료들이자 친구들인 조지 벤자민George Benjamin, 롤랜드 데데킨드Roland Dedekind, 마거릿 도슨Margaret Dodson, 린다 루켄빌Linda Luckenbill, 존 메이어John Meyer, 데이비드 넬슨David Nelson, 밥 스텀프Bob Stump 그리고 밥 와그너Bob Wagner에게 감사의 말을 전한다.

뮬런버그 캠퍼스 밖에 감사해야 할 사람들로 우선 나의 소중한 친구이자 사우스 대학University of the South의 프랑스어과 교수인 조지 포George Poe가 있다. 그가 번역을 돕지 않았다면 나는 아마도 *faux pas**를 거듭했을 것이다. 또한 변함없는 성원과 지지를 보내준 클라라메이Claramae와 캐롤 던햄Carol Dunham과 루스Ruth와 밥 에반스Bob Evans에게 감사한다. 그리고 항상 최고인 나의 아들 브렌던Brendan과 섀넌Shannon에게 감사한다.

마지막으로 나의 모든 진심을 다해서 아내이자 동료인 페니 던햄Penny Dunham에게 고마움을 전한다. 원고가 최종적으로 완성되기까지 수없이 많은 수정을 도와 주었다. 특별히 이 책에 실린 그림들은 그녀가 지닌 컴퓨터의 마법 덕분이다. 그녀의 헌신을 기억하며 이 책을 사랑과 고마움을 담아 그녀에게 헌정한다.

펜실베이니아 알렌타운에서
윌리엄 던햄

---

*"실수"라는 뜻의 프랑스어

차 례

옮긴이의 말   iii
감사의 글   vii
머리말   xiii
오일러의 삶   xix

제1장 오일러와 수론   1
제2장 오일러와 로그함수   25
제3장 오일러와 무한급수   53
제4장 오일러와 해석적 수론   81
제5장 오일러와 복소변수론   107
제6장 오일러와 대수학   135
제7장 오일러와 기하학   165
제8장 오일러와 조합론   197
맺는말   227

부록 오일러의 오페라 옴니아   231
참고문헌   241
찾아보기   253

❝ 오일러를 읽어라. 오일러를 읽어라.
그는 모든 것에서 우리의 스승이다. ❞

― 라플라스

머리말

웅장하고 아름다운 세인트 폴 대성당St. Paul's Cathedral*의 지하실 납골당엔 바로 그 건물의 건축자인 렌Christopher Wren의 무덤이 있다. 그리고 다음과 같이 세계에서 가장 유명한 비문 하나가 새겨져 있다.

Lector, si monumentum requiris, circumspice.

"방문자여, 그의 걸작을 보고 싶다면 주위를 둘러보라"로 번역된다. 실로 머리 위로 높이 솟아오른 세인트 폴 대성당보다 더 훌륭한 건축물을 지은 건축가는 별로 없을 것이다. 네이브nave†로 시작해서 돔과 수랑transepts‡에서 성가대석에 이르는 세인트 폴 대성당은 렌의 최고의 작품이다.

수학은 건축물과 같이 형체와 질감을 갖고 있지 않다. 돌과 모르타르가 아닌 우리의 영감 속에 존재하기에 손으로 만질 수 없다. 그러나 수학은 건축물이 존재하는 것처럼 분명히 실재한다. 그리고 건축물마다 그 설계자가 있듯이 수학마다 그것을 처음 증명한 수학자가 있다.

---

*영국에 있는 세인트 폴 대성당은 세계에서 두 번째로 큰 성당이다. 원래는 그 자리에 목조교회가 있었으나 1666년 런던 대화재 때 전소됐다. 이후 유명한 천문학자이자 건축가인 크리스토퍼 렌경이 1675년 착공, 35년에 걸쳐서 1710년 완성한 17세기 건축의 걸작이다. 높이 120m, 지름 34m에 달하는 거대한 돔이 특징이다. 지하실 납골당엔 영국의 역사를 자랑스럽게 빛낸 위인들의 유골이 안장되어 있다.

†교회당의 신도들이 앉는 좌석

‡수랑은 십자형 성당에서 중심축선과 수직으로 만나는 부분을 말한다.

이 책은 모두가 천재라고 인정하는 천재 수학자 레온하르트 오일러에 대한 글이다. 그는 감탄을 자아내는 통찰력과 심오한 수학적 선견지명을 지녔고, 역사상 누구보다도 막대한 영향을 끼쳤다. 오일러는 수론과 해석학, 대수학, 기하학과 같이 역사가 긴 분야에 지대한 공헌을 했다. 또한 해석적 수론과 그래프 이론, 미분기하학과 같이 당시에는 대체로 미지의 분야였던 영역에도 선구자적인 업적을 많이 남겼다. 뿐만 아니라 그는 역학, 광학, 음향학에도 방대한 업적을 낸 당대의 가장 뛰어난 "응용하는" 수학자였다. 사물을 꿰뚫어 보는 오일러의 시선을 피해간 분야는 사실상 거의 없었다. 20세기 수학자 베유André Weil는 오일러에 대해 이렇게 말했다. "평생… 오일러는 그의 시대에 존재했던 수학과 수학의 응용과 관련된 모든 문제들을 머릿속에 담아두고 있었던 것 같다."[1]

오일러의 업적은 그 비범한 내용뿐만 아니라 단순히 그 양을 고려해도 놀라움을 금치 못한다. 1991년부터 오일러의 업적을 모아서 《오페라 옴니아 Opera Omnia》를 집대성하기 시작했고, 2015년 현재 78권이 완성되었지만 아직도 정리해야 할 논문들과 연구 노트들이 많이 남아 있다. 오일러는 대부분의 사람들이 읽고 이해하는 속도보다 훨씬 빨리 새로운 논문을 마치 나이아가라 폭포같이 쏟아내는 수학자였다.

오일러는 다른 사람들과 비교가 불가능한 스승이자 안내자였다. 그는 대수학, 미분적분학, 변분법에서 모범적인 훌륭한 교재들을 남겼다. 이 분야들은 오늘날에도 활발하게 연구되고 있고 계속 깊이를 더하고 있다. 그의 글은 또한 활기차고 열정적인데 이것은 현대의 팍팍한 기술적인 논문들 속에서는 보기 어려운 점이다. 오일러는 분명히 연구를 통해 다양한 결과물을 내는 수학자로 사는 것을 몹시 즐거워했다.

그가 남긴 방대한 양의 업적을 생각하면 쉽게 우리 자신은 초라하게 느껴진다. 솔직히 압도당하게 된다. 오일러가 강산이 여섯 번 변하는 동안 쏟아놓은 수만 장의 논문들을 적절히 평가할 수 없을 뿐만 아니라, 그것을 평가하는 것 자체가 부적절하고 무모한 일이라고 생각하게 된다.

 그의 업적에 관심을 갖을 충분한 가치가 있다. 오일러의 이름을 경외하는 수학자가 많은 것에 비해 상대적으로 적은 수가 《오페라 옴니아》를 직접 읽거나 연구한다. 사실, 현대의 수학자들은 새로운 아이디어가 최초로 소개된 논문을 직접 읽는 대신 이후에 정리된 형태를 교재를 통해서 배우는 경향이 있다. 이는 그리 나쁜 방법이 아니다. 발전된 아이디어가 이전의 방법들을 훨씬 능가한다는 점을 굳이 말하지 않아도 시간이 지남에 따라 기호와 표현이 정리되고 발전되면서 관점이 바뀌기 때문이다.

 그러나 이런 대용품에는 무엇인가 없는 것이 있다. 최초의 것은 비록 몇 세기가 지난 오래된 아이디어라 해도 바로 지난주에 증명된 새로운 결과만큼 우리를 흥분시키기도 한다. 특히 오일러의 논문에서는 이런 일이 흔하다. 아욥Raymond Ayoub은 매우 적절하게 다음과 같이 설명했다.

> 오일러의 논문을 읽는 것은 그의 상상력과 독창성에 놀라서 들뜨는 경험이다. 이미 익숙한 결과지만 머릿속을 환하게 밝혔던 그의 최초의 아이디어에 매료되어 후세의 수학자들이 원형을 그대로 지켰으면 좋았겠다는 생각을 이따금씩 한다.[2]

《햄릿》을 단순한 줄거리만으로 만족하는 문학도는 아무도 없다. 같은 이유로 오일러의 업적을 직접 마주하지 않고 수학을 하는 수학자는 없어야 한다. 만약 그렇지 않다면 과거의 결과에 관심이 없기 때문이거나 좀더 근본적으로는 순전히 자기중심적으로 연구를 하고 있다는 뜻일 것이다.

 이 책의 원칙은 간단하다. 각 장은 오일러가 크게 기여한 주제를 하나씩 다룬다. 각각의 장은 선택한 주제에 대해서 오일러 이전에 이미 알려진 결과를 설명하는 것으로 시작할 것이고, 이것은 유클리드Euclid, 헤론Heron, 브릭스Briggs, 베르누이Bernoulli와 같이 오일러와 어깨를 나란히 할 그 이전의 거성들을 만나는 기회가 될 것이다. 그 다음엔 그 선구자들에 이어 그들을 뛰어넘은 오일러의 "위대한 업적"을 설명한다. 이때 최대한 오일러 고유의 독창적인 방법을 그대로 설명하기로 독자들과 약속한다. 그리고 오일러가 이뤄낸 후속 연구를 설명하거나 후세의 수학자들이 오일러의 아이디어를 어떻게 발전시켰는지를 기술하며 각 장을 마무리할 것이다.

결과적으로 이 책은 오일러가 지대한 영향을 끼친 수론, 해석학, 복소함수론, 대수학, 기하학과 조합론을 다양하게 망라한다. 분야들은 물론 각 분야의 구체적인 정리들도 모두 나의 재량으로 선택된 것임을 밝힌다. 오일러는 같은 결과를 다른 방법으로 거듭해서 다시 증명하기 대장인데, 그 모든 증명들이 제 각각의 이유로 다 흥미롭다. 그래서 같은 주제로 아마도 오십 명의 다른 작가들이 오일러에 관한 책을 쓴다면 아마도 오십 권의 다른 책이 나올 것이다. 물론 나는 다른 마흔아홉 권의 책이 무척 궁금하겠지만 내가 골라낸 것은 이 책이다.

이 책을 읽는데 어떤 사전 지식이 필요할까? 이 책은 완전한 수학 초보자들이 대상은 아니라고 할 수도 있다. 독자들은 "부분 적분법", "소수", "등비급수"와 같은 수학적 개념에 대해 들어본 적이 있어야 할 것이다. 아마도 대학교에서 기초 수학을 몇 시간 들었다면 충분할 것으로 생각된다.*

그러나 분명히 밝히는 것은 대학원 수준의 전문 지식이 필요하지는 않다. 사실 그런 걸 요구하는 책은 나의 의도와 맞지 않다. 나는 자신을

---

*우리나라에서는 고등학교에서 미분과 적분, 수열을 배운 적이 있다면 충분할 것으로 생각된다.

머리말

"수학적으로 문맹"이라고 생각하는 독자들도 쉽게 이 책을 읽을 수 있어서 가능한 많은 사람들과 만날 수 있기를 기대한다.

시작하기 전에 한 가지 염두에 둘 것과 당부할 것이 있다.

염두에 둘 것은 오일러의 논문들이 오류가 전혀 없이 완전무결하지는 않다는 점이다. 오일러는 현대의 수학적 엄밀함이 정립되지 않았던 시대를 살았던 사람이다. 앞으로 보게 되겠지만 어떤 계산은 문제의 소지가 있어 보이고 아예 틀린 경우도 있다. 예를 들면

$$1 + \frac{1}{3} + \frac{1}{5} + \frac{1}{7} + \cdots = 0.66215 + \frac{1}{2}\ln\infty \quad [3]$$

혹은

$$\frac{1-x^0}{0} = -\ln x \quad [4]$$

와 같은 식을 주저 없이 쓰기 시작한 사람은 다름 아닌 오일러다. 현대의 독자들은 이런 것을 보고 코웃음 치며 무시해버릴지도 모르겠다. 그러나 너무 섣불리 판단하는 것은 금물이다. 왜냐하면 위의 첫 번째 식의 왼쪽 항과 오른쪽 항은 모두 무한으로 발산하기 때문에 그 둘이 같다고 해도 아주 틀린 것은 아니다 (오른쪽 항에 0.66215라는 값이 더해진 것이 좀 터무니없이 쓸데없어 보이긴 해도). 그리고 두 번째 식은 그것이 무엇을 의미하는지를 해석해서 다시 쓰자면 x가 0보다 클 때, "$\lim_{t \to 0+}(1-x^t)/t = -\ln x$"로 완벽하게 맞는 계산이다. 그러므로 자주 발견되는 오일러의 이런 "실수"가 우리에게는 수학적으로 엉성한 계산으로 보일지 모르지만, 분명히 본질적인 어떤 현상을 표현하고 있다는 것을 깨닫는다.

독자들에게 당부할 것은 이 책에서 혹시 자신이 가장 좋아하는 오일러의 정리가 빠졌다고 하더라도 너무 불평하지는 말아달라는 것이다. 어떻게 보면 사실상 나는 이 책에서 오일러의 모든 정리를 빠트렸다.

왜냐하면 이 책은 오일러가 이룩한 거대한 업적의 빙산(좀 더 적절하게는 엄청난 빙하라고 하는 게 맞겠다) 중에 극히 일부분만 다루었기 때문이다.

부디 이 책에서 오일러가 지녔던 놀라운 영감의 작은 조각을 하나라도 얻고 싶은 나의 열정이 독자들에게 전해지기를 바란다. 수세기가 지났어도 오일러의 업적은 최고 중에 최고이며 그의 영향력은 수학의 전 분야에서 분명하게 드러난다. 오일러에 대해서 현대의 수학자들이 말할 때는 전문 분야에 상관없이 렌에 대해서 했던 말을 똑같이 반복할 것이다.

"그의 걸작을 보고 싶다면 주위를 둘러보라."

오일러의 삶

오일러의 일생은 18세기 전체를 아우른다. 그는 1707년 봄에 태어나서 1783년 가을까지 76년을 살았다. 그래서 같은 시기를 살았던 프랭클린Benjamin Franklin, 1706–1790과 자주 비교된다. 프랭클린과 오일러는 비록 활동 분야도 다르고 관심사도 달랐으며 심지어 사는 곳도 서로 지구의 정반대였지만, 그들의 활동 영역은 똑같이 광범위하고 그리고 둘 다 서양 문명에 지대한 영향을 주었다는 공통점이 있다.

이 책은 주로 오일러의 수학을 다룰 예정이지만 먼저 그의 일생에 대해서 간단히 소개하고자 한다. 그는 어떤 의미로는 그리 특별한 것이 없는 삶을 살았다. 오일러는 지극히 평범한 사람으로 대단히 친절하고 관대했지만, 같은 시대를 살았던 다른 유명한 사람들만큼 눈에 띄는 명성이 있었던 것은 아니었다. 워싱턴Washington, 1732–1799같이 군대를 지휘해서 전쟁에서 승리를 하지도 않았고, 로베스피에르Robespierre, 1758–1794처럼 정치적 혁명을 이끌거나 혹은 실패하지도 않았으며, 쿡 선장Captain Cook, 1728–1779처럼 미지의 바다를 탐험하지도 않았다.

그러나 다른 의미로 오일러는 위대한 탐험가였다. 그의 탐험은 물론 지적인 영역으로 물리적인 세계가 아니라 수학이라는 위대한 세상이었다. 탐험은 진정으로 여러 가지 다양한 형태로 나타날 수 있는 것이다.

오일러는 스위스 바젤의 근교에서 태어났다. 아버지는 수수한 개신교

목사로 오일러 역시 성직자가 되길 희망했다. 어머니 또한 성직자 집안의 출신으로 이렇게 보면 어린 오일러의 환경은 성직자의 길을 가기 쉬웠을 분위기였다.

오일러는 어렸을 때부터 이미 뛰어난 언어 능력과 대단히 비범한 기억력으로 천재성을 나타냈다. 자라면서는 온갖 종류의 호기심을 채워 줄 연설문, 시, 소수 목록 같은 것들을 외우고 다녔다. 그는 또한 복잡하게 꼬인 어려운 산술 계산을 종이와 연필 없이 그냥 해낼 수 있는 놀라운 인간 컴퓨터였다. 흔히 볼 수 없는 이런 재능은 이후에 그의 삶에 결정적인 역할을 했다.

열네 살에 바젤 대학University of Basel에 입학했을 때 오일러는 그곳에서 가장 저명한 교수 요한 베르누이Johann Bernoulli, 1667–1748를 만났다. 요한 베르누이에 관해서 미리 알아야 할 것이 있다. 그는 자존감이 높고 다른 사람에 대한 칭찬이 좀 인색한 사람이었으나 그에 상응하는 능력도 있는 사람이었다. 1721년 요한 베르누이는 아마도 당시 활동하는 수학자들 중에 가장 뛰어났을 것이다(라이프니츠는 바로 몇 년 전에 세상을 떠났고 뉴턴은 이미 수학을 떠난 지 오래되었다). 바젤이라는 작은 도시에서 오일러에게 멘토가 필요한 그때 그가 거기 있었다.

요한 베르누이는 오일러에게 읽을 만한 수학 논문을 알려주고 어려운 부분을 함께 토론하며 스승이라기보다 안내자의 역할을 했다. 오일러는 나중에 이 시기를 아래와 같이 회상했다.

> 나는 매주 토요일 오후에 요한 베르누이 교수를 자유롭게 방문할 수 있었는데, 그는 내가 이해하지 못한 것들을 친절하게 설명해 주었다.[5]

또한 이런 방법이 "의심의 여지 없이… 수학을 배우는 최고의 방법이다"

라고 덧붙였다. 다소 무뚝뚝한 베르누이 역시 자신의 어린 제자에게 대단히 특별한 재능이 있다는 것을 깨달았다. 시간이 지나고 그들의 관계가 성숙해지면서 점점 더 배우는 입장에 서게 된 사람은 베르누이였다. 베르누이는 쉽게 칭찬을 하는 사람은 아니었으나 오일러의 회상에 대해서 아래와 같이 화답했다.

> 나는 좀더 높은 수준의 해석학의 기초를 가르쳤는데 오일러는 그것을 성숙한 수준으로 발전시켰다.[6]

대학에서 오일러의 교육은 수학에만 한정되지 않았다. 금주에 관한 논의에 참여하고, 법의 역사에 관한 논문을 쓰고, 최종적으로 석사학위는 철학에서 받았다. 그리고 나서 그는 당연해보이는 듯한 천직을 수행하기 위해 신학교에 들어갔다.

그러나 수학에 대한 소망도 간절했다.

> 나는 신학부에 들어가야 했고, … 그리스어와 히브리어를 공부했다. 그러나 많이 진전하지 못했다. 왜냐하면 대부분의 시간을 수학공부와 토요일마다 요한 베르누이 교수를 즐겁게 방문하는데 썼기 때문이다.[7]

결국 오일러는 신학교를 떠나 수학자가 되었다.

그는 수학적으로 매우 빠르게 성장했다. 스무 살이 되었을 땐 국제 과학 대회에서 범선의 돛의 위치에 대한 논문으로 수상을 했다. 당시 오일러의 어린 나이와 그때까지 한 번도 바다를 실제로 본 적이 없었다는 점을 고려하면 아주 놀라운 결과였다. 그리고 이것은 단지 앞으로 올 일에 대한 전조였다.

지금이나 그때나 친구 따라 강남에 가는 모양이다. 1725년 요한 베르누이의 아들인 다니엘 베르누이Daniel Bernoulli, 1700-1782는 상트 페테르부르크

우리 모두의 수학자 오일러

그림 1. 1976년에서 2000년까지 사용된 스위스 화폐에 인쇄된 오일러의 얼굴

학술원St. Petersburg Academy의 수학부 교수가 되어서 러시아로 갔다. 그리고 그 다음 해에 오일러를 초빙했다. 그러나 유일하게 자리가 남아 있던 분야는 물리학/의학부였다. 일자리가 흔하지 않았던 때라서 오일러는 이것을 수락했다. 그러나 의학에 관한 지식이 없었기 때문에 오일러는 특유의 근면함과 다소 기하학적인 관점을 동원해서 의학에 관한 공부를 시작했다.

그러나 막상 오일러가 1727년 상트 페테르부르크 학술원에 도착했을 때 의학부가 아닌 물리학부에 임용되었다. 오일러 자신은 물론 컴퍼스와 자가 익숙한 사람의 손에 의학적 시술을 받을 뻔한 환자들을 생각한다면 훨씬 나은 상황이었다. 러시아에서 처음에는 다니엘 베르누이의 집에서 함께 지냈고, 이 시기에 두 학자는 물리학과 수학에 관해 심도 있는 토론들을 이어갔다. 이때의 아이디어들은 그 이후 몇 세기 동안 유럽 과학의 초석이 되었다.

1733년 다니엘 베르누이는 스위스 학계로 다시 돌아갔다. 좋은 친구를 떠나보낸 오일러는 쓸쓸하게 남았지만 수학과에 생긴 공석을 오일러가 채우게 된다.

이렇게 학술원에서 자리를 잡아가며 얼마 지나지 않아 카타리나 그셀Katharina Gsell, ?–1773과 결혼했다. 그셀은 러시아에 이주한 스위스 화가의

딸이었다. 오일러 부부는 40여 년을 행복하게 살며 열세 명의 자녀를 낳았다. 슬프게도 당시에는 영유아 생존율이 높지 않아서 겨우 다섯 명이 살아남아서 어른이 되었고, 이들 중 세 명만이 부모보다 오래 살았다.

상트 페테르부르크 학술원의 삶은 오일러에게 완벽하게 어울렸다. 그는 연구에 헌신적인 노력을 쏟으면서 또 한편으로는 러시아 정부의 여러 가지 요청에 응했다. 그는 러시아 정부의 과학 자문위원으로서 지도를 제작하고, 러시아 해군에게 자문을 하고, 소방차 설계를 시험했다. 그러나 젊은 황제가 점성술로 점을 치라고 요구했을 때는 분명하게 선을 그었다.

그의 명성도 함께 커져갔다. 초기의 놀라운 업적 중 하나는 "바젤의 문제"를 풀어낸 것이다. 이 문제는 오일러 이전의 많은 수학자들을 당혹하게 했다. 핵심은 아래와 같은 무한급수가 수렴하는 정확한 값을 찾는 것이었다.

$$1 + \frac{1}{4} + \frac{1}{9} + \frac{1}{16} + \frac{1}{25} + \cdots + \frac{1}{k^2} + \cdots.$$

근삿값을 계산하여 이 급수가 $\frac{8}{5}$ 근처의 어떤 값으로 수렴한다는 것은 이미 알려져 있었다. 그러나 정확한 값은 이 문제를 처음으로 알린 멘골리Pietro Mengoli, 1625-1686로부터 요한 베르누이의 형이자 다니엘 베르누이의 삼촌인 야코프 베르누이Jakob Bernoulli, 1654-1705까지 많은 수학자들의 노력을 피해서 빠져나갔다. 야코프 베르누이는 1689년 바젤의 문제를 수학계에 널리 알려서 모두의 주목을 끌었다. 그러나 문제는 풀리지 않고 다음 세기까지 살아남았고 누구든지 이 무한합을 계산할 수 있는 사람은 세상에 큰 파장을 남길 것이 분명했다.

바젤의 문제는 오일러에 의해 1735년에 풀리며 큰 뉴스가 되었다. 풀어낸 것 자체가 대단한 역작이기도 하지만 급수의 합이 $\frac{\pi^2}{6}$ 라는 것도 아주 놀라웠다. 결과가 이처럼 직관적으로 전혀 가늠이 되지 않는 수이기 때문에 더욱 극적이고 유명해졌다. (오일러가 이를 어떻게 해결했는지는 3장에서 설명할 것이다.)

오일러는 바젤의 문제에 이어서 계속해서 중요한 결과들을 내며 숨이 막힐 듯한 속도로 연구에 몰입했다. 논문들은 오일러의 펜 끝에서 상트 페테르부르크 학술원의 저널로 계속해서 흘러갔고 저널의 어떤 호는 오일러의 논문으로 절반을 채우기도 했다. 오일러는 수학의 파라다이스에 살고 있는 것 같았다.

그러나 외부의 문제도 있었다. 첫 번째는 예카테리나 I세Catherine I의 갑작스런 죽음 이후 러시아 전역에 휘몰아친 정치적인 소요였다. 예카테리나 I세의 죽음 이후 생겨난 리더십의 부재는 위험한 결과를 낳는 불안과 음모들로 이어졌다. 사회는 의견을 달리하는 사람들에 대한 아량이 줄어들고 외국인에 대한 불신감이 커져갔다. 학술원의 연구자들이 거의 대부분 러시아인이 아니었다는 사실이 오일러의 위치를 "다소 난처"하게 만들었다.[9]

두 번째 문제는 학술원이 슈마허Johann Schumacher라는 관료주의자의 책임하에 있었다는 점이다. 트루스델Clifford Truesdell의 말에 의하면 슈마허의 주요 관심사는 "문제가 될 만한 것을 미리 막는 일"이었다.[10] 물론 오일러는 잘 지내긴 했지만 딱딱한 관료주의자를 상사로 두는 것이 분명히 평안하지만은 않았을 것이다.

마지막으로 오일러의 한쪽 눈의 시력이 점점 나빠지고 있었다. 오일러가 오른쪽 눈의 시력을 잃은 것이 1738년이었다. 이유는 과로, 특별히 지도제작에 과도하게 몰두했던 것이 이유라고 오일러는 생각했다. 현대의 의학적 견해는 그즈음에 오일러가 고생했던 심각한 감염이 원인이었을 것이라고 추측한다.

그러나 한쪽 시력을 잃은 것은 오일러가 수학을 연구하는데 전혀 지

장을 주지 못했다. 시력의 손상이 있든 없든 오일러는 연구를 이어갔다. 그는 조선학, 음향학, 음악의 하모니에 대한 논문들을 내놓았다. 친구였던 골드바흐Christian Goldbach, 1690–1764의 격려에 힘입어, 오일러는 고전 수론에서도 뛰어난 업적을 남기며(1장 참조) 해석적 수론이라는 미개척 분야로 항해해 나갔다(4장 참조). 또한 노데Philippe Naudé의 편지에 답으로 분할 이론theory of partitions의 토대를 쌓았다(8장 참조). 그리고 미적분학을 바탕으로 뉴턴의 운동 법칙을 설명한 교재 《역학 Mechanica》를 쓴 것도 바로 이 시기이다. 이러한 이유로 《역학》은 "물리학의 역사에 랜드마크"로 불리고 있다.[11]

이런 업적에 따르는 명성을 듣고 프러시아Prussia의 프리드리히 대제Frederick the Great, 1712–1786가 베를린 학술원Berlin Academy을 새롭게 중흥시키기 위해 오일러를 초청했다. 오일러가 "말할 줄 아는 모든 사람들을 교수형시키는 나라"라고 묘사한 러시아의 불안한 정치적 상황 때문에 이 초청은 상당히 매력적이었다.[12] 1741년 오일러 부부와 가족들은 마침내 독일로 이주한다.

이후 베를린은 25년 간 오일러가 수학자로서 활동하는 무대가 된다. 이 기간 동안 두 가지 위대한 업적, 곧 1748년에 함수에 관해 쓴 《무한해석학 입문 Introductio in analysin infinitorum》과(2장에서 설명) 1755년에 쓴 미분학에 관한 《미분학 입문 Institutiones calculi differentialis》을 남겼다. 오일러는 이 시기에 복소수를 연구했고, "오일러의 항등식" — $e^{i\theta} = \cos\theta + i\sin\theta$ (5장 참조) — 과 대수학의 기본 정리(6장에서 설명한다)를 증명한다.

베를린에서 오일러는 안할트 데사우Anhalt Dessau의 공주에게 기초과학을 가르칠 것을 요청받았다. 오일러가 이 요청에 응한 결과가 《독일 공주에게 보내는 편지》라는 제목으로 출판된 여러 권의 훌륭한 강론집이다.[13] 무려 200통도 더 되는 "편지"는 다양한 주제를 다루는데 빛, 소리, 중력,

논리학, 언어, 자기장, 천문학 등을 망라한다. 예를 들면, 왜 열대 지방에 있는 높은 산의 정상이 추운지, 왜 달이 떠오를 때 훨씬 크게 보이는지, 왜 하늘이 파란색으로 보이는지를 설명한다. 여기서 더 나아가 그는 악의 근원, 죄인의 감화와 "Electrization of Men and Animals"라는 호기심을 자아내는 주제에 대해서도 논했다.

시각에 대해 설명한 편지는 1760년 8월까지 거슬러 간다. 오일러는 이렇게 시작했다. "이제 나는 시각의 메커니즘을 설명할 수 있다. 본다는 것은 의심의 여지가 없이 인간 정신이 음미할 수 있는 최고의 기능이다."[14] 부분적인 ― 머지않아 완전히 ― 시각장애를 안고 있는 사람의 통찰력이 놀라울 뿐이다. 그러나 오일러의 천재성은 이런 불운에 방해받지 않았다.

《독일 공주에게 보내는 편지》는 국제적인 인기를 얻었다. 이 편지는 유럽의 여러 언어로 번역이 되었고 1833년에는 미국에서도 출판이 되었다. 미국판 서문에서 출판사는 오일러의 훌륭한 설명에 대해서 아래와 같이 광고했다.

> 독자의 기쁨은 공주의 향상에 비례하고, 계속되는 지식의 획득은 더 만족스러울 것이다.

결국 이 편지는 오일러의 책 중 가장 널리 읽힌 책이 되었다. 모든 최전선의 연구자가 한걸음 물러나 평범한 사람들이 읽을 수 있는 수준의 책을 쓸 수 있는 것은 아니지만 오일러는 분명히 그렇게 했다. 《독일 공주에게 보내는 편지》는 오늘날까지 가장 좋은 대중을 위한 과학책의 표본으로 남아 있다.[16]

오일러가 러시아에 동료들을 두고 떠나오긴 했지만 러시아는 오일러에게 여전히 호의적이었다. 그래서 독일에 있으면서도 오일러는 상트 페테르부르크 학술지의 편집일을 했고, 논문을 계속 게재하고 상트 페테르부르크로부터 정기적으로 봉급을 받았다. 이런 우호적인 관계는 러시아가 베를린을 침략했던 7년 전쟁 중에도 계속되었고 나중에 좀더 결정적인 계기를 재공했다.

베를린 학술원에서 오일러는 연구의 영역뿐만 아니라 행정업무도 깊게 관여했다. 학술원의 공식적인 감독은 아니었지만 사실상 감독의 역할을 수행했는데, 예산을 다루는 것에서부터 온실을 돌보는 것까지 온갖 다양한 일의 책임을 맡았다.

그러나 베를린에서도 모든 것이 다 원만했던 것은 아니다. 특히 프리드리히 대제가 이 위대한 학자에 대해서 알 수 없는 경멸을 품고 있었다. 그 반감이 단순히 개인적인 취향의 충돌에서인지 정확히 어디에서 시작되었는지 알 수 없었다. 프리드리히 대제는 자신을 박식하고 현명한 학자라고 생각했다. 그는 철학과 시 그리고 프랑스어로 된 모든 것을 좋아했다. 사실 베를린 학술원도 공식적으로 독일어가 아닌 프랑스어를 쓰고 있었다. 프리드리히 대제에게 오일러는 투박한 시골뜨기였다. 대단히 똑똑한 시골뜨기인 것은 분명하나 시골뜨기는 결국 다 마찬가지라고 생각했다. 그러나 오일러는 근면하고 자상한 사람이었고 헌신적인 기독교인이었다.

> 시력이 남아 있는 동안은 항상 그는 저녁마다 가족들을 한자리에 불러모아서 성경을 읽고 권고의 말을 나누었다. 신학은 그가 즐겨 연구한 분야 중 하나였고 그는 아주 엄격한 칼뱅주의를 따랐다.[17]

고 전해진다. 베를린 학술원에서 오일러는 세상 물정과 흐름에 밝은 요란한 사람들과는 확실히 좀 다른 사람이었다. 프리드리히 대제는 오일러가 한쪽 시력을 잃은 것을 빗대어 "나의 키클롭스*"라는 잔인한 별명으로

---

*고대 그리스 신화에 나오는 외눈박이 거인.

부르기도 했다.

   이런 상황을 더욱 악화시킨 것은 학술원의 다른 슈퍼스타인 볼테르Voltaire, 1694-1778와 오일러의 냉랭한 관계였다. 볼테르는 프리드리히 대제의 그늘이 주는 유익을 어느 정도 누렸다. 그는 작가이자 또한 풍자가로 인정받고 있었고 프리드리히 대제만큼이나 복잡한 사람이었으며 철저한 프랑스인이었다. 오일러는 볼테르의 신랄한 유머를 비껴가지 못했다. 볼테르는 오일러를 "철학을 전혀 배우지 못한 사람이며, 수학자로서의 유명세도 결국 다른 사람들보다 단지 계산을 많이 할 수 있어서"라고 했다.[18]

   결국 오일러는 베를린 학술원이 이후 다시는 누리지 못한 영예를 가져왔음에도 불구하고 쫓겨났다. 반면 그가 없었던 동안 러시아의 상황은 특히 예카테리나 대제Catherine the Great, 1729-1796의 등극과 함께 다시 좋아져서 오일러는 기쁘게 러시아로 돌아갔다. 상트 페테르부르크 학술원은 1776년 세계에서 가장 뛰어난 수학자가 다시 돌아온 것을 환영했다. 그리고 오일러는 그곳에서 여생을 보냈다.

   오일러의 수학 연구는 여전히 빠르고 폭넓게 발전해 나갔지만 개인적인 비극도 있었다. 그나마 볼 수 있었던 나머지 한쪽 눈의 시력도 나빠지기 시작한 것이다. 그리고 1771년에는 거의 실명하기에 이른다. 이로 인해서 그는 아주 커다란 글자가 아니고서는 쓰거나 읽을 수 없게 되었다. 이에 더해 1773년 후반에 아내인 카타리나가 사망하였다. 아내를 잃은 슬픔은 실명과 함께 오일러의 수학자로서의 삶을 완전히 끝내버릴 만한 것이었다.

   그러나 오일러는 결코 평범한 사람이 아니었다. 잘 볼 수 없어도 연구 결과를 내는 속도는 여전했고 심지어 더 빨라지기도 했다. 예를 들어 1775년 오일러는 평균적으로 수학 논문을 일주일마다 한 편씩 썼다.

그림 2. 오일러의 초상화

누군가 다른 사람이 그를 위해 논문을 대신 읽어주어야 하고, 결과를 부지런히 받아 써야 하는 상황에도 놀라운 결과였다. 점점 실명해 가는 이런 와중에도 오일러는 대단히 훌륭한 대수학 교재와 달의 운동에 관한 775쪽에 달하는 논문과 적분학에 관한 세 권으로 된 방대한 양의 《적분학 입문 Institutiones calculi integralis》을 썼다. 그의 비범한 기억력이 수학을 오직 마음의 눈으로만 볼 수 있었던 이때보다 더 유용한 적은 없었을 것이다.

눈 멀고 나이 들어가는 한 사람의 이와 같은 열정은 이후 세대가 두고두고 회자할 놀라운 교훈이자 아름다운 이야기이다. 오일러의 용기와 결단력, 그리고 고난에 굴복하지 않는 궁극의 의지는 수학자이든 아니든 모든 사람에게 같은 영감을 준다. 수학의 유구한 역사 속에서 인간 정신의 승리에 대해서 오일러보다 더 좋은 예를 찾아 볼 수 없을 것이다.

오일러는 아내인 카타리나가 죽고 나서 삼 년 뒤 카타리나의 이복

자매와 다시 결혼하여 1783년 9월 18일까지 나머지 인생을 함께 했다. 이 날 오일러는 손자들과 함께 시간을 보내며 열기구의 비행과 관련된 수학적인 문제를 연구하고 있었다. 이것은 몽골피에Montgolfier 형제가 그즈음에 파리의 상공에서 뜨거운 열기구를 이용해서 떠오른 것과 — 이 이벤트는 우연히 프랭클린에 의해서 목격되기도 했다[19] — 관련된 흥미로운 주제였다.

점심 후에 오일러는 천왕성 궤도와 관련된 계산을 했다. 분명히 천왕성의 운동에 대한 새로운 문제들을 많이 발견했을 것이다. 오일러가 이때 정립한 식에 의해 해석된 천왕성의 이상한 궤적은 이후 몇 십 년 동안 천문학자들이 더 멀리 있는 행성의 존재를 찾게 했고 결국 해왕성을 찾았다. 오일러에게 시간이 더 허용되었더라면 수학을 이용해서 새로운 행성을 찾은 것을 몹시 즐거워했을 것이다.

그러나 오일러는 이것을 보지 못했다. 별 특별한 것 없던 9월의 어느 늦은 오후에 그는 다량의 뇌출혈로 쓰러져서 그대로 세상을 떠났다. 가족들과 학술원의 동료들 그리고 전세계의 과학계 사람들의 애도 속에 오일러는 상트 페테르부르크에 영원히 잠들었다. 도무지 멈출 줄을 모르는 엔진 같던 위대한 수학자는 이때에야 비로소 조용해졌다.

오일러는 불멸의 전설을 남기고 떠났다. 그가 남기고 간 논문들을 모두 상트 페테르부르크 학술원이 게재하는데 무려 48년이 더 들 만큼 오일러는 많은 양의 업적을 남겼다. 수학 분야이든 혹은 물리학 분야이든 오일러가 깊이 있게 공헌하지 않은 분야는 거의 없다.

그의 죽음을 슬퍼하는 애가에서 콩도르세Marquis de Condorcet는 이후에 수학을 하는 모든 사람들은 "오일러라는 천재의 인도와 격려를 받을" 것이며, 이런 의미로 "모든 수학자는 … 그의 제자이다"라고 했다.[20]

오일러의 인도를 받은 이 책의 여덟 개의 장에서는 그의 업적 중 극히 작은 부분만을 보게 될 것이다. 이것은 단지 맛보기에 불과하다. 그러나 라플라스의 조언에 귀 기울여 우리 모두의 위대한 수학자 오일러의 업적을 읽어나갈 것이다.

제 1 장
오일러와 수론

수학의 여러 분야 중에서 수론처럼 자연스러우면서도 어렵지 않은 분야는 없다. 수론의 목적은 수학의 가장 기본인 양의 정수를 이해하는 것이다. 특별한 수학 지식이 없는 사람들에게도 수론은 복잡하고 어려운 삼각함수의 코사인이나 미적분학보다 훨씬 간단해 보인다. 어쨌든 여덟 살짜리 어린 아이도 수를 오십까지 셀 수 있지만 얼마나 많은 사람들이 코사인 법칙이나 연쇄 법칙을 알겠는가?

그러나 조금이라도 수론을 접하면 이런 생각이 틀렸다는 것을 곧 알게 된다. 사실 평범해 보이는 정수는 가장 심오하고 항상 수학자들의 애를 태우는 문제의 근원이다. 당황스러울 만큼 간단하지만 비밀을 간직하고 있는 정수는 위대한 수학자들이 충분히 도전할 만한 대상이다.

이 장의 주제인 완전수perfect number에 대한 관심은 고대로 거슬러 올라간다. 기원전 300년경, 유클리드는 완전수에 대한 중요한 정리를 그의 명저인 《원론Elements》에 포함하였다. 유클리드가 시작한 완전수에 대한 논의는 2000여 년이 지난 후 오일러에 의해 다시 시작되었다. 그러나 오일러조차도 이 중요한 질문에 답을 완성하지 못하고 세상을 떠나버렸다. 클레Victor Klee와 웨건Stan Wagon의 말을 인용하자면, 오늘날까지 마지막 장이 쓰이길 기다리는 수론의 많은 다른 문제들과 함께 완전수에 대한 연구는 "아마도 수학에서 가장 오래된 미완의 프로젝트"[21] 이다.

프롤로그

유클리드의 《원론》은 수학자가 아닌 사람들에게도 고대 그리스 기하학의 최고의 책으로 알려져 있다. 그리고 많은 이들이 유클리드가 열세 권 중에서 세 권을 수론에 할애했다는 것을 알고는 놀란다.

이것은 기원전 6세기경의 피타고라스 학파로부터 이어온 그리스 사상의 전통을 반영한다. 피타고라스 학파에게 정수는 단순한 수학의 대상 이상으로 자연 속에 엮여 존재하는 존경과 묵상의 대상이었다. 피타고라스 학파는 정수가 수학에서 중요한 만큼 신비주의에도 상당한 역할을 할 거라고 여겼다.

이러한 전통 안에서 유클리드는 《원론》 제VII권을 22개의 정의로 시작하였다. 몇몇 정의는 오늘날에도 쉽게 이해할 수 있다. 예를 들어 유클리드는 "소수"를 "단원만으로 잴 수 있는 것"으로 정의하였다. "짝수배 홀수" 같은 것을 유클리드는 "홀수에 따라 잴 수 있는 짝수"로 정의하였는데 이와 같은 것들은 우리에게는 이상하게만 들린다.

다음은 유클리드의 22개 목록의 마지막이자 이 장에서 우리에게 가장 중요한 정의이다.

정의 완전수는 자신의 부분과 같은 수이다.

현대의 독자들은 용어 때문에 다소 혼동할 수가 있다. 그러나 유클리드가 썼던 "부분"을 "자기 자신을 제외한 약수"로, "같다"를 "합과 같다"라고 바꾸면 정의는 명확해진다. 이렇게 유클리드의 언어를 현대의 언어로 바꾸면 아래와 같다.

정의 완전수는 자기 자신을 제외한 모든 약수를 더했을 때 자기 자신이 되는 정수이다.

예를 들어, 정수 6의 자기 자신을 제외한 약수는 1, 2, 3이고, 이들의 합은 $1+2+3=6$이므로 6은 완전수이다. 마찬가지로 28 ($1+2+4+7+14=28$), 496 ($1+2+4+8+16+31+62+124+248=496$), 8128 ($1+2+4+8+16+32+64+127+254+508+1016+2032+4064=8128$)도 완전수이다. 고대 그리스 시대에는 이 네 개의 정수만이 완전수로 알려져 있었고, 10,000보다 작은 수 중에서 이러한 "완전성"을 만족하는 수는 없었다. 분명한 것은 완전수는 아주 드물다는 것이다.

1세기경의 그리스의 수학자 니코마코스Nicomachus는 완전수를 높이 평가하였다. 그는 완전수를 놀랍고 희귀한 수라고 부르면서 "심지어 정의롭고 뛰어난 것은 흔하지 않고 … 추하고 악한 것은 널리 퍼져 있다."[22] 라고 덧붙였다. 그리고 다음 세기에 상상력이 풍부한 학자들은 완전수에 매우 색다른 의미를 부여하였다. 예를 들어, $6 = 3 \times 2$는 (해부학적으로 도전을 받을 사람들을 제외하고 모두에게 명백한 이유로) 남성을 나타내는 수 3과 여성을 나타내는 수 2의 곱이기 때문에, 정수 6은 남녀의 **완전한 조합**을 나타낸다는 것이다. 확실히 우리의 선조들은 완전수에 상당히 무거운 의미를 부여하였다.

유클리드는 수비학*적인 헛소리는 건너뛰고 순수하게 수학적 관점에서 완전수를 소개하였다. 유클리드는 《원론》의 제VII권 앞부분에서 완전수를 정의하지만 제IX권 마지막에 이를 때까지 다시 언급하지 않았다. 의심할 여지없이 유클리드는 최고의 것을 마지막까지 아껴두었고, 그의 정리는 완전수를 찾는 방법의 고전적인 정석이 되었다.

다음은 《원론》 제XI권 정리 36에서 유클리드가 기술한 결과이다.

단원에서 시작하여 우리가 원하는 만큼 많은 수를 두 배의 비율로

---

*수에 의미를 부여하며 그 수의 나열 등으로 어떠한 신비를 불러일으키거나 불러온다고 믿는 신비학.

연속적으로 취하고, 이렇게 취한 모든 수들의 합이 소수가 될 때까지 더한다. 그리고 만일 그 합을 마지막 항에 곱하면 그 곱은 완전하게 된다.

오늘날의 독자들은 무슨 말인지 몰라서 멍하게 있을지도 모르겠다. 현대의 언어로 번역이 필요하다.

우선, 단원에서 시작하여 "두 배의 비율"로 진행한다는 부분은 급수 $1 + 2 + 4 + 8 + \cdots$ 을 유클리드의 방식으로 설명한 것이다. 유클리드는 이러한 방식으로 셈하면 그 합이 소수가 될 것이라 가정하였다. 다시 말하자면 유클리드는 $1 + 2 + 4 + \cdots + 2^{k-1}$ 이 소수라고 가정하였다. 다음으로 그 합을 "마지막 항에 곱하면"이라는 것은 다시 말해 (수열의 "마지막" 항) 2^{k-1} 을 $1 + 2 + 4 + \cdots + 2^{k-1}$ 에 곱할 때, 그 곱의 결과가 완전수라는 것이다.

유클리드의 증명을 검토하기 전에, 유한등비급수의 합 $1 + 2 + 4 + \cdots + 2^{k-1}$ 은 $(2^k - 1)/(2-1) = 2^k - 1$ 임을 확인하자. 따라서 유클리드의 정리는 다음과 같다.

정리 만일 $2^k - 1$ 이 소수라면 $N = 2^{k-1}(2^k - 1)$ 은 완전수이다.

증명 $p = 2^k - 1$ 를 문제의 소수라고 하자. 인수분해의 유일성에 의해, $N = 2^{k-1}(2^k - 1) = 2^{k-1}p$ 의 진약수들은 소수 2와 p만을 포함해야 한다. 즉 N의 모든 진약수들을 나열하여 더하면 다음과 같다.

$$N \text{의 진약수들의 합}$$
$$= 1 + 2 + 4 + \cdots + 2^{k-1} + p + 2p + 4p + \cdots + 2^{k-2}p$$
$$= (1 + 2 + 4 + \cdots + 2^{k-1}) + p(1 + 2 + 4 + \cdots + 2^{k-2})$$
$$= (2^k - 1) + p(2^{k-1} - 1)$$

$$= p + p2^{k-1} - p$$
$$= p2^{k-1} = N$$

유클리드의 수 N은 이것의 진약수들의 합과 같으므로 N은 완전수이다. □

유클리드는 어떤 수가 완전수가 되는 충분 조건을 제시하였다. 예를 들어 만일 $k = 2$이면 $2^2 - 1 = 3$은 소수이고, 따라서 $N = 2(2^2 - 1) = 6$은 완전수이다. 만일 $k = 3$이면 $2^3 - 1 = 7$은 소수이고, 완전수 $N = 2^2(2^3 - 1) = 28$을 얻는다. 만일 $k = 13$이면 $2^{13} - 1 = 8191$이 소수이고, $N = 2^{12}(2^{13} - 1) = 33,550,336$과 같은 자명하지 않은 완전수를 얻는다.

이것은 2300년 전에 수론이 얼마나 훌륭했는지를 보여주는 단면이다. 유클리드는 유효한 증명을 했을 뿐만 아니라, 당시에 알려진 몇 개 안 되는 완전수들을 가지고 패턴을 분류하였다. 유클리드의 수학적 정밀함과 통찰력은 모두 칭송받아 마땅한 것이다.

이런 유클리드의 정리로 인해 완전수를 찾는 문제는 $p = 2^k - 1$꼴의 소수를 찾는 문제로 바뀌었다. 그러나 유감스럽게도 이 새로운 문제도 결코 쉽지 않다. 2의 거듭제곱에서 1을 뺀 모양의 소수는 17세기 메르센Marin Mersenne, 1588–1648의 이름을 따라 "메르센 소수"라고 이름 붙여졌고, 소수 중에서도 유명한 소수이다.

이 문제가 얼마나 어려운가에 대한 감을 얻기 위해 우선 k가 합성수이면 $2^k - 1$도 합성수라는 점에 주목해 보자. 이것은 다음의 간단한 계산으로 확인할 수 있다. 만일 $k = ab$에 대해

$$2^k - 1 = (2^a)^b - 1$$
$$= [2^a - 1][(2^a)^{b-1} + (2^a)^{b-2} + (2^a)^{b-3} + \cdots + (2^a) + 1]$$

이므로 $2^a - 1$은 반드시 인수가 된다. 예를 들어, 만일 $k = 6 = 2 \times 3$이라면 $2^6 - 1 = (2^2)^3 - 1 = [2^2 - 1][(2^2)^2 + 2^2 + 1]$을 얻는다. 당연히 이는 $63 = 2^6 - 1$이 $3 = 2^2 - 1$으로 나누어진다는 것을 증명하는 것이므로 소수가 아님을 증명한 것이다.

그러므로 메르센 소수의 후보 중에서 $2^{75} - 1$과 같이 큰 수는 지수 75가 합성수이기 때문에 제외할 수 있다. 하지만 지수 k가 소수이어도 $2^k - 1$이 항상 소수가 되진 않기 때문에 문제가 어려워진다. 지수 k가 소수이지만 $2^k - 1$이 합성수인 가장 작은 예는 $2^{11} - 1$로, $2^{11} - 1 = 2047 = 23 \times 89$와 같이 인수분해된다.

메르센 소수에 대한 탐구는 의미 있는 도전이다. 1772년 다니엘 베르누이에게 보낸 편지에서 오일러는 $2^{31} - 1$이 소수임을 증명했다고 알렸다.[23] 이것은 여덟 번째로 큰 메르센 소수이고, 앞의 유클리드의 정리를 적용하면 완전수

$$2^{30}(2^{31} - 1) = 2,305,843,008,139,952,128$$

을 얻는다. 19세기 초에 오일러의 예는 다음과 같이 묘사되었다.

> … 이 [완전]수는 유용성을 고려하기보다 순수한 호기심으로 찾을 수 있는 가장 큰 수로, 이보다 더 큰 수를 찾으려고 시도할 사람은 없을 것 같다.[24]

이러한 비관적인 어려움에도 불구하고 연구는 계속되었다. 오늘날 수학자들이 새로운 큰 소수를 찾기 위해 컴퓨터의 도움을 받을 때에도 여전히 메르센 수의 유형들을 연구한다. 그리하여 거대한 소수가 새로 발견되었다는 소식은 언제나 신문에 몇 줄을 차지하기도 한다. 1998년 $2^{3021377} - 1$이 (메르센) 소수임이 발표되었을 때처럼 말이다.

고대 유클리드의 정리를 적용하면 $2^{3021376}(2^{3021377}-1)$이 완전수라는 결과를 따름정리로 얻어낸다. $2^{3021376}(2^{3021377}-1)$은 이러한 방법으로 찾아낸 37번째 완전수이고, 자릿수가 무려 180만 이상인 거대한 수이다. 이 수를 손으로 쓴다면, 심지어 매우 빠른 속도로 쓴다 할지라도 일주일 이상 걸리는 매우 큰 수이다. 그럼에도 의심이 많은 사람들은 여전히 이 거대한 수의 진약수들의 합을 직접 구하여 완전수라는 것을 증명하려 할지도 모르겠다.

물론 이 의심 많은 사람들은 시간을 낭비하게 될 것이다. 유클리드의 정리는 이미 오래 전에 완전하고 반박의 여지가 없도록 증명되었다. 즉 회의론자들도 $2^{3021376}(2^{3021377}-1)$이 완전수라고 믿는 이유는 유클리드가 이 수는 완전수라고 **증명**을 했기 때문이다. 바로 이런 것이 확실하고 영원한 수학의 힘이다.

유클리드는 완전수가 되는 충분조건을 제시했다. 즉 유클리드는 **만일** 어떤 수가 적당한 형식을 가지고 있다면 **그러면** 그 수는 완전수라고 증명한 것이다. 그러나 이 조건이 필요조건이 되는지는 언급하지 않았다. 다시 말해 **만일** 어떤 수가 완전수라면 그 수가 반드시 유클리드가 서술한 형식을 갖추고 있어야 된다고 주장하는 명제는 어디에도 없었다.

충분조건과 필요조건은 매우 다르다. 다음 명제를 살펴보자. "만일 X가 오믈렛이라면 X는 계란을 포함하고 있다." 오믈렛은 그 개체 안에 계란을 포함하고 있다는 것을 보장하기에 충분하다. 그러나 계란을 포함하고 있는 개체가 오믈렛일 **필요**는 없다. (키시*, 크레페 또는 닭고기를 포함하는 어떤 것을 생각해도 좋다.) 유클리드는 원하는 것의 일부만 제공한 것이다. 물론 아무것도 없는 것보다 낫지만 완벽한 결과는 아니다.

필요조건과 충분조건 사이의 차이로 인해 생긴 유감스러운 오류가

---

*키시quiche는 달걀과 우유에 고기, 야채, 치즈 등을 섞어 만든 파이의 일종이다.

수세기 후에 발생하였다. 1509년 보벨레Carolus Bovillus, 1470–1553는 모든 완전수는 짝수라고 주장하였다.[25] 보벨레의 증명은 완전수에서 시작하였다. 유클리드의 정리를 사용하여 $(2^k - 1)$가 소수일 때, 완전수는 $2^{k-1}(2^k - 1)$의 형태로 쓰인다고 주장했다. 그러므로 이러한 수는 인수 2가 식 앞에 곱해져 있고 (실제로 $k - 1$개의 2가 곱해졌고) 따라서 짝수가 된다고 결론을 내렸다.

보벨레의 "증명"은 짧고 쉽고 그리고 틀렸다. 보벨레는 모든 완전수는 유클리드의 형태를 가진다라고 주장하며 필요조건과 충분조건을 혼동했다. 보벨레는 닭이 오믈렛이라고 추론한 것과 같은 논리적 오류를 범한 것이다.

또 다른 한탄스러운 오류로 1598년 우니크르누스Unicornus, 1523–1610라는 이름의 수학자가 k가 홀수일 때, $N = 2^{k-1}(2^k - 1)$은 완전수라고 하며[26] 유클리드의 정리를 개선했다고 주장한 경우도 있었다. 이 주장이 사실이라면 무엇보다도 홀수인 k는 무한히 많기 때문에 완전수도 무한히 많다는 뜻이 된다. 그러나 유감스럽게도 $k = 9$이면 $N = 2^8(2^9 - 1) = 130,816$으로 이 수의 진약수들의 합은 $171,696$이므로 완전수가 아니다. 물론 $2^9 - 1 = 511 = 7 \times 73$은 소수가 아니므로 이것이 유클리드에 모순되지도 않는다. 불쌍하게도 우니크르누스는 다소 어처구니없는 실수를 한 것이다.

17세기 초에 유클리드의 정리는 완전수라고 알려졌던 거의 모든 수에 대한 구체적인 정보를 주고 있었다. 완전수의 성질을 완전히 알려주는 필요충분조건은 여전히 미궁 속에 있었다. 데카르트René Descartes, 1596–1650는 1638년 11월 15일 메르센에게 보내는 편지에 모든 짝수인 완전수는 "유클리드의 형식"을 가진다고 서술하였다. 즉, $k > 1$이고 $(2^k - 1)$이 소수일 때 모든 짝수인 완전수는 $2^{k-1}(2^k - 1)$의 모양이라고 하였다.[27]

그러나 불행하게도 데카르트는 증명을 기록으로 남기지 않았다. 증명 자체가 유실된 건지 아니면 데카르트가 단지 추측했던 것인지는 전혀 알 길이 없다.

데카르트의 추측은 흥미로울 뿐만 아니라 사실은 참이다. 그러나 증명은 다른 수학자에게로 넘겨졌다.

오일러 등장

오일러에게 수론은 다른 분야에 비해 나중에 연구하기 시작한 분야인 듯하다. 젊었을 때는 미적분학에 심취하다가 점차 이 새롭고 매력적인 분야로 관심을 넓혀갔다. 당시 수학자들은 미적분학의 힘과 폭넓은 적용 가능성에 매혹되어 있었다. 요즘 말로 미적분학은 "뜨거운" 분야였고, 그에 비해 수론은 별로 심각한 주제로 받아들여지지 않았다.

수론에 대한 오일러의 열정을 거슬러 따라가 보면, 대부분은 전도자 골드바흐Christian Goldbach와 마주치게 된다. 1727년 오일러가 상트 페테르부르크 학술원에 도착했을 때, 골드바흐가 거기 있었고, 오일러와 교류하며 이 젊은 동료의 진가를 알아보았다. 이내 골드바흐는 모스크바로 옮겨 갔지만 우편으로 오일러와 계속 교류하였다. 1729년 12월 1일 편지에서 골드바흐는 다음과 같이 페르마Pierre de Fermat, 1601-1665의 연구를 인용하며 오일러에게 물었다.

> 모든 $2^{2^n}+1$ 모양의 수는 소수라는 페르마의 주장을 알고 있습니까? 페르마는 증명을 할 수 없다고 했고, 내가 알고 있는 바로는 아직 아무도 증명하지 못하였습니다.[28]

오일러는 처음에는 무관심한 듯했지만, 이후 골드바흐가 계속해서 편지를 보내자 관심을 가지기 시작하였다. 오일러는 페르마가 틀렸다는 것을 알았는데 왜냐하면 641을 약수로 갖는 합성수 $2^{2^5}+1 = 4,294,967,297$을 발견했기 때문이다.[29]

이것은 단지 시작에 불과했다. 수론은 오일러의 열정이 되었다. 그는 끝없이 아름답고 매력적이라고 여기며 페르마의 문제로 뛰어들었다. 오일러는 평생 수론의 크고 작은 문제들을 많이 다루었다. 예를 들면, 서로 다른 네 개의 정수 중에서 임의의 두 정수의 합이 완전제곱수가 되는 조건을 만족하는 정수를 찾는 것이다. 오일러는 놀랍게도 18530, 38114, 45986, 65570이라는 상당히 큰 수 네 개를 정확하게 찾았다. 그러나 어떻게 찾았는지는 오직 오일러만 알 것이다.[30]

오일러의 《오페라 옴니아》 중에서 네 권이 수론에 관한 것으로 여기에 수록된 많은 업적들은 고전 수론의 정석이 되었다. 에드워즈Harold Edwards가 언급한 바와 같이, 이것이 오일러가 수학에서 이룬 업적의 전부라 해도 (분명히 전부는 아니지만) "오일러가 수론에 기여한 것만으로도 수학의 연대기에서 영원한 명성을 확립하기에 충분할 것이다."[31]

오일러에게 완전수에 대한 것은 거의 부차적인 문제였던 것 같다. 소위 친화수amicable number라 불리는 수에 대해 광범위한 연구를 다룬 《친화수에 대하여 De numeris amicabilibus》에서 완전수에 대해서는 한 쪽도 안 되는 짧은 분량으로 다루었다.[32] 친화수란 두 수 m과 n이 있을 때 m의 진약수의 합이 n이 되고 n의 진약수의 합이 m이 되는 조건을 만족하는 수의 쌍이다. 친화수는 매우 드물게 존재하고 알려진 가장 작은 친화수는 220과 284이다. 오일러 이전에 수세기 동안 알려진 친화수는 오직 세 쌍뿐이었다. 그러나 오일러는 혼자서 폭발적인 통찰력으로 친화수를 무려 59쌍이나 더 찾아내었다!

오일러는 이 과정에서 친화수와 완전수의 연구에 유용하게 쓰일 개념을 아래와 같이 소개하였다.

정의 $\sigma(n)$은 n의 모든 약수의 합이다.

(오일러는 논문에서 표기법 $\int n$을 사용했지만, 현대의 수학자들은 $\int$ 대신 그리스어 알파벳 소문자 "시그마(σ)"로 대체했다.) 유클리드는 단지 n의 진약수들만의 합을 구했지만 오일러는 모든 약수들의 합을 구하는 것이 더 중요하다는 것을 깨달았다. 이것은 사소한 변화처럼 보일 수도 있지만 몇 가지 중요한 결과를 얻는 계기가 되었다.

예를 들어 $\sigma(5) = 1+5 = 6$이고 $\sigma(6) = 1+2+3+6 = 12$이다. 분명히 n의 진약수들의 합은 $\sigma(n) - n$이다. 그러므로 m과 n이 친화수라는 것의 필요충분조건은 아름다운 대칭식 $\sigma(m) = m+n = \sigma(n)$을 만족한다는 것이다.

이제 오일러의 아이디어 덕분에 아래와 같이 소수와 완전수에 대한 성질이 우리 손에 적절하게 주어졌다.

1. p가 소수인 것과 $\sigma(p) = p+1$인 것은 동치이다.

2. N이 완전수인 것과 $\sigma(N) = N+N = 2N$인 것은 동치이다.

이 외에 세 가지의 중요한 성질이 더 있다.

3. 만일 p가 소수이면 $\sigma(p^r) = (p^{r+1} - 1)/(p-1)$이다.

이것은 소수의 거듭제곱 p^r의 약수는 오직 소수의 거듭제곱 p^s 형태 뿐이기 때문이다(단, $0 \leq s \leq r$). 따라서

$$\sigma(p^r) = 1 + p + p^2 + \cdots + p^r = \frac{p^{r+1} - 1}{p-1}$$

이 성립한다. 만약 $N = 2^r$이면

$$\sigma(N) = \sigma(2^r) = \frac{2^{r+1} - 1}{2-1} = 2^{r+1} - 1 = 2(2^r) - 1 = 2N - 1$$

이다. 즉 N이 완전수라면 $\sigma(N) = 2N$이어야 하지만 $\sigma(N) = 2N - 1$은 완전수가 되는 조건에 하나가 부족하기 때문에 2의 거듭제곱은 절대 완전수가 아님을 보여준다. 완전수에 근접했지만 완전수는 아니다.

4. p와 q가 서로 다른 소수이면 $\sigma(pq) = \sigma(p)\sigma(q)$이다.

이 관계식을 증명하기 위해, 우선 pq의 약수들은 오직 $1, p, q, pq$뿐이다. 따라서 $\sigma(pq) = 1+p+q+pq = (1+p)+q(1+p) = (1+p)(1+q) = \sigma(p)\sigma(q)$이다. 구체적인 예로 $\sigma(21) = 1 + 3 + 7 + 21 = 32 = 4 \times 8 = \sigma(3) \times \sigma(7)$이다.

5. a와 b가 서로소인 정수라면 $\sigma(ab) = \sigma(a)\sigma(b)$이다.

#4를 확장한 #5에서 요구하는 것은 a와 b가 **서로소**라는 것이지 a와 b가 소수라는 것이 아니다. a와 b의 공약수가 1밖에 없는 한, σ를 a와 b의 곱에 적용한 것은 a와 b에 σ를 적용하여 곱한 것과 같다. 소위 "곱의 성질"이라 불리는 이러한 성질은 다음 논의의 핵심이고 사실은 σ의 성질 중 가장 많이 사용되는 것이다. 오일러의 예리한 눈은 이것을 한번에 발견했다.[33]

#5의 증명은 많은 수론 교재에서 쉽게 찾을 수 있기 때문에 여기서 다루지 않을 것이다. 대신 p, q, r이 서로 다른 소수이고 $a = p^2, b = qr$인 (따라서 a와 b가 서로소가 되는) 예를 통하여 이 식이 본질적으로 무엇을 말해주는지 살펴보자. 즉, ab의 모든 약수를 나열하여 더해보면

$$\sigma(ab) = \sigma(p^2qr)$$
$$= 1 + p + p^2 + q + pq + p^2q + r + pr + p^2r + qr + pqr + p^2qr$$
$$= (1 + p + p^2) + q(1 + p + p^2) + r(1 + p + p^2) + qr(1 + p + p^2)$$
$$= (1 + p + p^2)(1 + q + r + qr) = (1 + p + p^2)(1 + q)(1 + r)$$

$$= \sigma(p^2)\sigma(q)\sigma(r)$$
$$= \sigma(p^2)\sigma(qr) \qquad \text{\#4에 의하여}$$
$$= \sigma(a)\sigma(b)$$

이다.

비슷한 방법으로 정리를 더 일반화할 수 있다. 이것을 이용하면 소인수분해 되어 있는 수의 약수들의 합을 쉽게 구할 수 있다. 예를 들어 4800의 모든 약수들을 나열하지 않아도 소인수분해를 이용해서

$$\sigma(4800) = \sigma(2^6 \times 3 \times 5^2) = \sigma(2^6) \times \sigma(3) \times \sigma(5^2)$$
$$= 127 \times 4 \times 31 = 15,748$$

임을 알 수 있다.

이렇듯 기본적이지만 막강한 무기로 무장한 오일러는 완전수에 관한 유클리드의 정리로 돌아갔다. 오일러는 **짝수인 완전수**에 대해서는 유클리드의 충분조건이 또한 필요조건이 됨을 증명하였다. 오일러의 증명은 다음과 같다.

정리 N이 짝수인 완전수이면 $N = 2^{k-1}(2^k - 1)$이고, 이때 $2^k - 1$은 소수이다.

증명 N이 짝수인 완전수라고 가정하자. 모든 2의 거듭제곱을 묶어내면 홀수인 b에 대하여 $N = 2^{k-1}b$ 와 같이 쓸 수 있다. N은 짝수이고 따라서 인수 중에는 적어도 2가 하나는 있으므로 $k > 1$이다. N은 또한 완전수이므로

$$\sigma(N) = 2N = 2(2^{k-1}b) = 2^k b$$

임을 알고 있다. 동시에 2^{k-1}과 b는 서로소이므로, #3과 #5에 의해

$$\sigma(N) = \sigma(2^{k-1}b) = \sigma(2^{k-1})\sigma(b) = (2^k - 1)\sigma(b).$$

가 성립한다. $\sigma(N)$을 계산해보면 $2^k b = (2^k - 1)\sigma(b)$이고 또는 간단하게

$$\frac{2^k}{2^k - 1} = \frac{\sigma(b)}{b}$$

가 성립한다.

오일러가 관찰한 바와 같이, 왼쪽의 분수식은 분자가 분모보다 1이 크므로 기약이다. 오른쪽의 분수식은 기약인지의 여부는 분명하지는 않다. 오일러가 할 수 있었던 최선의 답은 적당한 $c \geq 1$에 대하여

$$\sigma(b) = c 2^k \tag{1.1}$$

이고

$$b = c(2^k - 1) \tag{1.2}$$

이라는 것이다. 오일러는 그 다음으로 c의 값에 따라 두 가지 경우를 고려하였다.

경우 1. $c > 1$라고 가정하자.

(1.2)에 의하여 각각의 정수 1, b, c, $2^k - 1$은 b의 약수이다. 우리는 이것보다 더 강력하게 이 네 개의 정수들은 b의 서로 다른 약수라고 주장한다. 이 주장이 성립함을 보이기 위해 이들 중 어느 두 개를 선택해도 같지 않다는 것을 증명하려 한다.

(a) $1 \neq b$이다. 왜냐하면 만일 $1 = b$라면, $N = 2^{k-1} b = 2^{k-1}$이 되는데 (앞의 #3에 의하면) 2의 거듭제곱은 완전수가 아니므로 $1 = b$가 되는 것은 불가능하다.

(b) $1 \neq c$이다. 왜냐하면 지금 우리는 $c > 1$인 경우를 다루고 있기 때문이다.

(c) $1 \neq 2^k - 1$이다. 왜냐하면 만일 $2^k = 2$라면 $N = 2^{k-1} b = b$가 된다. 그러면 N이 홀수가 되어 가정에 모순이다.

(d) $b \neq c$이다. 왜냐하면 만일 $b = c$라면 (1.2)에 의하여 $b = c(2^k - 1) = b(2^k - 1)$이고, (c)에서 이미 제외했던 $1 = 2^k - 1$의 상황으로 돌아간다.

(e) $b \neq 2^k - 1$이다. 왜냐하면 $b = 2^k - 1$이라면 (1.2)에 의하여 $b = c(2^k - 1) = cb$가 되고, 따라서 $c = 1$이 된다. $c > 1$이라는 가정에 모순이다.

(f) 마지막으로 $c \neq 2^k - 1$이다. $c = 2^k - 1$이라면 (1.2)에 의하여 $b = c(2^k - 1) = c^2$이므로 b는 적어도 세 개의 약수 $1, c, c^2$를 가진다. $c > 1$이므로 이 세 수는 서로 다르다. 따라서 b의 모든 약수의 합을 나타내는 $\sigma(b)$는 최소한 $1 + c + c^2$ 이상이어야 한다. 한편 (1.1)에 의하여 $\sigma(b) = c2^k = c[(2^k - 1) + 1] = c[c+1] = c^2 + c$이다. 따라서 $c^2 + c = \sigma(b) \geq 1 + c + c^2$이라는 불합리한 결론을 내리게 된다.

(a) – (f)의 결과를 정리하면, 우리가 주장한 대로 네 개의 수 $1, b, c, 2^k - 1$은 b의 서로 다른 약수임을 알게 된다. 따라서 $\sigma(b)$를 계산할 때 각각 더해지는 항이 된다. 따라서 다음 결과를 얻는다.

$$\begin{aligned}
\sigma(b) &\geq 1 + b + c + (2^k - 1) \\
&= b + c + 2^k \\
&= c(2^k - 1) + c + 2^k \quad \text{(1.2)에 의해} \\
&= 2^k(c + 1) > c2^k \\
&= \sigma(b) \quad \text{(1.1)에 의해}
\end{aligned}$$

즉, $\sigma(b) > \sigma(b)$라는 모순이 발생하고, 경우 1은 **불가능**하다는 결론을 얻는다. 이제 한 가지 경우만 남았다.

경우 2. $c = 1$이라 가정하자.

(1.2)에 의하여 $b = c(2^k - 1) = 2^k - 1$임을 알고, (1.1)에 의하여

$$\sigma(b) = c2^k = 2^k = (2^k - 1) + 1 = b + 1$$

을 얻는다. $\sigma(b) = b + 1$이므로 (앞의 #1에 의하여) b는 소수이다.

요약하자면, 경우 2에서는 만일 (유일하게 가능한 경우인) N이 짝수인 완전수라면, $2^k - 1$은 소수이고 $N = 2^{k-1}b = 2^{k-1}(2^k - 1)$이다. 이것으로 유클리드의 조건이 완전수가 되기 위한 필요조건이 됨을 증명하였다. □

이 증명은 비록 각 경우들을 고려할 때 주의해야 하지만 논리는 간단하다. 물론 수론에 관한 깊은 지식이 필요하지도 않다. 오일러는 **진약수만의** 합이 아니라 자기 자신을 포함한 모든 약수들의 합에 초점을 맞추는 통찰력으로 문제를 $\sigma(n)$의 관점에서 다시 보았다. 이것은 간단하게 보이지만 결정적인 것이었다. "단순화는 스스로 오지 않고 창조되는 것이다."라는 트루스델Truesdell의 통찰을 잘 기억해야 한다.[34] 이런 의미에서 오일러는 단순화의 대가였다.

짝수인 완전수에 대한 연구로 오일러는 오래전 유클리드가 시작한 작업을 끝냈다. 이천년이나 걸린 이들의 공동 작업은 "유클리드-오일러 정리"라고 불려야 한다. 확신하건대 이 정리의 이름은 알파벳 순으로 쓴 것이기도 하지만,* 수학의 역사에서 가장 위대한 위인을 연결한 것이기도 하다. 이는 마치 소포클레스Sophocles와 셰익스피어Shakespeare가† 공동으로

---

*유클리드가 시작한 증명을 오일러가 끝을 냈으므로 문제를 증명하는데 더 큰 공을 세운 오일러의 이름이 앞에 써야 한다고 주장하는 사람도 있을 것이다. 하지만 전통적으로 수학에서는 정리의 이름을 알파벳 순으로 쓴다.
†소포클레스(기원전 497-기원전 406)는 고대 그리스 아테네의 비극 시인이고, 셰익스피어(1564-1616)는 영국의 극작가이자 시인이다.

연극을 연출했다거나 페이디아스Pheidias와 미켈란젤로Michelangelo가* 공동으로 동상을 조각했다는 것과 같다.

물론 그런 희곡은 없고 또한 그런 조각상도 없다. 그러나 유클리드-오일러 정리는 두 명의 빛나는 창조자를 보여주는 기념비로 **존재한다**. 수학의 전 분야에서 다시 없는 일이다.

에필로그

유클리드와 오일러의 모든 연구에도 불구하고 완전수에 대해서 우리가 모르는 것이 아직도 많다. 예를 들면 완전수가 무한히 많은지 아직 아무도 모른다. 유클리드의 방법을 이용하면 완전수의 무한성은 메르센 소수의 무한성에서 따라오는 결과이지만, 메르센 소수의 무한성 여부는 아직 수학자들이 해결하지 못한 문제이다.

이번 에필로그에서는 조금 다르지만 여전히 흥미진진한 문제에 초점을 맞추려 한다. 독자들이 이제까지 우리가 다룬 완전수들이 (예를 들어 6, 28, 486, 8128와 같이) 모두 짝수였다는 것을 눈치챘는지도 모르겠다. 그렇다면 홀수인 완전수도 존재할까?

우선 처음 몇 개의 홀수에 대해 $\sigma(n)$을 계산해보자.

$$\sigma(3) = 4 \quad \sigma(11) = 12 \quad \sigma(19) = 20 \quad \sigma(27) = 40$$
$$\sigma(5) = 6 \quad \sigma(13) = 14 \quad \sigma(21) = 32 \quad \sigma(29) = 30$$
$$\sigma(7) = 8 \quad \sigma(15) = 24 \quad \sigma(23) = 24 \quad \sigma(31) = 32$$
$$\sigma(9) = 13 \quad \sigma(17) = 18 \quad \sigma(25) = 31 \quad \sigma(33) = 48$$

---

*페이디아스는 고대 그리스 시대의 조각가로 올림피아 신전의 제우스 상이 그의 작품으로 알려져 있다. 미켈란젤로(1475–1564)는 르네상스 시대 이탈리아의 대표적인 조각가, 건축가, 화가, 그리고 시인이었다.

모든 경우에 확인할 수 있는 것은 $\sigma(N) < 2N$이다. 그러므로 이 홀수들은 모두 완전수가 아니다.

직관적으로 이 현상은 이치에 맞는다. 짝수는 그것의 진약수 중 하나는 주어진 짝수의 1/2이 되는데 홀수는 짝수와 다르게 이런 현상이 일어나지 않는다. 예를 들어 496은 496/2 = 248로 나누어지지만, 497의 가장 큰 진약수는 상대적으로 작은 수인 71이다. 496이 완전수이려면 496의 다른 모든 진약수들의 합으로 부족한 496 – 248 = 248을 채워야 한다. 이는 물론 $496 = 2^4(2^5 - 1)$이기 때문에 가능하다. 그러나 497이 완전수가 되려면 남아 있는 진약수들의 합으로 497 – 71 = 426을 채워야 하는데 이는 불가능하다. 홀수에는 희망 없는 약점만 있는 듯하다.[35]

몇 가지 예제를 보고 지친 수의 탐험자들이 만일 N이 홀수라면 $\sigma(N)$이 항상 $2N$ 미만이라고 추측할지도 모르겠다. 943일 때 $\sigma(943) = 1008 < 2 \times 943$과 같이, 943 이하의 모든 홀수에 대하여 이 현상을 확인할 수 있다. 이러한 현상이 무한히 계속되면 홀수인 완전수는 없을 것이다.

그러나 수학에서는 종종 축복인 듯한 놀라운 기적이 발생한다. $\sigma(945) = 1920 > 2 \times 945$와 같이 여기에 자신의 진약수들의 합이 자신보다 큰 홀수가 있다. 이 예는 우리의 추측을 무너뜨린다. 더 나아가 어떤 홀수의 진약수들의 합이 자신보다 클 수도 있고 또는 작을 수도 있다면 정확히 자기 자신이 되는 경우가 없을 거라고 장담할 수도 없다. 그러므로 홀수인 완전수의 존재는 다시 연구해 볼 만한 문제로 돌아온다.

오일러는 이러한 문제를 1747년의 그의 논문에서 소개하며 쉽게 해결하지 못하고 있다고 했다. "홀수인 완전수가 존재하는가 하는 것은 가장 어려운 질문이다"라며 그는 마치 예언하듯 말했다.[36]

오일러가 "가장 어려운" 문제라고 불렀다면 우리는 정말 그렇다고 확신할 수 있을 것이다. 과연 오늘날까지 홀수인 완전수의 존재는 풀리지 않고 남아 있다. 수학자들과 컴퓨터의 연필과 실리콘으로 가능한 최상의 영웅적인 노력에도 불구하고 홀수인 완전수는 아직 찾지 못하고 있다. 그렇다고 홀수인 완전수가 존재하지 않는다고 수학적으로 증명된 것도 아니다. 수학자 가이Richard Guy는 홀수인 완전수의 존재를 "수론에서 가장 악명 높은 미해결 문제 중 하나"라고 잘 표현하였다.[37]

그렇다고 수학자들이 홀수가 완전수라면 반드시 만족해야 하는 성질들을 전혀 알아내지 못했다는 말은 아니다. 예를 들어 실베스터J. J. Sylvester, 1814-1897가 1888년에 소개한 짧지만 재치있는 정리를 살펴보자.[38]

정리 홀수인 완전수는 적어도 세 개의 서로 다른 소인수를 가진다.

증명 우선 홀수인 완전수 N을 나누는 소수는 한 개뿐이라고 가정해보자. 즉, 홀수인 소수 p와 $r \geq 1$에 대하여 $N = p^r$인 홀수인 완전수라고 가정하자. 그러면 $2N = \sigma(N)$이고, 앞의 #3에 의하여

$$2p^r = \sigma(p^r) = \frac{p^{r+1} - 1}{p - 1}$$

이다. 이것을 정리하면 $2p^r - p^{r+1} = 1$이다. 그러나 식의 좌변은 분명히 소수 p로 나누어지지만 식의 우변은 나누어지지 않기 때문에 모순이다. 따라서 홀수인 완전수를 나누는 소인수는 두 개 이상이어야 한다.

이제, N의 서로 다른 소인수가 정확히 두 개라고 가정해 보자. 즉, 소수 $p < q$에 대해서 $N = p^k q^r$의 형태를 갖는 홀수인 완전수라고 가정하자. N이 홀수이니 p, q도 물론 홀수인 소수이다. #5를 이용해서

$$2N = \sigma(N) = \sigma(p^k q^r) = \sigma(p^k)\sigma(q^r)$$

임을 안다. 즉,

$$2N = (1 + p + p^2 + \cdots + p^k) \times (1 + q + q^2 + \cdots + q^r)$$

이다.

p는 홀수인 소수이므로 최소 3 이상이고, q는 p보다 큰 홀수인 소수이므로 최소 5 이상이다. 따라서 위의 식 양변을 $N = p^k q^r$으로 나누어 간단하게 하면

$$2 = \left(1 + \frac{1}{p} + \frac{1}{p^2} + \cdots + \frac{1}{p^k}\right) \times \left(1 + \frac{1}{q} + \frac{1}{q^2} + \cdots + \frac{1}{q^r}\right)$$

$$\leq \left(1 + \frac{1}{3} + \frac{1}{9} + \cdots + \frac{1}{3^k}\right) \times \left(1 + \frac{1}{5} + \frac{1}{25} + \cdots + \frac{1}{5^r}\right)$$

이다. 우변의 유한등비급수를 무한히 연장한 무한등비급수로 바꾸면, 우변에 더 많은 양수를 더한 셈이므로 원래의 값보다 더 커지게 되고, 아래의 결과를 얻는다.

$$2 \leq \sum_{i=0}^{\infty} \frac{1}{3^i} \times \sum_{j=0}^{\infty} \frac{1}{5^j} = \frac{3}{2} \times \frac{5}{4} = \frac{15}{8}, \quad \text{모순이다!}$$

따라서 홀수인 완전수는 서로 다른 세 개 이상의 소인수들을 가져야 한다. □

이후 실베스터는 홀수인 완전수는 적어도 네 개의, 그 다음에는 적어도 다섯 개의 서로 다른 소인수를 가진다는 것을 증명하였다.[39] 이러한 정리의 이점은 두 가지이다. 우선 탐구해야 할 범위를 제한할 수 있다. 실베스터의 결과 덕분에 수학자들이 홀수인 완전수를 찾아 여행할 때 $227,529$와 같은 수에 시간을 허비하지 않아도 된다. 왜냐하면 $227,529$는 $3^4 \times 53^2$로 인수분해되어 소인수가 3과 53으로 단 두 개뿐이기 때문이다.

더 흥미로운 점은 실베스터의 정리와 같은 결과로 홀수인 완전수가 존재하지 않는다는 증명이 가능할지도 모른다는 것이다. 말하자면 누군가 홀수인 완전수는 서로 호환되지 않는 두 개의 조건을 반드시 만족해야 한다는 것을 증명했다고 가정해 보자. 예를 들어 홀수인 완전수는 **반드시**

9로 나누어져야 하지만 3으로는 나누어지지 않는다와 같은 것이다. 이런 모순을 증명할 수 있다면 우리는 홀수인 완전수는 존재하지 않는다고 결론지을 수 있다.

그러나 유감스럽게도 알려진 홀수인 완전수의 성질 중에 서로 호환되지 않는 조건을 찾은 사람은 아직 없다. 아래에 알려진 성질 중에 몇 가지를 나열했다.[40]

1. 홀수인 완전수는 105로 나누어질 수 없다.

2. 홀수인 완전수는 반드시 최소한 8개의 서로 다른 소인수를 포함해야 한다.(실베스터 정리의 확장)

3. 제일 작은 홀수인 완전수는 10^{300} 보다 크다.

4. 홀수인 완전수의 소인수 중 두 번째로 큰 소인수는 1000 보다 크다.

5. 모든 홀수인 완전수의 역수들의 합은 유한하다. 수식으로 표현하면 다음과 같다.

$$\sum_{n:\text{홀수인 완전수}} \frac{1}{n} < \infty$$

이런 것들은 좀 묘한 면이 있는데 왜냐하면 존재하지 않을지도 모르는 것들의 구체적인 성질을 설명하고 있기 때문이다. 우리는 홀수인 완전수가 실제로 존재하는지를 모르면서 두 번째로 큰 소인수에 대한 연구 결과로 무엇을 이해하길 기대하는 걸까? 이는 이의 요정*의 가운데 이름을 알아내려 하는 것과 같다.

다섯 번째 성질은 비록 다른 성질들과 마찬가지로 전혀 존재하지 않을 수도 있는 것에 관한 것이긴 하지만 좀 특별해 보인다. 2장에서도

---

*이의 요정은 어린 아이의 빠진 이를 돈으로 바꿔주는 요정이다. 영미권 설화에 나온다.

보게 되겠지만 모든 자연수의 역수들의 합은 소위 조화급수라고 불리며 무한대로 발산하는 급수이다. 그래서 모든 짝수의 역수들의 합, 모든 홀수의 역수들의 합, 또는 모든 소수의 역수들의 합도 역시 발산한다(4장 참조). 짝수, 홀수, 소수와 같은 수들은 충분히 많기 때문에 이런 수의 역수의 합은 무한대로 발산한다.

그러나 3장에서 보게 되겠지만 모든 완전제곱수의 역수들의 합은 유한한 값으로 수렴한다. 완전제곱수들은 양의 정수 사이에 아주 넓게 분산되어 있어서 이들의 역수들의 합은 무한대로 발산할 만큼 충분히 크지 않기 때문이다. 이러한 관점에서 보면, 다섯 번째 조건은 홀수인 완전수는 완전제곱수와 같은 성질을 갖는다고 알려준다. 즉, 아주 드물게 존재한다는 것이다. 그러므로 10^{300} 라는 슈퍼컴퓨터도 두통을 앓게 만들 정도로 큰 수 아래로는 완전수가 없다는 사실도 그리 놀랍게 들리지 않는다.

실베스터는 홀수인 완전수가 반드시 만족해야 할 성질들을 조사하면서 증거들이 거의 결정적이라고 믿었다. 1888년 그가 남긴 글을 보자.

> … 이 주제에 대해 오랫동안 생각한 결과 홀수인 완전수가 존재한다는 것은 — 조건들이 복잡한 거미줄 같이 사방을 둘러싸인 곳을 성공적으로 빠져 나온다는 것은 — 거의 기적에 가깝다고 생각한다.[41]

그러나 기적은 언제든 일어날 수 있다. 전반적으로 회의적인 분위기에도 불구하고 홀수인 완전수의 존재성을 아직 완전히 배제하지 못한다. 수론 학자이자 대중적인 수학 해설자인 벨Eric Temple Bell이 불평하기를 "수론이 [홀수인 완전수 같은] 기본적인 문제도 해결하지 못하면서 그 세계를 마음대로 할 수 있다고 말하는 것은 전혀 맞지 않는 아첨이다."

제 1 장 오일러와 수론

벨이 "수학의 마지막 위대한 미개척 대륙"이라 불렸던 수론은 실로 우리를 겸허하게 만든다.[42]

우리는 낙담하지 않으려고 이야기를 항상 "완전"한 결말로 끝내려는 환상을 갖는다. 어쩌면 홀수인 완전수의 존재는 유뱅크스Eunice Eubanks라는 이름의 젊은 천재에 의해 해결될지도 모른다.* 그런 다음엔 유클리드-오일러-유뱅크스 정리라고 수학의 전 영역에서 가장 축복받은 이름을 붙일 수 있을 것이다.

그러나 환희의 그 날이 올 때까지는 이 장의 결과들에 만족해야 한다. 오랜 시간에 걸쳐 유클리드와 오일러는 **짝수인 완전수**의 수학적 성질들을 밝혀냈다. 그것은 세기를 넘어 이어진 위대한 공동 연구였다.

---

*유뱅크스라는 수학자는 저자의 희망을 담은 가상의 인물이다.

제 2 장

오일러와 로그함수

1748년 오일러는 두 권으로 된 《무한 해석학 입문Introductio in analysin infinitorum》(이하 《입문》)을 출판했는데, 이 책은 모든 세대를 통틀어 가장 영향력 있는 수학책 중 하나가 되었다.

오일러의 《입문》은 미분 적분학에 필요한 사전 지식을 모아놓았다. 제목이 말해주듯이 오일러는 이 책에 무한대를 도입했는데, 이 때문에 현대의 독자들에겐 기초적인 것과 다소 난이도가 높은 복잡한 것이 한 곳에 기묘하게 섞여 있는 것으로 보인다.

역사학자 보이어Carl Boyer는 《입문》에 대해서 다음과 같이 말했다. "함수가 수학의 기본 개념이 된 것은 바로 이 책의 공로이다."[43] 오일러 이전의 해석학은 주로 곡선의 성질을 연구하였는데, 본질적으로 곡선의 성질이 곧 함수의 성질인 것이다. 이 변화는 수학의 지평을 영원히 바꾸어 놓은 심오한 것이었다.

《입문》 1권에서 오일러는 가장 중심이 되는 개념을 아래와 같이 정의했다.

> 변수를 가진 **함수**란 변수와 숫자 혹은 상수를 이용하여 해석적으로 표현한 것이다.[44]

이것은 현대의 개념은 아니다. 함수를 해석적 표현이라고 정의한 걸 보면,

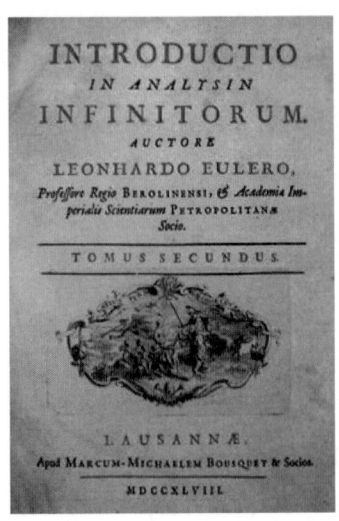

그림 2.1. 《무한 해석학 입문》 표지

오일러는 아마도 "함수"와 "공식"을 동일시한 것 같다. 그는 함수의 중심 개념, 즉 정의역의 모든 각각의 x에 대해 공역의 y를 유일하게 하나씩 대응한다는 개념을 아직 완전히 정립하지는 않았다. (오해를 없애기 위해, 오일러의 함수에 대한 이해는 이 후에도 계속 발전해서 현대의 개념에 도달했다는 것을 밝혀둔다.)[45] 그럼에도 불구하고 이 함수의 해석적 정의는 의도되지 않은 다른 분야, 즉 "곡선"을 기하학의 개념으로 보는 관점에서는 대단한 발전이었다.

오일러의 《입문》은 이후 수학의 내용과 형식, 기호에 대단히 많은 영향을 주었다. 보이어는 이 책이 "유클리드의 《원론》이 기하학에 남긴 것과 같은 자취를 기초 해석학에 남겼다"고 평하며 이 점을 높이 샀다.[43] 홉슨E. W. Hobson도 다음과 같은 찬사를 보냈다.

수학사의 어떤 책도 오일러의 《입문》만큼 독자에게 천재적인 영감을

확실하게 주지 못한다.[46]

오일러는 《입문》에서 "함수"를 추상적으로 정의하는 방법을 비롯해서 많은 것을 알려준다. 또한 이후로 해석학을 이루는 주요한 소재로서의 함수를 조명하는데, 다항식, 삼각함수, 지수함수("간단히 지수를 변수로 하는 거듭제곱") 등을 정의하였다. "이런 함수들의 역함수로부터 나는 가장 자연스럽고 유용한 개념인 로그에 도달했다"고 지수함수를 인용하면서 설명했다.[47]

지면의 제한으로 그가 연구한 모든 것을 다 살펴볼 수 없으므로 가장 중요한 로그함수에 집중하기로 한다. 이유없는 선택은 아니다. 왜냐하면 로그함수는 오일러의 중요한 여러 가지 해석학적 도구 중에 하나이고 또한 이 책의 이후 내용에 계속해서 등장하기 때문이다.

서두에 로그표가 오일러가 태어나기 100년 전에 이미 만들어졌다는 것을 강조하며 밝혀둔다. 오일러의 연구는 좀 더 수학적 개념에 관한 것이었다. 그는 로그를 함수로 정의했고, 로그함수와 지수함수가 서로 역함수 관계라는 것을 명확하게 깨달았으며, "자연"로그의 중요성을 인지하고 이론을 적립함으로써 단순한 계산의 영역에서 멀리 발전해 나왔다. 늘 그렇듯이 오일러는 수학적 개념 하나를 이어받아 그 위에 불멸의 표식을 남겼다.

프롤로그

"로그를 이용하면 계산이 간단해져서 천문학자의 수명을 두 배로 연장시켰다"고 라플라스 Pierre-Simon de Laplace가 주장했다.[48] 140년을 산 천문학자가 없는 것을 보면 라플라스의 주장은 과장된 것이 분명하지만 적절한 관찰이었다. 로그를 이용하면 곱하기와 나누기를 훨씬 쉬운 더하기와

빼기로 바꾸어 계산할 수 있기 때문이다. 이에 더해 오일러는 "로그는 특별히 복잡한 근을 찾는 데 유용하다"고 강조했다.[49] 당시에 로그표는 현대의 컴퓨터가 계산 시간을 절약하는 기계로서 타의 추종을 불허하는 지위를 누리는 것과 같은 지위를 누렸다.

'로그'라는 단어는 네이피어John Napier, 1550-1617가 17세기 초에 만들었다. 네이피어가 최초로 중심 아이디어를 깨닫긴 했지만, 우리가 익숙한 상용로그표를 다년간에 걸쳐 만든 사람은 그의 동료였던 브릭스Henry Briggs, 1561-1631였다. 브릭스는 $0 = \log 1$, $1 = \log 10$으로 시작했다. 이게 너무 빤하다 생각이 된다면 네이피어의 처음 연구는 $0 = \log 10,000,000$이었던 것과 비교해보면 분명히 놀라운 것이다.

그러면 $\log 5$는 어떻게 결정할 수 있을까? 요즘은 물론 계산기를 사용하거나 기술적으로 퇴보한 방법이긴 하지만 오래된 로그표를 찾아보면 된다. 그러나 로그를 만들어낸 사람들에겐 이런 방법들이 주어지지 않았다. 그래서 로그의 성질을 하나하나 이해하고 불굴의 의지로 제곱근을 찾는 길고 반복되는 지루한 계산을 통해서 로그 값을 유도했다.

브릭스의 방법이 어떤 것인지 알기 위해, 10을 밑으로 하는 $\log 5$를 그의 방법대로 계산해보자. 우선 $\log \sqrt{10} = \log 10^{\frac{1}{2}} = \frac{1}{2} \log 10 = 0.50000$이다. $\sqrt{10} \approx 3.1622777$이므로, $\log 3.1622777 = 0.5000$으로 근삿값을 구할 수 있다.

같은 방법으로 제곱근을 한 번 더 취하면,

$$0.250000 = \log \sqrt{\sqrt{10}} = \log 1.7782794$$

이다. 이런 식으로 제곱근을 취하고 동시에 로그 값을 반으로 나누는 것을 계속 해나가는 것이다. 브릭스는 손으로 이런 계산을 소수점 이하 30자리까지 정신이 아득해질 만큼 했지만, 우리는 여기서 그만하고 간단히

제 2 장 오일러와 로그함수

아래의 로그표를 참조하자.

수	로그 값
10	1.00000
$3.1622777 = \sqrt{10} = 10^{\frac{1}{2}}$	0.50000
$1.7782794 = \sqrt{\sqrt{10}} = 10^{\frac{1}{4}}$	0.25000
$1.3335214 = \sqrt{\sqrt{\sqrt{10}}} = 10^{\frac{1}{8}}$	0.12500
⋮ ⋮	⋮
$1.0011249 = 10^{\frac{1}{2048}}$	0.00048828
$1.0005623 = 10^{\frac{1}{4096}}$	0.00024414
$1.0002811 = 10^{\frac{1}{8192}}$	0.00012207

정확한 로그 값이 알려져 있는 왼쪽열로 수를 걸러내는 '체질'은 다른 로그 값을 구하는 방법을 제공한다.

이제 log 5로 돌아가자. 제곱근을 아래와 같이 반복해서 구하면

$$\sqrt{5} = 2.2360680, \quad \sqrt{\sqrt{5}} = 1.4953488,$$

$5^{\frac{1}{4096}} = 1.0003930$ 까지 이른다. 1.0003930은 위의 표의 왼쪽 열의 맨 아래에 있는 두 개의 수 사이 값이다. (그렇다. 이건 분명히 쓸모 있는 도구다.)

우리의 목표는 선형보간linear interpolation을 이용해서 아래 표에서 x에 해당되는 값을 찾는 것이다.

$1.0005623 = 10^{\frac{1}{4096}}$	0.00024414
$1.0003930 = 5^{\frac{1}{4096}}$	x
$1.0002811 = 10^{\frac{1}{8192}}$	0.00012207

각 열의 비례식

$$\frac{x - 0.00012207}{0.00024414 - 0.00012207} = \frac{1.0003930 - 1.0002811}{1.0005623 - 1.0002811}$$

을 이용해서 $\log(5^{1/4096}) = x = 0.000170646$을 얻는다. 그러므로

$$\log 5 = 4096(0.000170646) = 0.698966$$

이다.

이렇게 구한 근삿값은 $\log 5$의 소수 여섯째 자리까지의 참값인 0.698970과 비교하면 차이가 불과 백만분의 4로 상당히 정확하다. 그러나 불행히도 브릭스의 이런 방법은 $\log 5$를 구할 때만 효과적이다. 예를 들어 $\log 6$이나 $\log 5.34$, 혹은 로그표에 없는 다른 값을 구하려면 이런 방법을 여러 번 반복해야 한다. 우울하게도 이런 현실적인 이유 때문에 브릭스의 방법은 찬사와 애석하다는 평가를 동시에 받는다.

한 세대가 미처 지나기도 전에 수학자들이 로그 값을 계산하는 훨씬 빠르고 쉬운 방법을 찾아냈다는 것을 생각하면 브릭스의 방법은 애석한 게 사실이다. 새로운 방법은 무한급수라는 당시엔 최첨단이었던 주제를 이용한다. 특히 메르카토르Nicholas Mercator, 1620–1687[*], 그레고리James Gregory, 1638–1675, 탁월했던 뉴턴Isaac Newton, 1642–1727은 복잡한 식을 무한급수로 표현하는 방법을 찾아내었다. 그리고 찾아낸 무한급수를 이용해서 로그 값의 근삿값을 훌륭하게 계산할 수 있었다.

예를 들어, 뉴턴은 $(1+x)^r$을 아래와 같이 전개했다.

$$(1+x)^r = 1 + rx + \frac{r(r-1)}{2\cdot 1}x^2 + \frac{r(r-1)(r-2)}{3\cdot 2\cdot 1}x^3 + \frac{r(r-1)(r-2)(r-3)}{4\cdot 3\cdot 2\cdot 1}x^4 + \cdots$$

뉴턴은 위의 일반화된 이항전개에서 지수 r가 "자연수거나 분수이든 (자연수를 분모가 1인 분수로 생각한다면) 혹은 양수이거나 음수에 상관없이 성립한다"고 하였다.[50] 그래서 위의 전개식에 $x = \frac{1}{5}$과 $r = \frac{1}{2}$을 대입하고 네 번째 항까지만 계산해서 쉽게 $\sqrt{1.2}$의 근삿값을 아래와

---

[*]지도를 만든 메르카토르와 다른 사람이다.

같이 구했다.

$$\sqrt{1.2} = \left(1 + \frac{1}{5}\right)^{\frac{1}{2}}$$

$$\approx 1 + \frac{1}{2}\left(\frac{1}{5}\right) + \frac{\frac{1}{2}(\frac{1}{2}-1)}{2\cdot 1}\left(\frac{1}{5}\right)^2 + \frac{\frac{1}{2}(\frac{1}{2}-1)(\frac{1}{2}-2)}{3\cdot 2\cdot 1}\left(\frac{1}{5}\right)^3$$

$$= 1 + \frac{1}{10} - \frac{1}{200} + \frac{1}{2000} = \frac{2191}{2000} = 1.09550$$

이 값은 $\sqrt{1.2}$의 소수 다섯째 자리까지의 값인 1.09545에 대단히 가까운 근삿값이다.

무한급수를 이용해서 제곱근의 근삿값을 구하는 것도 쉽지 않은 일이지만, 무한급수를 이용해 로그 값을 구하는 것은 정말로 복잡한 별개의 문제이다. 그레고리Gregory of St. Vincent, 1584–1667와 사라사Alfonso de Sarasa, 1618–1667는 이 방향으로 최초의 결과를 냈다. 이들의 연구 결과는 쌍곡선의 일부로 둘러쌓인 영역의 넓이와 로그함수가 관련이 있다는 것을 보여준다. 오늘날의 미적분학으로 그 결과를 다시 해석해서 간단하게 설명하면 아래와 같다.

그림 2.2에서 보이는 대로, 좌표평면에서 쌍곡선 $y = \frac{1}{t}$와 t축 그리고 $t = 1$, $t = x$라는 직선으로 둘러싸인 영역의 넓이를 $A(x)$라고 하자.

그러면

$$A(ab) = \int_1^{ab} \frac{1}{t}dt$$

$$= \int_1^a \frac{1}{t}dt + \int_a^{ab} \frac{1}{t}dt, \quad \text{두 번째 적분식을 } t = au \text{로 치환하면}$$

$$= \int_1^a \frac{1}{t}dt + \int_1^b \frac{1}{au}(adu)$$

$$= \int_1^a \frac{1}{t}dt + \int_1^b \frac{1}{u}du = A(a) + A(b)$$

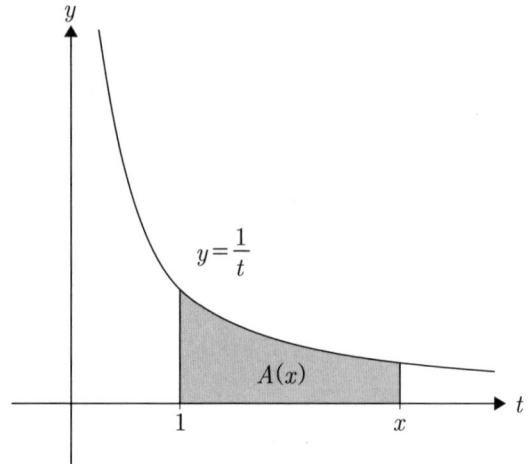

그림 2.2. 넓이와 로그함수

이다. 같은 방법으로

$$A(a^r) = \int_1^{a^r} \frac{1}{t} dt, \quad t = u^r \text{로 치환하면}$$
$$= \int_1^a \frac{1}{u^r}(ru^{r-1}du)$$
$$= r\int_1^a \frac{1}{u}du = rA(a)$$

를 얻는다.

위에서 본 쌍곡선 아래의 넓이에 관한 두 가지 성질인 $A(ab) = A(a) + A(b)$와 $A(a^r) = rA(a)$는 로그함수의 성질과 정확히 거울대칭이다. 분명히 무언가 재미있는 현상이 벌어지고 있다.

물론 오늘날 우리는 위에서 살펴본 넓이가 소위 말하는 자연로그의 값이라는 것을 잘 알지만, 17세기 중반의 사람들은 아직 이 관계를 명확히 알지 못했고 쌍곡선 아래 영역의 넓이를 구하는 방법도 몰랐다.

그러나 쌍곡선 아래 영역의 넓이를 구하는 것에 관한 혁명은 오래지 않아 일어나서 1660년대에 메르카토르와 뉴턴이 독립적으로 각각 무한급수를 이용해서 이 넓이의 근삿값을 구했다. 그러므로 로그 값도 계산해낸 것이다. 다시 뉴턴의 당시 아이디어를 따라가면서 현대 수학의 기호들을 이용하는 사치를 살짝 누려보자.

우선 쌍곡선을 왼쪽으로 1만큼 평행하게 옮겨서 아래와 같이 정의하자.

$$\ell(1+x) = \int_0^x \frac{1}{1+t} dt$$

그리고 나서 $1/(1+t) = (1+t)^{-1}$를 뉴턴이 했던 대로 $r = -1$인 경우의 일반화된 이항전개로 치환하고 각각을 적분하면 아래와 같이 쌍곡선 아래 영역에 관한 간단하고 아름다운 멱급수를 얻는다.

$$\ell(1+x) = \int_0^x (1 - t + t^2 - t^3 + t^4 \cdots) dt$$
$$= x - \frac{x^2}{2} + \frac{x^3}{3} - \frac{x^4}{4} + \frac{x^5}{5} \cdots$$

뉴턴은 x의 값이 작을 때는 이 멱급수가 로그 값의 꽤 정확한 근삿값을 준다는 것을 알아냈다. 그는 이 사실을 이용해서

$$\ell(1.1) = \int_0^{0.1} \frac{1}{1+t} dt$$

를 무려 소수점 이하 57자리까지 계산했고, 이 근삿값으로부터 10을 밑으로 하는 로그표를 어떻게 생성하는지를 보였다.[51]

17세기의 수학자들은 이렇게 계속 성장했다. 네이피어와 브릭스의 성과와 메르카토르와 뉴턴이 이룬 업적은 정말로 인상적이다. 로그는 이미 폭넓게 이용되고 있었고 무한급수를 이용해서 그 값을 비교적 쉽게 계산할 수 있었다. 하지만 아직 많은 것들이 숙제로 남아 있었다. 로그함수에 관한 통합된 수학 이론은 다음 세기에 가장 통찰력 있는 수학자가

오기까지 기다려야 했다.

오일러 등장

우리는 오일러의 《입문》 VI장과 VII장에 나오는 로그에 관한 연구를 살펴보아야 한다. 그는 먼저 지수함수 즉 $y = a^z$, $a > 1$의 형태의 함수를 정의했고, 이를 상당히 자연스러운 것으로 생각했다. "y가 z에 의존한다는 개념으로의 확장은 지수들의 성질로부터 쉽게 얻는다"고 오일러는 밝혔다.[52]

그리고 오일러는 아래와 같이 역함수 문제로 생각했다.

> ··· 이제 $a^z = y$가 되는 z를 찾는다고 생각하자. z가 y에 대한 함수로 보이는 한 y의 로그함수라고 부르자.

현대 수학으로 표현하면 $z = \log_a y$는 $a^z = y$와 동치라는 뜻이다.

오일러는 로그를 단순한 계산도구가 아니라 지수함수의 역함수로 분명하게 인식했다. 그리하여 로그의 밑으로 쓰일 수 있는 무한히 많은 다양한 수만큼 무한히 많은 다양한 로그함수가 생겨났다.

오일러는 《입문》의 VI장 후반에서 우리가 앞에서 사용했던 제곱근과 수체를 이용해서 $\log_{10} 5 = 0.698970$를 구했다. 그러고 나서 뉴턴과 메르카토르의 무한급수를 이용한 방법을 언급하며 "로그 값을 훨씬 빠르고 쉽게 구하는 법"을 《입문》의 VII장에서 설명하겠다고 했다.[53]

그는 또한 $\log_a y$의 값을 알면 다른 밑 b에 대한 로그 값 $\log_b y$를 "아주 쉽게 계산할 수 있는"[54] 로그 값의 황금률을 소개한다. 방법은 매우 간단하고 유용하다. 우선 $z = \log_b y$라고 하면, $y = b^z$이고

$\log_a y = \log_a(b^z) = z \log_a b$ 이다. 그러므로 $\log_b y = z = \frac{\log_a y}{\log_a b}$ 로 구해진다.

오일러의 황금률은 로그함수의 밑을 바꾸는 법을 알려줄 뿐만 아니라, 일찍이 오일러가 깨달았듯이 아래와 같이 두 수의 로그 값의 비율은 로그의 밑으로 어떤 수를 사용하든 항상 같다는 것도 알려준다. 즉,

$$\frac{\log_b y}{\log_b x} = \frac{\frac{\log_a y}{\log_a b}}{\frac{\log_a x}{\log_a b}} = \frac{\log_a y}{\log_a x}$$

오일러는 VI장을 몇 가지 계산 문제로 맺었다. 그 중 원금의 이자를 계산하는 문제는 원형 그대로 오늘날의 교과서에 실려도 손색이 없다. 또 다른 인구 증가에 대한 문제는 노아의 홍수에 관한 성서시대를 배경으로 아래와 같이 기술되어 있다.

> 노아의 홍수 이후 모든 인류는 6명의 방주에서 살아남은 사람들로부터 시작되었다. 홍수 200년 후의 인구가 $1,000,000$이라고 하고 연간 인구증가 속도를 계산해보자.[55]

《입문》의 VII장에서는 오일러의 창의성이 더욱 선명하게 드러난다. 그의 목표는 지수함수와 로그함수를 멱급수로 전개하는 것이다. 하지만 그의 책은 입문서로 미분이나 적분 같은 고급 기술을 사용할 수는 없다. 그래서 그가 택한 방법을 보면 기호들이 쉴새없이 날아다니며 엄밀하진 않지만 독창적이다.

그는 먼저 다음과 같이 지수함수 $y = a^x$, $a > 1$를 멱급수로 전개했다. ω를 "무한히 작은 수 혹은 0이 아닌 분수인데 아주 작아서 $a^\omega = 1 + \psi$가 참인 수라고 가정하자. 여기서 ψ 역시 무한히 작은 수이다."[56] ω를 거의 0에 가까운 것으로 간주하면, $a^\omega \approx a^0 = 1$이고, 이때 근삿값과

참값의 차이는 무한히 작은 수인 $\psi = a^\omega - 1$이다.

이후로 오일러는 무한히 작은 수인 ω와 ψ를 가지고 저글링을 한다. 둘 사이의 관계를 $\psi = k\omega$라고 하고, $a^\omega = 1 + k\omega$로 표현했다.

이 장면에서 무한히 작은 수라는 것이 무슨 뜻인지 오일러는 구체적인 예를 들어 설명을 했다. 예를 들어 $a = 10$와 $w = 0.000001$로 두면 $10^{0.000001} = 1 + k(0.000001)$이고, 로그표를 이용하면 $k = 2.3026$이라고 구할 수 있다. 반면 $a = 5$, $w = 0.000001$라고 하면 $k = 1.60944$로 오일러가 하고자 하는 말이 무슨 뜻인지 알 수 있는데, 다시 말해서 "k는 밑 a에 의존하는 유한한 값"이라는 것이다 [무한히 작은 ω는 무시할 수 있다는 뜻].[57]

그 다음엔 유한한 어떤 값 x에 대해서 a^x를 멱급수 전개한다. 오일러처럼 항상 새로운 변수를 도입하는 것을 두려워하지 말고 $j = \frac{x}{\omega}$라고 하면,

$$a^x = (a^\omega)^{x/\omega} = (1 + k\omega)^j = \left(1 + \frac{kx}{j}\right)^j$$

이다. 이제 뉴턴이 했던 방법대로 이항전개를 하면 멱급수를 얻는다.

$$\begin{aligned} a^x =& 1 + j\left(\frac{kx}{j}\right) + \frac{j(j-1)}{2 \cdot 1}\left(\frac{kx}{j}\right)^2 + \frac{j(j-1)(j-2)}{3 \cdot 2 \cdot 1}\left(\frac{kx}{j}\right)^3 \\ & + \frac{j(j-1)(j-2)(j-3)}{4 \cdot 3 \cdot 2 \cdot 1}\left(\frac{kx}{j}\right)^4 + \cdots \\ =& 1 + kx + \frac{j-1}{j}\left(\frac{k^2 x^2}{2 \cdot 1}\right) + \frac{(j-1)(j-2)}{j \cdot j}\left(\frac{k^3 x^3}{3 \cdot 2 \cdot 1}\right) \\ & + \frac{(j-1)(j-2)(j-3)}{j \cdot j \cdot j}\left(\frac{k^4 x^4}{4 \cdot 3 \cdot 2 \cdot 1}\right) + \cdots \end{aligned}$$

그러나 x는 유한한 정해진 값이고 ω는 무한히 작은 수이기 때문에 $j = x/\omega$는 무한히 큰 수이다. 그러므로 오일러의 논리를 따라서 $(j-1)/j = 1$

이고 $(j-2)/j = 1$ 등이다. 현대 수학의 용어로 하면, 1 이상의 모든 n 에 대해서 $\lim_{j \to \infty}(j-n)/j = 1$을 주장한 것이다(물론 맞는 식이다).

어쨌든 이 성질을 이용해서 위의 전개식에서 j를 소거하여

$$a^x = 1 + kx + \frac{k^2 x^2}{2 \cdot 1} + \frac{k^3 x^3}{3 \cdot 2 \cdot 1} + \frac{k^4 x^4}{4 \cdot 3 \cdot 2 \cdot 1} + \cdots \quad (2.1)$$

을 얻는다.

곧바로 알 수 있는 결론이 두 가지 있다. 첫째, $x = 1$로 놓으면 밑 a 의 k에 관한 멱급수를 얻는다.

$$a = 1 + k + \frac{k^2}{2 \cdot 1} + \frac{k^3}{3 \cdot 2 \cdot 1} + \frac{k^4}{4 \cdot 3 \cdot 2 \cdot 1} + \cdots$$

두 번째, 밑 a는 1보다 큰 양수라는 것 외에 다른 조건이 없으므로 $k = 1$ 인 경우에 맞춰 특별한 숫자를 선택할 수 있다. 다시 말해서 무한히 작은 ω에 대해서 최초에 a를 $a^\omega = 1 + \omega$를 만족하도록 선택한다. 그렇게 하면 식 (2.1)에 $x = k = 1$를 대입하여 특별한 밑 a에 대한 급수를 아래와 같이 얻는다.

$$a = 1 + 1 + \frac{1}{2 \cdot 1} + \frac{1}{3 \cdot 2 \cdot 1} + \frac{1}{4 \cdot 3 \cdot 2 \cdot 1} + \cdots$$

오일러가 계산한 이 상수의 근삿값은 대략

$$2.71828182845904523536028$$

로 오일러는 "짧게 줄여서", 이제는 불멸이 된 이 상수의 이름을 e라고 붙였다. 그는 e를 밑으로 하는 로그함수를 "자연로그 또는 쌍곡로그" 라고 불렀다.[58] 더 나아가 $k = 1$, $a = e$로 두면 식 (2.1)은 아래의 유명한 식이 된다.

$$e^x = 1 + x + \frac{x^2}{2 \cdot 1} + \frac{x^3}{3 \cdot 2 \cdot 1} + \frac{x^4}{4 \cdot 3 \cdot 2 \cdot 1} + \cdots = \sum_{r=0}^{\infty} \frac{x^r}{r!}$$

여기까지 무리 없이 잘 흘러왔다. 다음으로 오일러는 자연로그함수(지금부터는 현대 수학에서 하듯이 "ln"으로 쓰자)의 멱급수 전개를 구하였다. 무한히 작은 ω에 대해서 $e^\omega = 1 + \omega$이기 때문에, [양변에 로그를 취하면] $\omega = \ln(1+\omega)$이고, $j\omega = j\ln(1+\omega) = \ln(1+\omega)^j$이다. 그러나 ω가 비록 무한히 작은 수이어도 양수이기 때문에, "j가 큰 수일수록 $(1+\omega)^j$는 1보다 훨씬 큰 수가 된다."[59] 그러므로 어떤 양수 x에 대해서도 항상 $x = (1+w)^j - 1$이 되도록 하는 적절한 j를 찾을 수 있다. 이 사실로부터 다음의 세 가지 결론에 도달한다.

첫째, $\omega = (1+x)^{1/j} - 1$이다.

둘째, $1 + x = (1+\omega)^j = e^{\omega j}$이므로 $\ln(1+x) = j\omega$이다.

마지막으로, ω가 무한히 작은 반면 $\ln(1+x)$는 유한하므로 j는 무한히 큰 수이다.

앞에서 이항전개를 통해 멱급수를 얻었듯이 이번엔 같은 방법으로 지수가 유리수인 멱급수를 얻는다.

$$\ln(1+x) = jw = j[(1+x)^{\frac{1}{j}} - 1] \tag{2.2}$$

$$= j\left[1 + \left(\frac{1}{j}\right)x + \frac{\left(\frac{1}{j}\right)\left(\frac{1}{j} - 1\right)}{2 \cdot 1}x^2 + \frac{\left(\frac{1}{j}\right)\left(\frac{1}{j} - 1\right)\left(\frac{1}{j} - 2\right)}{3 \cdot 2 \cdot 1}x^3 + \cdots\right] - j$$

$$= x - \frac{j-1}{2j}x^2 + \frac{(j-1)(2j-1)}{2j \cdot 3j}x^3 - \frac{(j-1)(2j-1)(3j-1)}{2j \cdot 3j \cdot 4j}x^4 + \cdots$$

여기서도 물론 무한히 큰 수인 j는 $(j-1)/2j = \frac{1}{2}$, $(2j-1)/3j = \frac{2}{3}$, $(3j-1)/4j = \frac{3}{4}$ 등을 의미한다. 그러므로 식 (2.2)를 간단히 하면 아래와 같이 뉴턴과 메르카토르의 멱급수를 얻는다.

$$\ln(1+x) = x - \frac{x^2}{2} + \frac{x^3}{3} - \frac{x^4}{4} + \cdots \tag{2.3}$$

이제 오일러는 식 (2.3)을 이용해서 어떻게 로그표를 생성할 수 있는지 설명한다. 식에서 보듯이 이 전개식은 극한 값의 형태다. 예를 들어 $x = 5$일 때 $\ln 6 = 5 - 5^2/2 + 5^3/3 - 5^4/4 + \cdots$ 이다. "이 급수는 각 항들이 계속해서 점점 커지고, 몇 항들의 합이 유한한 정해진 값에 근접할 것 같지 않기 때문에 값이 어떻게 되는지 알기는 어렵다"고 오일러는 조심스럽게 말한다.[60]

그러나 오일러가 이 어려움을 극복할 방법도 설명했으니 아직 걱정할 필요는 없다. 식 (2.3)에서 x를 $-x$로 치환하면

$$\ln(1-x) = -x - \frac{x^2}{2} - \frac{x^3}{3} - \frac{x^4}{4} - \cdots \quad (2.4)$$

이고, 그 다음으로 식 (2.3)에서 식 (2.4)를 빼면

$$\ln(1+x) - \ln(1-x)$$
$$= \left[x - \frac{x^2}{2} + \frac{x^3}{3} - \frac{x^4}{4} + \cdots\right] - \left[-x - \frac{x^2}{2} - \frac{x^3}{3} - \frac{x^4}{4} - \cdots\right]$$
$$= 2x + \frac{2x^3}{3} + \frac{2x^5}{5} + \cdots$$

이다. 다시 말해 다음이 성립한다.

$$\ln\frac{1+x}{1-x} = 2\left[x + \frac{x^3}{3} + \frac{x^5}{5} + \cdots\right] \quad (2.5)$$

오일러는 이 멱급수가 작은 x에 대해서 "확실하게 수렴strongly converge"하고, 로그 값을 놀라울 만큼 간단하게 계산할 수 있다는 것도 알아냈다. 예를 들어 앞에서 브릭스의 제곱근을 이용한 장황한 방법으로 계산했던 $\log_{10} 5$를 다시 구해보자. 식 (2.5)에서 $x = \frac{1}{3}$을 대입하면,

$$\ln\frac{1+\frac{1}{3}}{1-\frac{1}{3}} = 2\left[\frac{1}{3} + \frac{1}{81} + \frac{1}{1215} + \frac{1}{15309} + \cdots\right], \text{ 또는 } \ln 2 = 0.693135$$

를 얻는다. 비슷한 이유로, 식 (2.5)에 $x = \frac{1}{9}$을 대입하면

$$\ln\left(\frac{5}{4}\right) = \ln\frac{1+\frac{1}{9}}{1-\frac{1}{9}} = 2\left[\frac{1}{9} + \frac{1}{2187} + \frac{1}{295245} + \cdots\right] = 0.223143$$

을 얻는다. 그러므로

$$\ln 5 = \ln\left(\frac{5}{4} \times 4\right) = \ln\left(\frac{5}{4}\right) + 2\ln 2$$
$$= 0.223143 + 2(0.693135) = 1.609413,$$
$$\ln 10 = \ln 5 + \ln 2$$
$$= 1.609413 + 0.693135 = 2.302548$$

이다. 오일러의 로그의 "황금률"을 적용해서 아래와 같이 계산을 끝낸다.

$$\log_{10} 5 = \frac{\ln 5}{\ln 10} = \frac{1.609413}{2.302548} = 0.698970$$

위의 값은 브릭스의 수체를 이용해서 계산한 것과 소수 여섯째 자리까지 일치한다. 브릭스의 방법은 제곱근을 취하는 과정을 무려 스무 번이나 거듭해야 하는 반면, 멱급수를 이용한 오일러의 방법은 제곱근 부호조차 보이지 않는다. 분명히 멱급수를 이용하는 방법이 우세하고, 의심할 바 없이 수학이 발전하고 있다는 것을 보여준다. 앞선 세기의 모든 방법과 멱급수를 이용한 새로운 방법을 굳이 비교하자면 아마도 새벽 미명과 한낮의 태양 빛과의 비교일 거라고 그레고리James Gregory는 말했다.[61]

그러나 오일러는 단순한 로그표의 계산보다 로그급수log series라는 훨씬 원대한 목표가 있었다. 앞에서 본 급수 전개는 미분법으로부터 그가 유도한 중요한 공식에 결정적인 역할을 한다.

오늘날의 수학에서는 로그급수에 미적분학을 적용해서 식(2.3)을 얻는다. 그러나 우리는 이미 오일러가 같은 결과를 미분이나 적분을 이용하지 않고 (그가 쓴 "기초적"인 《입문》의 독자를 위해) 다른 방법으로 얻어내

제 2 장 오일러와 로그함수

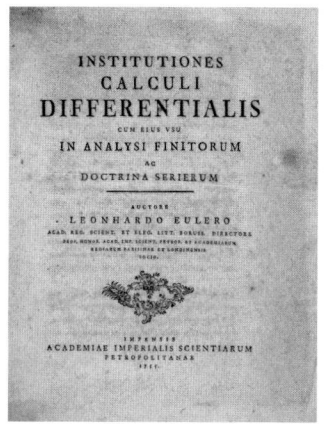

그림 2.3. 《미분학 입문》 표지

는 것을 보았다. 그러므로 다시 왜 그럴 수 있는지 언급하지 않아도 그는 이제 급수를 미적분학의 문제에 자유롭게 이용할 수 있다.

오일러는 1755년 《미분학 입문 Institutiones calculi differentialis》에서 바로 $\ln x$의 미분을 구하는 문제를 언급했다. 그가 한 방법을 현대의 기호들을 빌려서 아래와 같이 정리했다.[62]

$y = \ln x$라고 두고 양변을 미분하면 $dy = \ln(x+dx) - \ln x$이다. (여기서 dy는 현대의 미분 정의에서 $f(x+h) - f(x)$로 표현되는 분자이고 dx는 우리가 쓰는 h를 대신해서 썼다.) 오일러는 로그의 성질과 식(2.3)을 이용해서 다음을 얻었다.

$$dy = \ln(x+dx) - \ln x = \ln\left(\frac{x+dx}{x}\right) = \ln\left(1 + \frac{dx}{x}\right)$$

$$= \left(\frac{dx}{x}\right) - \frac{(dx/x)^2}{2} + \frac{(dx/x)^3}{3} - \frac{(dx/x)^4}{4} + \cdots$$

오일러는 무한히 작은 dx의 이차, 삼차 그 이상의 모든 고차 항들의 값은 영향을 줄 만큼 크지 않다고 여겼다. "첫 번째 항 이후로 모든 항들은 0이기 때문에" $dy = dx/x$이고, 곧바로 $D_x[\ln x] = dy/dx = 1/x$라는 미분 공식을 얻었다. 식은 죽 먹기였다.

이런 식의 증명법은 오늘날과 같이 엄밀한 수학이 정립되지 않았던 당시에는 흔했다. 엄밀함이 부족해보인다고 해서 쉽게 무시해서는 안 된다. 오히려 당시의 학문적 기준안에서는 충분히 정확한 것이고 그런 맥락에서는 분명하고 주목할 만한 결과이다. 그러므로 충분히 주의를 기울여 살펴볼 만한 것이다.

오일러는 로그함수를 해석학의 주요한 도구 중 하나라고 생각했다. 로그함수는 이후의 오일러의 연구에서 계속 발견되고 오늘날까지 중요하게 쓰인다. 때로는 아주 예상치 못한 곳에서도 쓰이는 것을 이 책의 후반부에서도 확인할 것이다. 이렇게 해서 오일러가 "가장 자연스럽고 유용하다"고 칭찬한 로그함수가 우리 손에 들어왔다.

에필로그

이 장의 마무리로 오일러가 어떻게 로그함수와 조화급수 사이의 관계를 알아냈는지 살펴보자. 그 과정에서 수학에서 가장 널리 쓰이면서도 가장 난해한 것으로 여겨지는 상수가 발견되었다.

이야기는 조화급수 $\sum_{k=1}^{\infty} 1/k$에서 시작한다. 조화급수는 간단하게 보이지만 무척 놀랍다. 조화급수의 각각의 항 $1, \frac{1}{2}, \frac{1}{3}, \cdots$은 점점 작아져서 0에 가까워진다. 0을 아무리 많이 더한다 한들 무슨 변화가 있겠는가. 예를 들어

$$\sum_{k=1}^{20} \frac{1}{k} \approx 3.60, \quad \sum_{k=1}^{220} \frac{1}{k} \approx 5.98, \quad \sum_{k=1}^{20220} \frac{1}{k} \approx 10.49$$

를 살펴보면, 처음 20개 항의 합 $\sum_{k=1}^{20} 1/k \approx 3.60$은 그 다음 200개

항의 합 $\sum_{k=21}^{220} 1/k \approx 5.98 - 3.60 = 2.38$ 보다 크고, 처음 220개 항의 합 $\sum_{k=1}^{220} 1/k \approx 5.98$이 그 다음 20,000개 항의 합 $\sum_{k=221}^{20220} 1/k \approx 10.49 - 5.98 = 4.51$ 보다 역시 크다. 그래서 조화급수는 빙하가 움직이는 속도로 증가한다고들 한다.* 급수가 이렇게 느리게 증가한다면 어떤 큰 양수가 있어서 그 숫자를 넘어서지 못 하는 게 아닐까 생각할 수 있다.

그러나 조화급수는 무한으로 발산한다. 다시 말해서 부분수열의 합이 점점 커져서 어떤 숫자든 뛰어넘는다. 조화급수의 각각의 항이 0으로 무한히 작아지는 것을 생각하면 조화급수가 이렇게 발산한다는 사실은 흔히 해석학에서 학생들의 직관을 흔드는 첫 번째 예가 된다. 계속해서 더해진 결과는 무한히 커지고 있는데 더해지는 각각의 항은 아무것도 아닌 양으로 보일 수도 있다는 것, 혹은 아무것도 아닌 것으로부터 모든 것을 얻을 수 있다는 사실이다.

이런 사실은 오일러 이전에 이미 알려져 있었다. 발산한다는 것을 보인 초기의 증명 중 오일러의 멘토였던 요한의 형인 야코프 베르누이Jakob Bernoulli의 방법은 눈여겨볼 만하다. 베르누이는 1689년에 쓴 고전 《무한급수에 관하여 Tractatus de seriebus infinitis》에서 아름다운 증명을 하나 선보인다. 이는 오일러 이전에 수열을 어떻게 이해했는지 보여준다.[63] 아래에서 간단하게 살펴보자.

정리 조화급수는 발산한다.

증명 첫째로 $a > 1$ 라면

$$\frac{1}{a} + \frac{1}{a+1} + \frac{1}{a+2} + \cdots + \frac{1}{a^2} \geq 1$$

---

*빙하가 움직이는 속도는 거의 0이다.

이다. 증명을 위하여 다음의 합을 생각해보자.

$$\frac{1}{a+1} + \frac{1}{a+2} + \cdots + \frac{1}{a^2}.$$

$a^2 - a$개의 각 항의 분모 중에서 a^2이 가장 크기 때문에 $\frac{1}{a^2}$이 가장 작다. 그러므로

$$\frac{1}{a+1} + \frac{1}{a+2} + \cdots + \frac{1}{a^2}$$
$$\geq \frac{1}{a^2} + \cdots + \frac{1}{a^2} \quad \text{각각의 항을 } \frac{1}{a^2} \text{으로 바꾸면}$$
$$= (a^2 - a)\frac{1}{a^2}$$
$$= 1 - \frac{1}{a}$$

이고, 마지막으로 양변에 $\frac{1}{a}$를 더하여 첫 번째 부등식을 얻는다.

베르누이는 조화급수를 아래와 같은 형태의 부분합

$$\frac{1}{a} + \frac{1}{a+1} + \frac{1}{a+2} + \cdots + \frac{1}{a^2}$$

을 이용해서 다시 썼다.

$$\sum_{k=1}^{\infty} \frac{1}{k} = 1 + \left(\frac{1}{2} + \frac{1}{3} + \frac{1}{4}\right) + \left(\frac{1}{5} + \frac{1}{6} + \cdots + \frac{1}{25}\right)$$
$$+ \left(\frac{1}{26} + \frac{1}{27} + \cdots + \frac{1}{676}\right) + \cdots$$
$$\geq 1 + 1 + 1 + 1 + \cdots$$

이는 조화급수가 1을 무한히 많이 더한 것보다 크다는 것이고, 어떤 유한한 수보다 더 크다는 것을 보여준다. □

17세기에는 특이한 것에 주목했다. 예를 들어, 라이프니츠_{Gottfried Wilhelm Leibniz, 1646–1716}는 영국의 수학자들이 조화급수의 "부분합" $\sum_{k=1}^{n} 1/k$을

간단히 표현할 수 있는 공식을 발견했다고 생각했다. 사실 라이프니츠는 결국 찾지 못했지만 아마도 등비급수의 합의 공식과 비슷한 모양일 것이라고 생각했던 것 같다. 즉 우리가 앞 장에서 이미 살펴본

$$\sum_{k=0}^{n} a^k = \frac{a^{n+1} - 1}{a - 1}$$

이다. 라이프니츠는 영국인들의 공식을 너무나 알고 싶어서 아래와 같은 자신의 결과와 맞교환하자고도 제안했다.[64]

$$\frac{\pi}{4} = 1 - \frac{1}{3} + \frac{1}{5} - \frac{1}{7} + \cdots$$

마치 야구 카드를 교환하듯이 수학도 거래를 하자는 것이다. 물론 영국인들의 특별한 공식은 없었기 때문에 이 거래는 일어나지 않았다.

당연히 오일러 역시 조화급수에 관심을 가졌다. 《입문》에서는 조화급수가 발산한다는 사실을 다른 방법으로 증명한다. 몇몇은 야코프 베르누이의 증명보다 못하다고 생각할지도 모르겠다.

정리 조화급수는 발산한다.

오일러의 증명 오일러의 증명은 앞에서 본 식(2.4)를 이용한다.[65]

$$\ln(1 - x) = -x - \frac{x^2}{2} - \frac{x^3}{3} - \frac{x^4}{4} - \cdots$$

위의 식에서 $x = 1$로 두면

$$\ln 0 = -\left(1 + \frac{1}{2} + \frac{1}{3} + \frac{1}{4} + \frac{1}{5} + \frac{1}{6} + \frac{1}{7} \cdots \right).$$

양변에 -1을 곱하면

$$1 + \frac{1}{2} + \frac{1}{3} + \frac{1}{4} + \frac{1}{5} + \frac{1}{6} + \frac{1}{7} \cdots = -\ln 0 = \ln\left(0^{-1}\right) = \ln\left(\frac{1}{0}\right)$$

$$= \ln \infty = \infty$$

이다. "무한한 수의 로그 값은 무한대"이기 때문이다. □

그러나 여기서 오일러는 조화급수와 로그함수와의 이상하고도 흥미로운 관계를 발견했다. 그는 식 (2.3)에서 $x = 1/n$으로 치환해서, 급수

$$\ln\left(1 + \frac{1}{n}\right) = \frac{1}{n} - \frac{1}{2n^2} + \frac{1}{3n^3} - \frac{1}{4n^4} + \cdots$$

을 얻는다. 그러므로

$$\frac{1}{n} = \ln\left(\frac{n+1}{n}\right) + \frac{1}{2n^2} - \frac{1}{3n^3} + \frac{1}{4n^4} - \cdots \qquad (2.6)$$

이다. 만약 n이 아주 충분히 크면 $1/n$은 거의 $\ln\left(\frac{n+1}{n}\right)$와 같아진다. 여기서 오일러는 조화급수의 항이 아주 많아지면 결국 로그함수의 합과 아주 유사하게 보일 것이라는 아이디어를 얻는다. 그는 곧 중요한 수학적 발견을 한다.

식 (2.6)에서 $n = 1, 2, 3, \ldots$으로 치환하여 아래와 같은 식들을 얻는다.

$$1 = \ln 2 + \frac{1}{2} - \frac{1}{3} + \frac{1}{4} - \cdots$$

$$\frac{1}{2} = \ln\left(\frac{3}{2}\right) + \frac{1}{8} - \frac{1}{24} + \frac{1}{64} - \cdots$$

$$\frac{1}{3} = \ln\left(\frac{4}{3}\right) + \frac{1}{18} - \frac{1}{81} + \frac{1}{324} - \cdots$$

$$\vdots \qquad \vdots \qquad \vdots \qquad \vdots \qquad \vdots$$

$$\frac{1}{n} = \ln\left(\frac{n+1}{n}\right) + \frac{1}{2n^2} - \frac{1}{3n^3} + \frac{1}{4n^4} - \cdots$$

제 2 장 오일러와 로그함수

그리고 좌변들과 우변들을 모두 더하면

$$\sum_{k=1}^{n} \frac{1}{k} = \left[\ln 2 + \ln \frac{3}{2} + \ln \frac{4}{3} + \cdots + \ln\left(\frac{n+1}{n}\right)\right]$$
$$+ \frac{1}{2}\left[1 + \frac{1}{4} + \frac{1}{9} + \cdots + \frac{1}{n^2}\right] - \frac{1}{3}\left[1 + \frac{1}{8} + \frac{1}{27} + \cdots + \frac{1}{n^3}\right]$$
$$+ \frac{1}{4}\left[1 + \frac{1}{16} + \frac{1}{81} + \cdots + \frac{1}{n^4}\right] - \cdots$$

여기서 처음 괄호 안 수열의 합은 $\ln 2 + \ln\frac{3}{2} + \ln\frac{4}{3} + \cdots + \ln\left(\frac{n+1}{n}\right) = \ln(n+1)$ 이다. 오일러는 나머지 괄호 안 수열의 합의 근삿값을 계산해서 아래의 결과를 얻었다.[66]

$$\sum_{k=1}^{n} \frac{1}{k} \approx \ln(n+1) + 0.577218$$

정리하면 n이 큰 수일 때 조화급수의 부분합은 적당한 로그함수 값에 0.577보다 조금 큰 상수를 더한 값과 같다. 오늘날 이 상수는 그리스 문자로 γ로 이름 붙이고, 물론 "오일러 상수"로 부른다.* 오일러 상수의 정확한 정의는 아래와 같다.

$$\gamma = \lim_{n \to \infty} \left[\sum_{k=1}^{n} \frac{1}{k} - \ln(n+1)\right]$$

오늘날의 수학자들은 이런 식을 보면 그 값이 수학적으로 정말 "존재" 하는지 증명하고 싶어진다(이것은 중요한 질문이다). 궁금한 사람들을 위해 증명을 싣는다.

정리 극한 $\lim_{n \to \infty}\left[\sum_{k=1}^{n}\frac{1}{k} - \ln(n+1)\right]$ 이 존재한다.

---

*오일러 상수라고 불리는 상수가 분야마다 여러 가지이다.

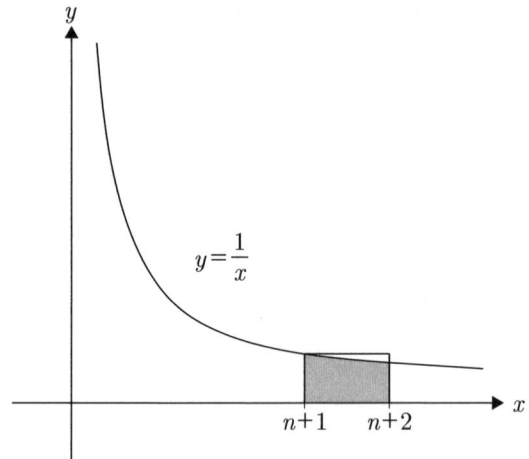

그림 2.4. 쌍곡함수의 그래프

증명 수열 c_n을 아래와 같이 정의하자.

$$c_n = \sum_{k=1}^{n} \frac{1}{k} - \ln(n+1)$$

c_n에 관해서 두 가지 성질을 알 수 있다. 한 가지는

$$c_{n+1} - c_n = \left[\sum_{k=1}^{n+1} \frac{1}{k} - \ln(n+2)\right] - \left[\sum_{k=1}^{n} \frac{1}{k} - \ln(n+1)\right]$$

$$= \frac{1}{n+1} - \ln(n+2) + \ln(n+1)$$

$$= \frac{1}{n+1} - \int_{n+1}^{n+2} \frac{1}{x} dx > 0$$

이다. 위 식의 마지막 줄이 0보다 큰 이유는 그림 2.4에서 보듯이 오른쪽의 적분 값은 쌍곡선 $y = 1/x$와 $x = n+1$, $x = n+2$와 x축으로 둘러싸인 부분의 넓이이고 $1/(n+1)$은 그것보다 큰 사각형의 넓이이다. 그러므로 $c_1 < c_2 < \cdots < c_n < c_{n+1} < \cdots$, 즉 $\{c_n\}$은 증가수열이다.

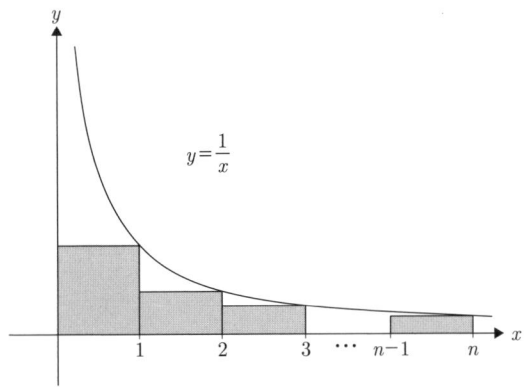

그림 2.5. 쌍곡함수의 그래프

그 다음으로 그림 2.5에서 보듯이 사각형들의 넓이의 합은 쌍곡선과 x축 사이의 넓이보다 작다는 것을 이용해서 아래와 같은 식을 얻는다.

$$\sum_{k=1}^{n}\frac{1}{k} = 1 + \sum_{k=2}^{n}\frac{1}{k} < 1 + \int_{1}^{n}\frac{1}{x}dx = 1 + \ln n < 1 + \ln(n+1)$$

그러므로 수열 $\{c_n\}$의 각각의 항은

$$c_n = \sum_{k=1}^{n}\frac{1}{k} - \ln(n+1) < 1$$

위의 두 가지 사실들을 통해서 수열 $\{c_n\}$이 증가수열이면서 동시에 절대로 1을 넘어가지 못한다는 것을 깨닫는다. 실수의 완비성*으로부터 $\gamma = \lim_{n\to\infty} c_n$이 존재한다 (즉 어떤 유한한 상수로 수렴한다). □

---

*실수의 수열이 위로 유계이면서 증가하면 수렴한다.

여기서 오늘날의 교과서에서는 오일러 상수를 아래와 같이 약간 다르게 정의한다는 것을 밝혀둔다.

$$\gamma = \lim_{n \to \infty} \left[\sum_{k=1}^{n} \frac{1}{k} - \ln n \right]$$

오일러가 쓴 $\ln(n+1)$ 대신 $\ln n$을 써도 물론 γ의 값은 아래와 같이 동일하다.

$$\lim_{n \to \infty} \left[\sum_{k=1}^{n} \frac{1}{k} - \ln n \right] = \lim_{n \to \infty} \left[\sum_{k=1}^{n} \frac{1}{k} - \ln(n+1) + \ln(n+1) - \ln n \right]$$

$$= \lim_{n \to \infty} \left[\sum_{k=1}^{n} \frac{1}{k} - \ln(n+1) \right] + \lim_{n \to \infty} \ln\left(1 + \frac{1}{n}\right)$$

$$= \gamma + 0 = \gamma$$

훨씬 더 많이 알려진 사촌들인 π와 e와 함께 γ 역시 수학에서 가장 중요한 상수 중 하나이다. 물론 오일러가 "주의 깊게 살펴볼 만한"[67] 상수라고 불렀듯이 상수 π와 e 처럼 γ도 그때나 지금이나 여러 가지 흥미로운 곳에서 등장한다. 고급 해석학의 감마함수gamma function를 이해하는 데 중요하고, 아래와 같이 좀 이상해보이지만 흥미로운 형태로도 나타난다.

$$\gamma = -\int_0^\infty e^{-x} \ln x \, dx$$

또는

$$\gamma = \left[\frac{1}{2 \cdot 2!} - \frac{1}{4 \cdot 4!} + \frac{1}{6 \cdot 6!} - \cdots \right] - \int_1^\infty \frac{\cos x}{x} dx.$$

혹은 아래와 같이 x와 n이 완벽하게 대칭인 재밌는 식도 있다.

$$\gamma = \lim_{x \to 1^+} \sum_{n=1}^{\infty} \left(\frac{1}{n^x} - \frac{1}{x^n} \right)$$

제 2 장 오일러와 로그함수

다른 많은 심오한 아이디어와 함께 오일러 상수는 아직 많은 것이 비밀에 싸여 있다. 예를 들어, 이탈리아의 기하학자인 마스케로니Lorenzo Mascheroni, 1750–1800는 《오일러의 적분학에 관한 노트 Adnotationes ad calculum integrale Euleri》라는 논문에서 γ를 무려 32자리까지 계산했다. 몇 년 뒤, 폰 솔트너Johann Georg von Soldner, 1766–1833가 소수 스무 번째 자리에서부터 마스케로니의 것과 다른 값을 발표했다. 이건 좀 당황스러운 장면이다. 이 상황을 해결하기 위해 천하의 가우스Carl Friedrich Gauss, 1777–1855가 "지칠 줄 모르는 계산기"라는 별명의[68] 니콜라이F.B.G. Nicolai, 1793–1846를 제삼자로 요청했다. 그리고 니콜라이가 40자리까지 계산해서 폰 솔트너가 맞고 마스케로니가 틀렸다는 것을 보임으로써 이 상황은 깨끗하게 정리되었다.

수학적으로 잘 정의된 상수의 근삿값을 놓고 벌어진 이 작은 위기는 우리가 얼마나 많이 발전해왔는지를 깨닫게 한다. 지금과 같이 컴퓨터가 아무렇지도 않게 상수 π의 값을 수백자리씩 계산해내는 세상에서는 스무 번째 자리에서 값이 틀렸다고 호들갑을 떠는 것은 우스운 일이다.

참 γ라는 기호를 도입한 것은 마스케로니이다. 마스케로니가 "틀린" 값을 계산하긴 했지만 γ는 때로 "오일러-마스케로니 상수"라고 불리기도 한다. 다시 생각해보니 마스케로니가 이름의 절반을 차지하는 것은 좀 불공평해보이는 것도 같다.

오일러 상수에 관한 가장 큰 신비는 수가 가지는 기본적인 성질에 관한 것이다. 오일러 상수는 유리수일까 아님 무리수일까? 오일러는 이 상수의 성질을 밝히는 것은 "빛나는 순간"이 될 것이라고 했다.[69] 유리수냐 무리수냐 하는 것은 여전히 수학자들을 궁금하게 하고 있다.

수학자들은 답이 무엇이 될 것인지 이미 짐작한다. 상수 γ처럼 복잡한 수는 유리수, 즉 간단하게 분수로 표현되는 수가 될 리 없다. 그러나 아직 증명된 것이 아니다. 홀수인 완전수의 존재처럼, γ가 무리수라는 사실은 영원불멸의 명예를 꿈꾸는 수학자들에게 매력적인 도전이다. 혹 도전하고 싶은 독자들은 이 문제가 지난 몇 세기 동안 얼마나 많은 천재들을 물리치고 살아남았는지를 먼저 생각해보라고 조언한다. 영원불멸의 명예를 얻는 더 쉬운 다른 방법이 분명히 많이 있다는 것도 기억해주시길!

이제 이번 장을 마무리하자. 우리는 오일러가 로그가 함수라는 것을 깨닫고, 무한히 작은 수와 무한히 큰 수의 개념을 적용해서 $\ln(1+x)$의 멱급수 전개를 발전시킨 것을 살펴보았다. 이 과정에서 그는 로그함수와 조화급수의 관계를 밝혔고 마침내 기념비적인 오일러 상수도 찾아내었다. 이것은 호기심이 꼬리에 꼬리를 무는 이야기이다. 수학의 많은 꼬리에 꼬리를 무는 아이디어들처럼 오일러를 통해서 흘러가는 이야기이다.

다음 장에서는 조화급수로 돌아가서 야코프 베르누이의 제안을 따라 살짝 변화를 주어 보고, 오일러가 무한급수

$$\sum_{k=1}^{\infty} \frac{1}{k^2}$$

의 값을 어떻게 찾아 나갔는지를 이야기할 것이다. 그것은 오일러의 또 다른 위대한 여정이었다.

제3장
오일러와 무한급수

17세기가 막 시작되었을 때까지는 무한급수가 수학에 자주 등장하지 않았고 이에 대해 알고 있는 것도 별로 없었다. 그러나 17세기가 끝나갈 무렵에는 무한급수의 구체적인 예들과 이에 관한 이론들이 풍성하게 발달해 있었다. 앞에서도 언급했던 야코프 베르누이가 1689년에 쓴 《무한급수에 관하여 Tractatus de seriebus infinitis》를 보면 당시 상황을 잘 알 수 있다. 17세기는 수학에서 분명히 흥미진진한 시간이었고, 수학자들은 지난 몇 세기 동안 이루지 못했던 발전들을 뿌듯하게 이루어냈다.

그러나 완벽한 것은 아니었다. 증명 과정에서 완전히 해결하지 못한 몇 가지 문제들은 다음 세기의 수학자들의 도전이 되었다. 물론 오일러 역시 이런 도전을 마주한 수학자의 한 사람으로서 특별히 "바젤의 문제"에 도전하였다. 이제 그가 이룬 찬란한 승리에 관한 이야기를 해보자.

프롤로그

야코프 베르누이는 무한급수를 즐겨 연구했다. 조화급수가 발산한다는 것을 증명했을 뿐만 아니라 여러 가지 수렴하는 급수들이 정확한 수렴값을 알고 있었다. 가장 간단한 예로 r이 -1과 1 사이의 수일 때, 아래의 무한등비급수의 값을 구하는 공식이 있다.

$$a + ar + ar^2 + \cdots + ar^k + \cdots = \frac{a}{1-r}$$

좀더 복잡한 다른 예를 들어보면, $1 + \frac{1}{3} + \frac{1}{6} + \frac{1}{10} + \frac{1}{15} + \cdots$ 로 k 번째 항의 분모는 $k(k+1)/2$ 으로 삼각수라고 불린다. 이 급수의 17세기식 계산법은 간단하고 귀엽기까지 하다.

$$1 + \frac{1}{3} + \frac{1}{6} + \frac{1}{10} + \frac{1}{15} + \cdots$$
$$= 2\left[\frac{1}{2} + \frac{1}{6} + \frac{1}{12} + \frac{1}{20} + \frac{1}{30} + \cdots\right]$$
$$= 2\left[\left(1 - \frac{1}{2}\right) + \left(\frac{1}{2} - \frac{1}{3}\right) + \left(\frac{1}{3} - \frac{1}{4}\right) + \left(\frac{1}{4} - \frac{1}{5}\right) + \cdots\right]$$
$$= 2[1] = 2$$

미적분학을 배웠다면 마지막에 보이는 교대급수가 익숙할 것이다.

$$\sum_{k=1}^{\infty} \frac{1}{k(k+1)/2} = 2 \tag{3.1}$$

다소 덜 알려진 야코프 베르누이의 다른 예로

$$\frac{a}{b} + \frac{a+c}{bd} + \frac{a+2c}{bd^2} + \frac{a+3c}{bd^3} + \cdots$$

를 보자. 분자는 등차수열

$$a, a+c, a+2c, a+3c, \ldots$$

이고, 분모는 등비수열

$$b, bd, bd^2, bd^3, \ldots$$

이다. 만약 $a=1$, $b=3$, $c=5$, $d=7$을 각각 대입하면,

$$\frac{1}{3} + \frac{6}{21} + \frac{11}{147} + \frac{16}{1029} + \frac{21}{7203} + \frac{26}{50421} + \cdots$$

과 같이 전혀 알기 어려운 무한급수가 된다.

야코프는 그의 책 《무한 급수에 관하여》 XIV장에서 이 급수를 아래와 재배열해서 계산한다.[70]

$$\frac{a}{b} + \frac{a+c}{bd} + \frac{a+2c}{bd^2} + \frac{a+3c}{bd^3} + \cdots$$

$$= \left(\frac{a}{b} + \frac{a}{bd} + \frac{a}{bd^2} + \frac{a}{bd^3} + \cdots\right)$$

$$+ \left(\frac{c}{bd} + \frac{c}{bd^2} + \frac{c}{bd^3} + \cdots\right)$$

$$+ \left(\frac{c}{bd^2} + \frac{c}{bd^3} + \cdots\right)$$

$$+ \left(\frac{c}{bd^3} + \cdots\right)$$

$$\vdots \quad \vdots \quad \vdots \quad \vdots \quad \vdots$$

각각의 괄호 안에 있는 급수는 모두 무한등비급수로 d가 1보다 크면 수렴한다. 괄호 안의 등비급수를 계산하여 대입하면

$$\frac{a}{b} + \frac{a+c}{bd} + \frac{a+2c}{bd^2} + \frac{a+3c}{bd^3} + \cdots$$

$$= \frac{a/b}{1-1/d} + \frac{c/bd}{1-1/d} + \frac{c/bd^2}{1-1/d} + \cdots$$

이다. 두 번째 이후 항들의 공통인수로 인수분해하면

$$= \frac{ad}{bd-b} + \frac{c}{b(d-1)}\left[1 + \frac{1}{d} + \frac{1}{d^2} + \frac{1}{d^3} + \cdots\right]$$

이다. 괄호 안에 다시 등비급수를 계산하면

$$= \frac{ad}{bd-b} + \frac{c}{b(d-1)}\left[\frac{1}{1-1/d}\right]$$

$$= \frac{ad^2 - ad + cd}{bd^2 - 2bd + b}$$

그러므로 위에서 본 $a=1$, $b=3$, $c=5$, $d=7$인 경우의 급수는

$$\frac{1}{3}+\frac{6}{21}+\frac{11}{147}+\frac{16}{1029}+\frac{21}{7203}+\frac{26}{50421}+\cdots=\frac{77}{108}$$

이다.

야코프는 아래와 같이 여러 가지 다른 급수들도 계산했다(사실 이들은 지금도 좋은 문제이다).[71]

$$\sum_{k=1}^{\infty}\frac{k^2}{2^k}=6$$

$$\sum_{k=1}^{\infty}\frac{k^3}{2^k}=26$$

궁극적으로 그는 아래와 같은 급수에 관심을 가졌다.

$$\sum_{k=1}^{\infty}\frac{1}{k^p}=1+\frac{1}{2^p}+\frac{1}{3^p}+\frac{1}{4^p}+\cdots+\frac{1}{k^p}+\cdots$$

이 급수는 오늘날 p-급수로 불린다(왜 이름에 p가 붙었는지는 모두 쉽게 짐작할 것이다). 특별히 $p=1$일 때 이 급수는 야코프가 완벽하게 증명한 발산하는 조화급수이다. 그러면 $p=2$일 때는 어떻게 될까? 다시 말해서 급수

$$1+\frac{1}{4}+\frac{1}{9}+\frac{1}{16}+\cdots+\frac{1}{k^2}+\cdots$$

의 합은 어떻게 되겠는가?

사실 이 문제는 전혀 새로운 것은 아니다. 멘골리Pietro Mengoli가 몇 십 년 전에 이미 물었지만 답은 찾지 못했던 질문이다. 미적분학의 창시자이고 많은 종류의 무한 급수의 대가였던 라이프니츠도 풀지 못했던 바로 이 문제가 이제 야코프 베르누이의 차례가 되었다. 그가 풀어냈던 다른 급수들과 비교해서 사실 별로 달라 보이지 않는데도 풀지 못하고

전전긍긍하는 모습이 보이는 것 같다.

그렇다고 아무것도 하지 못한 것은 아니다. $2k^2 \geq k(k+1)$이기 때문에

$$\frac{1}{k^2} \leq \frac{1}{k(k+1)/2}$$

라는 성질을 이용해서

$$1 + \frac{1}{4} + \frac{1}{9} + \frac{1}{16} + \cdots + \frac{1}{k^2} + \cdots \leq 1 + \frac{1}{3} + \frac{1}{6} + \frac{1}{10} + \cdots + \frac{1}{k(k+1)/2} + \cdots$$

이고, 오른쪽의 급수는 (3.1)에서 봤듯이 2로 수렴한다. 큰 급수가 수렴한다면 그보다 작은 양항 급수도 당연히 수렴할 것이라고 야코프는 생각했다. 그러므로 $\sum_{k=1}^{\infty} \frac{1}{k^2} \leq 2$이다. 또한 2보다 큰 p에 대해서 $\frac{1}{k^p} \leq \frac{1}{k^2}$이므로, $\sum_{k=1}^{\infty} \frac{1}{k^p}$는 $\sum_{k=1}^{\infty} \frac{1}{k^2}$보다 작으므로 이 역시 수렴한다는 것을 밝혔다.

이 깔끔한 증명은 "비교 판정법"을 적용한 좋은 예다. 그러나 그의 명석함에도 불구하고 정확한 수렴값을 찾지는 못했다. 바젤에서 쓴 《무한급수에 관하여》에서 그는 아래와 같이 호소하기에 이르렀다.

> 누구든 우리의 모든 노력에도 불구하고 풀리지 않는 이 문제의 답을 알려주시는 분에게 크게 감사할 것이다.[72]

이 호소문 때문에 바젤의 문제는 수학자들에게 더욱 잘 알려지게 되었다. 그러나 바젤의 문제는 야코프 베르누이보다 오래, 17세기가 다 지나도록 살아남았다. 그리고 18세기에 이르러서 겨우 그에 걸맞은 상대를 만나게 된다.

오일러 등장

오일러가 정확히 언제부터 바젤의 문제를 알고 있었는지는 확실하지 않지만, 스무네 살인 1731년에는 이미 바젤의 문제를 열심히 풀고 있었다. 다른 수학자들이 그랬듯이 오일러도 처음에는 자연스럽게 무한급수 $\sum_{k=1}^{\infty} \frac{1}{k^2}$의 처음 몇 개 또는 몇 백 개 항의 부분합의 근삿값을 구하는 시도를 하였다. 그러나 불행히도 이 급수는 너무 느리게 수렴해서 이런 시도가 그다지 성공적이지 않았다. 예를 들면, 처음의 열 개 항의 합의 근삿값은

$$1 + \frac{1}{4} + \frac{1}{9} + \cdots + \frac{1}{100} \approx 1.54977$$

이고, 처음 백 개 항의 합의 근삿값은

$$1 + \frac{1}{4} + \frac{1}{9} + \cdots + \frac{1}{10000} \approx 1.63498$$

이다. 그리고 처음 천 개 항의 합은

$$1 + \frac{1}{4} + \frac{1}{9} + \cdots + \frac{1}{1000^2} \approx 1.64393$$

이다. 지금 우리가 알고 있는 지식으로 보면 위의 엄청난 노력에도 불구하고 마지막에 구한 근삿값은 겨우 소수점 둘째 자리까지만 맞다. 야코프 베르누이가 비교판정법을 이용해서 증명한 대로 모든 부분합이 2.000보다 작다는 것을 제외하고는 정확한 값은 여전히 오리무중이었다.

1731년 젊은 오일러는 위의 문제를 풀 수 있는 한 가지 기념비적인 방법을 찾는다. 그의 아이디어는 기호들을 능수능란하게 조작하는 실로 천재적인 방법이었다.[73]

오일러의 아이디어는 아래의 특이적분을 두 가지 방법으로 계산하는

것이다.
$$I = \int_0^{\frac{1}{2}} -\frac{\ln(1-t)}{t} dt$$

우선 $\ln(1-t)$를 2장에서 보았던 멱급수로 대체하여 항별로 적분한다.

$$I = \int_0^{\frac{1}{2}} -\frac{-t - t^2/2 - t^3/3 - t^4/4 - \cdots}{t} dt \qquad (3.2)$$

$$= \int_0^{\frac{1}{2}} \left(1 + \frac{t}{2} + \frac{t^2}{3} + \frac{t^3}{4} + \cdots \right) dt$$

$$= t + \frac{t^2}{4} + \frac{t^3}{9} + \frac{t^4}{16} + \cdots \Big|_0^{\frac{1}{2}}$$

$$= \frac{1}{2} + \frac{1/2^2}{4} + \frac{1/2^3}{9} + \frac{1/2^4}{16} + \cdots$$

다른 한편으로는 처음의 특이적분을 $z = 1 - t$로 치환하여 아래와 같이 변환한다.

$$I = \int_0^{\frac{1}{2}} -\frac{\ln(1-t)}{t} dt = \int_1^{\frac{1}{2}} \frac{\ln z}{1-z} dz$$

$$= \int_1^{\frac{1}{2}} (1 + z + z^2 + z^3 + \cdots) \ln z \, dz$$

$$= \int_1^{\frac{1}{2}} \ln z \, dz + \int_1^{\frac{1}{2}} z \ln z \, dz + \int_1^{\frac{1}{2}} z^2 \ln z \, dz + \int_1^{\frac{1}{2}} z^3 \ln z \, dz + \cdots$$

이때 $\frac{1}{(1-z)}$는 무한등비급수 $1 + z + z^2 + z^3 + \cdots$ 임을 이용하였다. 이제 각각의 항을 부분적분법을 이용하여 적분하면

$$\int_1^{\frac{1}{2}} z^n \ln z \, dz = \frac{z^{n+1}}{n+1} \ln z - \frac{z^{n+1}}{(n+1)^2} \Big|_1^{\frac{1}{2}}$$

이고, 이렇게 해서 우리가 얻은 것은

$$I = (z \ln z - z) + \left(\frac{z^2}{2} \ln z - \frac{z^2}{4}\right) + \left(\frac{z^3}{3} \ln z - \frac{z^3}{9}\right)$$

$$+ \left(\frac{z^4}{4}\ln z - \frac{z^4}{16}\right) + \cdots \bigg|_1^{\frac{1}{2}}$$

$$= \ln z \left(z + \frac{z^2}{2} + \frac{z^3}{3} + \frac{z^4}{4} + \cdots\right) - \left(z + \frac{z^2}{4} + \frac{z^3}{9} + \frac{z^4}{16} + \cdots\right)\bigg|_1^{\frac{1}{2}}$$

$$= \ln z \left[-\ln(1-z)\right] - \left(z + \frac{z^2}{4} + \frac{z^3}{9} + \frac{z^4}{16} + \cdots\right)\bigg|_1^{\frac{1}{2}}$$

$$= -\left[\ln\left(\frac{1}{2}\right)\right]^2 - \left(\frac{1}{2} + \frac{1/2^2}{4} + \frac{1/2^3}{9} + \frac{1/2^4}{16} + \cdots\right)$$

$$+ [\ln 1][\ln 0] + \sum_{k=1}^{\infty} \frac{1}{k^2}$$

이다. 여기서 오일러는 $[\ln 1][\ln 0]$을 그냥 무시했다. 물론 오늘날 우리는 로피탈의 정리를 적용해서 $\lim_{z \to 1^-}[\ln z][\ln(1-z)] = 0$이라고 확인할 수도 있다. 어찌되었건 오일러가 얻은 식은

$$I = -[\ln 2]^2 - \left(\frac{1}{2} + \frac{1/2^2}{4} + \frac{1/2^3}{9} + \frac{1/2^4}{16} + \cdots\right) + \sum_{k=1}^{\infty} \frac{1}{k^2} \quad (3.3)$$

이다. 그리고 식 (3.2)과 식 (3.3)은 모두 I와 같은 값이므로 다음을 얻었다.

$$\sum_{k=1}^{\infty} \frac{1}{k^2} = 2\left(\frac{1}{2} + \frac{1/2^2}{4} + \frac{1/2^3}{9} + \frac{1/2^4}{16} + \cdots\right) + [\ln 2]^2$$

$$= \sum_{k=1}^{\infty} \frac{1}{k^2 2^{k-1}} + [\ln 2]^2$$

지금쯤이면 독자들이 이런 식으로 기호를 이용해서 계산을 할 땐 더 조심해야 한다는 것을 눈치챘는지도 모르겠다. 오일러는 특이적분의 존재성이나 항별로 적분하여 얻은 무한급수가 잘 정의되는지 등에 대해 별로 주의를 기울이지 않았다. 그럼에도 불구하고 그가 로그급수와 무한등비급수와 부분적분법을 모두 융합해서 $\sum_{k=1}^{\infty} \frac{1}{k^2}$ 풀어낸 결과는 놀라움

그 자체였다. 왜냐하면 결과로 얻은 식에서 첫 번째 항인 급수는 분모에 있는 2^{k-1} 덕분에 매우 빠르게 수렴하고, 뒤에 오는 $[\ln 2]^2$ 역시 오일러가 소수점 스무 자리 정도까지 값을 이미 알았기 때문이다. 이 새로운 결과를 이용해서 우변의 처음 14개 항의 값을 계산하면 $\sum_{k=1}^{\infty} \frac{1}{k^2} \approx 1.644934$ 라는 근삿값을 쉽게 얻는다. 이 값은 소수 여섯째 자리까지 정확한 값이며 그 전부터 이미 알고 있던 급수의 천 개 항을 직접 계산한 것보다도 훨씬 정확하다. 오일러의 천재성이 빛나는 순간이다.

그러나 이것으로 끝일까? 물론 이 정도의 근삿값만으로도 대단한 발전이긴 하지만 근삿값은 어디까지나 근삿값일 뿐이다. 야코프 베르누이가 도전했던 급수의 정확한 수렴 값을 찾는 미션의 끝은 아직도 멀다.

이로부터 4년이 더 지난 1735년, 오일러는 마침내 그토록 많은 수학자들이 성공하지 못했던 문제를 해결했다. 그는 앞선 연구에서 시도했던 방법으로는 문제를 더 이상 해결하기 어렵다고 한다. "새로운 결과를 더 찾기는 어려울 것 같이 보인다."

> 그러나 지금까지의 예상과 완전히 달리 원적법quadrature of the circle이라는 훨씬 고상한 방법으로 $1 + \frac{1}{4} + \frac{1}{9} + \frac{1}{16} + \cdots$ 을 표현할 수 있다. $\cdots$ 이 급수를 여섯 배 한 것은 지름이 1인 원의 둘레의 제곱과 같다.

라고 신이 나서 설명했다.[74]

갑자기 튀어나온 지름이니 원의 둘레니 하는 말들이 이상하게 들릴지 모르겠지만, 일단 지름이 1인 원의 둘레가 π라는 것을 염두에 두고 오일러의 말을 오늘날의 방식대로 다시 쓰면

$$\sum_{k=1}^{\infty} \frac{1}{k^2} = \frac{\pi^2}{6}$$

이라는 것이다.

이 공식은 지금까지 수학에서 가장 아름다운 표현 중에 하나로 꼽힌다. 처음 본 사람은 아마도 유리수의 제곱수들이 더해졌는데 어떻게 π가 나타났는지 의아해하거나, 엄밀한 수학적 정리가 아니라 누군가 실수로 적은 것처럼 보인다고 생각할 수도 있다. 그러나 걱정 마시라. 오일러는 한치의 오차도 없이 정확했다.

그의 방법을 이해하려면 어렵지 않은 수학 지식 두 가지와 오일러 특유의 믿음의 도약이 필요하다. 우선, $P(x)$는 0이 아닌 $a_1, a_2, a_3, \cdots, a_n$을 근으로 갖는 n차 다항식으로 $P(0) = 1$을 만족한다고 하자. 그러면 다항식 $P(x)$는 아래와 같이 인수분해된다.

$$P(x) = \left(1 - \frac{x}{a_1}\right)\left(1 - \frac{x}{a_2}\right)\left(1 - \frac{x}{a_3}\right) \cdots \left(1 - \frac{x}{a_n}\right)$$

x에 0을 대입하면 $P(0) = 1$이고, $k = 1, 2, \ldots, n$에 대해서 $x = a_k$를 대입하면 $P(a_k) = 0$이라는 것을 쉽게 확인할 수 있다.

두 번째로 $\sin x$의 멱급수 전개가 필요하다.

$$\sin x = x - \frac{x^3}{3!} + \frac{x^5}{5!} - \frac{x^7}{7!} + \frac{x^9}{9!} - \cdots$$

오늘날 미적분학을 배웠다면 모두 아는 이 공식을 오일러도 잘 알고 있었다. (오일러가 이 멱급수를 가지고 무엇을 더 할 수 있었는지는 5장에서 살펴볼 예정이다. 2장에서는 이 멱급수의 무한히 큰 수와 무한히 작은 수의 개념을 이용하여 $\log(1 + x)$를 멱급수로 전개했다.)

이 두 가지는 그의 천재적인 생각을 따라가는 데 필요한 수학 지식이다. 오일러식의 도약은 일반적인 다항식이 갖고 있는 성질은 "무한 다항식"(무한개의 항으로 이루어진 다항식)도 갖고 있다고 믿는 것이다.* 이 문제의 경우는 구체적으로 무한히 많은 근을 갖는 무한 다항식도 위에서

---

*경우에 따라서 수학적으로 전혀 사실이 아닐 수도 있다.

본 $P(x)$처럼 인수분해될 수 있다고 가정했다. 증명을 하지 않았지만 수학 공식이 갖는 일반성에 익숙하다면 자연스러운 확장일 뿐이다.

이제 오일러가 바젤의 문제를 어떻게 풀었는지 살펴볼 준비가 되었다.[75]

정리 $\sum_{k=1}^{\infty} \dfrac{1}{k^2} = \dfrac{\pi^2}{6}$

증명 오일러는 아래와 같은 "무한 다항식"을 도입했다.

$$P(x) = 1 - \frac{x^2}{3!} + \frac{x^4}{5!} - \frac{x^6}{7!} + \frac{x^8}{9!} - \cdots$$

분명히 $P(0) = 1$이다. $P(x) = 0$의 근을 찾아보자. $x \neq 0$임을 기억하자.

$$P(x) = x \left[\frac{1 - x^2/3! + x^4/5! - x^6/7! + x^8/9! - \cdots}{x} \right]$$

$$= \frac{x - x^3/3! + x^5/5! - x^7/7! + x^9/9! - \cdots}{x} = \frac{\sin x}{x}$$

$P(x) = 0$이므로 $\sin x = 0$이고, 따라서 $x = \pm k\pi$ $(k = 1, 2, \ldots)$가 $P(x) = 0$의 근이다. 여기서 $x = 0$이면 $P(0) = 1$이므로 $x = 0$은 $P(x) = 0$의 근이 아니다.

오일러는 위에서 구한 근을 가지고 $P(x)$를 인수분해하였다.

$$1 - \frac{x^2}{3!} + \frac{x^4}{5!} - \frac{x^6}{7!} + \cdots = P(x) \tag{3.4}$$

$$= \left(1 - \frac{x}{\pi}\right)\left(1 - \frac{x}{-\pi}\right)\left(1 - \frac{x}{2\pi}\right)\left(1 - \frac{x}{-2\pi}\right)$$

$$\times \left(1 - \frac{x}{3\pi}\right)\left(1 - \frac{x}{-3\pi}\right)\cdots$$

$$= \left[1 - \frac{x^2}{\pi^2}\right]\left[1 - \frac{x^2}{4\pi^2}\right]\left[1 - \frac{x^2}{9\pi^2}\right]\left[1 - \frac{x^2}{16\pi^2}\right]\cdots$$

이것이 이 장에서 가장 중요한 공식이다. 오일러가 $P(x)$를 무한 합과 무한 곱, 두 가지 다른 방법으로 표현한 것에 주목하자.

그 다음은 두말할 것도 없이 식 (3.4)의 우변을 전개하였다.

$$1 - \frac{x^2}{3!} + \frac{x^4}{5!} - \frac{x^6}{7!} + \frac{x^8}{9!} - \cdots \tag{3.5}$$

$$= 1 - \left(\frac{1}{\pi^2} + \frac{1}{4\pi^2} + \frac{1}{9\pi^2} + \frac{1}{16\pi^2} + \cdots\right)x^2 + \cdots$$

여기서 우변에 있는 다항식의 4차 이상의 (짝수의) 차수를 갖는 항의 계수가 무엇인지는 상관없으니 잠깐 무시해보자. 이제 식 (3.5)의 양변의 x^2의 계수를 비교하면,

$$-\frac{1}{3!} = -\left(\frac{1}{\pi^2} + \frac{1}{4\pi^2} + \frac{1}{9\pi^2} + \frac{1}{16\pi^2} + \cdots\right)$$

$$= -\frac{1}{\pi^2}\left(1 + \frac{1}{4} + \frac{1}{9} + \frac{1}{16} + \cdots\right)$$

을 얻는다. 바로 우리가 원하는 놀라운 공식이다.

$$1 + \frac{1}{4} + \frac{1}{9} + \frac{1}{16} + \cdots = \frac{\pi^2}{6} \qquad \square$$

그의 말대로 급수를 여섯 배 하면 π의 제곱이다. 이렇게 바젤의 문제는 풀렸다.

오일러는 논리가 부족하다거나 비약이라는 지적에 대해 항상 열려 있었다. 그래서 증명한 것을 나중에 더 꼼꼼히 다시 증명하기도 했다. 에필로그에서 이 점은 구체적으로 살펴보는 게 좋겠다. 오늘날의 엄밀한 기준을 완전히 만족시킬 사람이 당시에는 아무도 없었다. 오일러의 업적은 시간이 지나는 동안 엄밀한 증명을 통해서 확인되었으니 독자들은 안심해도 된다.[76]

이런 염려와는 별도로 오일러는 야코프 베르누이의 미해결 문제를 풀었다고 확신했다. 그가 확신했다는 증거를 곳곳에서 발견한다. 예를

들어 간단한 계산을 통해서 $\frac{\pi^2}{6} \approx 1.644934$ 라고 확인했다. 물론 이 근삿값은 오일러가 이미 몇 년 전에 발견한 것이다. 그의 계산이 수치적으로 정확했다는 의미이다.

또한 오일러의 증명에서 월리스의 공식이라고 이미 알려진 또 다른 보물을 본다. 월리스의 공식은 1655년 영국의 수학자 월리스John Wallis, 1616–1703가 전혀 다른 곳에서 다른 방법으로 증명한 다음과 같은 식이다.

$$\frac{2}{\pi} = \frac{1 \cdot 3 \cdot 3 \cdot 5 \cdot 5 \cdot 7 \cdot 7 \cdot 9 \cdots}{2 \cdot 2 \cdot 4 \cdot 4 \cdot 6 \cdot 6 \cdot 8 \cdot 8 \cdots}$$

오일러는 《무한 해석학 입문》에서 식 (3.4)에서 무한 곱으로 표현한 식으로부터 월리스의 공식을 또 다른 방법으로 유도했다. $x = \pi/2$를 대입하면

$$P\left(\frac{\pi}{2}\right) = \left[1 - \frac{(\pi/2)^2}{\pi^2}\right]\left[1 - \frac{(\pi/2)^2}{4\pi^2}\right]\left[1 - \frac{(\pi/2)^2}{9\pi^2}\right]\left[1 - \frac{(\pi/2)^2}{16\pi^2}\right]\cdots$$

이고, 다시 간단하게 하면

$$\frac{\sin(\pi/2)}{\pi/2} = \left[1 - \frac{1}{4}\right]\left[1 - \frac{1}{16}\right]\left[1 - \frac{1}{36}\right]\left[1 - \frac{1}{64}\right]\cdots$$

$$= \frac{3}{4} \times \frac{15}{16} \times \frac{35}{36} \times \cdots$$

이다. 정리하면 이렇게 바로 월리스의 공식을 얻는다.

$$\frac{2}{\pi} = \frac{1 \cdot 3 \cdot 3 \cdot 5 \cdot 5 \cdot 7 \cdot 7 \cdot 9 \cdots}{2 \cdot 2 \cdot 4 \cdot 4 \cdot 6 \cdot 6 \cdot 8 \cdot 8 \cdots}$$

이것은 분명히 오일러가 성큼성큼 달려가긴 했어도 탈선한 것은 아니라는 것을 보여준다. 다시 말해서 그의 다소 엉성해보일 수 있는 논리를 사용하여 사실로 알려진 다른 결과들을 다시 증명할 수 있다면, 같은 논리를 사용하여 얻은 새로운 결과도 분명히 사실일 것이다.[77]

오일러의 결과는 유럽의 수학계에 순식간에 알려진다(18세기 우편 시스템에 순식간이란 단어가 어울릴지 모르겠지만). 요한 베르누이Johann

Bernoulli가 이 사실을 알았을 때 이렇게 말했다.

Utinam Frater superstes effet!
우리 형이 살아있기만 했다면![78]

베유André Weil는 이 업적을 "세상을 놀라게 만든 매우 훌륭한 오일러의 초기 업적 중 하나이고 그의 명성을 확실하게 굳히는 계기"라고 했다.[79] 이후로 모두가 실패한 문제를 명석하게 해결한 이 젊은 천재를 모르는 사람이 유럽의 수학계에서는 없었다.

독자들은 혹 이렇게 성공하고 나면 적당히 여유를 부리며 동료들이 마땅히 보내는 칭찬과 박수 갈채에 순순히 얹혀서 살아갈 것이라고 생각할 수도 있겠지만, 그건 오일러의 방식이 결코 아니었다. 오히려 정반대로 새롭고 풍성한 아이디어가 일단 생기면 오일러는 가능한 모든 결과들을 마지막 한 방울까지 짜내기 위해 천재적이고도 고집스럽게 매진했다. 이번 경우도 마찬가지였다.

오일러는 곧바로 2보다 큰 p에 대한 p–급수의 정확한 값을 찾는 문제를 풀기 시작했다. 이 문제를 위해서는 그의 식 (3.5)에서 x^4, x^6 등의 고차항의 계수를 찾아야 했다. 다행스럽게도 오늘날 "뉴턴의 공식"이라는 불리는 방법이 이미 알려져 있었다. 뉴턴의 《보편산술 Arithmetica Universalis》에서 소개된 이 공식은 다항식의 계수와 근들 사이의 관계식이다.

> … 다항식의 두 번째 항의 계수의 부호를 바꾸면 근들을 부호를 적당히 골라서 모두 합한 것과 같고, 세 번째 항의 계수는 근들을 모든 가능한 방법대로 두 개씩 곱해서 더한 것과 같고, 네 번째 항의 계수의 부호를 바꾸면 근들을 세 개씩 가능한 모든 방법으로 곱해서 더한 것과 같고, 다섯 번째 항의 계수는 근들을 네 개씩 묶어서

곱한 것을 모두 더한 것과 같고, 그 이후의 항의 계수들도 계속 이런 식으로 구할 수 있다.[80]

여기서는 근과 계수들의 관계를 밝히는 오일러 공식 — 뉴턴의 공식과 동치인 — 을 소개한다.[81] 오일러의 증명은 1750년으로 거슬러 올라간다. 오일러는 매우 특별한 아이디어를 도입한다. 즉, 대수 문제를 풀기 위해 미분학의 지식을 도입하는 아무도 예상하지 못한 방법이다. 그러나

[이 미분 공식이] 다소 관련이 없어 보이지만 이 문제를 완벽하게 해결할 수 있다

라고 오일러는 확신했다. 늘 그렇듯이 그의 방법은 명석하고 주의해서 살펴볼 만한 가치가 있다.

정리 n차 다항식 $P(y) = y^n - Ay^{n-1} + By^{n-2} - Cy^{n-3} + \cdots \pm N$이 $P(y) = (y - r_1)(y - r_2) \cdots (y - r_n)$으로 인수분해가 되면 다음과 같은 근과 계수와의 관계가 있다.

$$\sum_{k=1}^{n} r_k = A$$

$$\sum_{k=1}^{n} r_k^2 = A \sum_{k=1}^{n} r_k - 2B$$

$$\sum_{k=1}^{n} r_k^3 = A \sum_{k=1}^{n} r_k^2 - B \sum_{k=1}^{n} r_k + 3C$$

$$\sum_{k=1}^{n} r_k^4 = A \sum_{k=1}^{n} r_k^3 - B \sum_{k=1}^{n} r_k^2 + C \sum_{k=1}^{n} r_k - 4D$$

....

증명 오일러의 목표는 다항식의 계수 $A, B, C, \ldots, N$과 근 $r_1, r_2, \ldots, r_n$ 의 관계식을 찾는 것이다. 첫 번째로 한 일은 놀랍게도 로그를 취하는 것이다.

$$\ln P(y) = \ln(y - r_1) + \ln(y - r_2) + \cdots + \ln(y - r_n)$$

그 다음은 더욱 놀랍게도 양변을 미분한다.

$$\frac{P'(y)}{P(y)} = \frac{1}{y - r_1} + \frac{1}{y - r_2} + \cdots + \frac{1}{y - r_n} \qquad (3.6)$$

마지막은 해석학의 마술로 보이는데, 오일러는 각각의 $1/(y - r_k)$를 무한등비급수로 치환한다.

$$\frac{1}{y - r_k} = \frac{1}{y}\left(\frac{1}{1 - (r_k/y)}\right) = \frac{1}{y}\left(1 + \frac{r_k}{y} + \frac{r_k^2}{y^2} + \cdots\right)$$
$$= \frac{1}{y} + \frac{r_k}{y^2} + \frac{r_k^2}{y^3} + \frac{r_k^3}{y^4} + \cdots$$

식 (3.6)를 다시 쓰면

$$\frac{P'(y)}{P(y)} = \frac{1}{y - r_1} + \frac{1}{y - r_2} + \cdots + \frac{1}{y - r_n} \qquad (3.7)$$
$$= \frac{n}{y} + \left[\sum_{k=1}^{n} r_k\right]\frac{1}{y^2} + \left[\sum_{k=1}^{n} r_k^2\right]\frac{1}{y^3} + \left[\sum_{k=1}^{n} r_k^3\right]\frac{1}{y^4} + \cdots$$

이다. $P'(y)/P(y)$를 원래 주어진 다항식 $p(y)$의 근으로 표현한 것에 주목하자.

한편, 다항식 $P(y) = y^n - Ay^{n-1} + By^{n-2} - Cy^{n-3} + \cdots \pm N$과 미분한 것을 직접 대입한다.

$$\frac{P'(y)}{P(y)} = \frac{ny^{n-1} - A(n-1)y^{n-2} + B(n-2)y^{n-3} - C(n-3)y^{n-4} + \cdots}{y^n - Ay^{n-1} + By^{n-2} - Cy^{n-3} + \cdots \pm N}$$
$$(3.8)$$

제 3 장 오일러와 무한급수

여기에서 오일러는 같은 식을 두 가지 다른 방법으로 표현하여 양쪽을 비교하는 방법을 사용하였다. 이 방법은 이 장에서 이미 두 번이나 소개했다.

즉 식 (3.7)과 식 (3.8)을 같다고 놓고, 좌변과 우변의 분모와 분자를 각각 대각선으로 곱한다.

$$ny^{n-1} - A(n-1)y^{n-2} + B(n-2)y^{n-3} - C(n-3)y^{n-4} + \cdots$$
$$= (y^n - Ay^{n-1} + By^{n-2} - Cy^{n-3} + \cdots \pm N)$$
$$\times \left(\frac{n}{y} + \left[\sum_{k=1}^{n} r_k\right]\frac{1}{y^2} + \left[\sum_{k=1}^{n} r_k^2\right]\frac{1}{y^3} + \cdots\right)$$
$$= ny^{n-1} + \left(-nA + \sum_{k=1}^{n} r_k\right)y^{n-2}$$
$$+ \left(nB - A\sum_{k=1}^{n} r_k + \sum_{k=1}^{n} r_k^2\right)y^{n-3} - \cdots$$

양변 모두 ny^{n-1}로 시작하므로 y로 표현된 다항식으로 생각하고 계수를 비교한다. 예를 들어, 양변의 y^{n-2}의 계수를 비교하면

$$-A(n-1) = -nA + \sum_{k=1}^{n} r_k$$

이고 따라서

$$\sum_{k=1}^{n} r_k = A$$

이다. 같은 방식으로 y^{n-3}의 계수를 비교하면

$$B(n-2) = nB - A\sum_{k=1}^{n} r_k + \sum_{k=1}^{n} r_k^2$$

이므로

$$\sum_{k=1}^{n} r_k^2 = A \sum_{k=1}^{n} r_k - 2B$$

이다. 오일러가 했던 대로 이 항등식의 계수를 차수를 늘려가며 계속해서 비교하면 우리가 원하는 것을 얻는다.

$$\sum_{k=1}^{n} r_k^3 = A \sum_{k=1}^{n} r_k^2 - B \sum_{k=1}^{n} r_k + 3C$$

$$\sum_{k=1}^{n} r_k^4 = A \sum_{k=1}^{n} r_k^3 - B \sum_{k=1}^{n} r_k^2 + C \sum_{k=1}^{n} r_k - 4D \qquad \square$$

이 증명에 모두 동의하는가? 사실 주의해야 할 몇 가지가 있다. 예를 들어, $\ln(y-r_k)$에서 오일러는 $y > r_k$라고 가정하고 있다. 또 등비급수로 치환할 때는 등비급수가 아래와 같이 수렴한다고 가정하고 있다.

$$\frac{1}{y - r_k} = \frac{1}{y} + \frac{r_k}{y^2} + \frac{r_k^2}{y^3} + \frac{r_k^3}{y^4} + \cdots$$

다항식의 근과 계수에 대한 대수학 문제를 풀기 위해 로그함수와 미분과 등비급수 같은 해석학의 도구를 과감하게 사용한 오일러의 비범함에 놀라지 않을 사람은 없을 것이다. 오일러는 매우 민첩하고 자유롭게 사고했다.

그런데 다항식의 근과 계수의 관계식을 아는 것과 p-급수와 무슨 관련이 있는 걸까? 이 질문에 답을 하기 위해서 아래와 같은 짝수 차수만을 갖는 다항식을 살펴보자.

$$\begin{aligned} 1 - Ax^2 &+ Bx^4 - Cx^6 + \cdots \pm Nx^{2n} \\ &= (1 - r_1 x^2)(1 - r_2 x^2) \cdots (1 - r_n x^2) \end{aligned} \qquad (3.9)$$

이 식에서 x^2을 $1/y$로 치환하면

$$1 - A\left(\frac{1}{y}\right) + B\left(\frac{1}{y}\right)^2 - C\left(\frac{1}{y}\right)^3 + \cdots \pm N\left(\frac{1}{y}\right)^n$$
$$= \left(1 - r_1\frac{1}{y}\right)\left(1 - r_2\frac{1}{y}\right)\cdots\left(1 - r_n\frac{1}{y}\right)$$

이다. 양변에 y^n을 곱하면 아래의 다항식을 얻는다.

$$y^n - Ay^{n-1} + By^{n-2} - Cy^{n-3} + \cdots \pm N$$
$$= (y - r_1)(y - r_2)\cdots(y - r_n)$$

물론 이 식은 오일러가 앞에서 풀었던 것과 완전히 같기 때문에 식 (3.9)에 대해서도 아래와 같은 관계식을 얻는다.

(a) $\sum_{k=1}^{n} r_k = A$

(b) $\sum_{k=1}^{n} r_k^2 = A\sum_{k=1}^{n} r_k - 2B$

(c) $\sum_{k=1}^{n} r_k^3 = A\sum_{k=1}^{n} r_k^2 - B\sum_{k=1}^{n} r_k + 3C$

오일러는 이러한 근과 계수와의 관계식이 아주 많아서 더해지는 항이 $k=1$부터 ∞까지 무한히 많아도 성립한다고 생각했다. 다시 식 (3.4)으로 돌아가면

$$1 - \frac{x^2}{3!} + \frac{x^4}{5!} - \frac{x^6}{7!} + \frac{x^8}{9!}\cdots$$
$$= \left[1 - \frac{x^2}{\pi^2}\right]\left[1 - \frac{x^2}{4\pi^2}\right]\left[1 - \frac{x^2}{9\pi^2}\right]\left[1 - \frac{x^2}{16\pi^2}\right]\cdots$$

으로, 이 식은 정확히 식 (3.9)에서 $A = \frac{1}{3!}$, $B = \frac{1}{5!}$, $C = \frac{1}{7!}$이고 $k = 1, 2, \ldots$에 대해서 $r_k = \frac{1}{k^2\pi^2}$로 주어진 무한대 버전처럼 보인다.

(a)에 의하여 $\sum_{k=1}^{n} \frac{1}{k^2\pi^2} = \frac{1}{3!}$ 이므로 $\sum_{k=1}^{\infty} \frac{1}{k^2} = \frac{\pi^2}{6}$ 이다. 이것은 앞에서 본 오일러의 "세상을 놀라게 만든 매우 훌륭한" 결과이다. 그러나 (b)와 (c)로부터는 새로운 식을 얻는다.

(b) $\sum_{k=1}^{\infty} \left(\frac{1}{k^2\pi^2}\right)^2 = A \sum_{k=1}^{\infty} \frac{1}{k^2\pi^2} - 2B = \left(\frac{1}{3!}\right)^2 - \frac{2}{5!} = \frac{1}{90}$ 이고,

따라서 $\sum_{k=1}^{\infty} \frac{1}{k^4} = \frac{\pi^4}{90}$ 이다. 또한

(c) $\sum_{k=1}^{\infty} \left(\frac{1}{k^2\pi^2}\right)^3 = A \sum_{k=1}^{\infty} \left(\frac{1}{k^2\pi^2}\right)^2 - B \sum_{k=1}^{\infty} \frac{1}{k^2\pi^2} + 3C$

$= \left(\frac{1}{3!}\right)\left(\frac{1}{90}\right) - \left(\frac{1}{5!}\right)\left(\frac{1}{6}\right) + 3\left(\frac{1}{7!}\right) = \frac{1}{945}$ 이고,

따라서 $\sum_{k=1}^{\infty} \frac{1}{k^6} = \frac{\pi^6}{945}$ 을 얻는다.

이 식들은 매우 이상하게 보인다. 오일러는 여기서 더 나아가 $p = 8, 10, 12$일 때의 p-급수도 계산했다. 이후 1744년 논문에서는 아래와 같이 어마어마한 p에 대한 급수마저 계산했다.[82]

$$\sum_{k=1}^{\infty} \frac{1}{k^{26}} = \frac{2^{24}}{27!}(76977927\pi^{26}) = \frac{1315862}{11094481976030578125}\pi^{26}$$

아직 아무도 묻는 사람이 없는 문제에 대한 답을 오일러가 미리 해버린 셈이다. 이 씨앗들은 계속 자라나서 이후에 베르누이 수와 19세기에야 비로소 중요성을 깨달은 리만의 제타함수로 이어진다.[83] 분명히 아라고François Arago가 "해석학의 화신"이라고 불렀던 젊은 수학자 오일러의 대단한 작품이다.[84]

에필로그

여기서는 세 가지를 살펴볼 것이다. 첫째는 오일러가 바젤의 문제를 증명한 또 다른 방법이다. 둘째는 다시 증명하는 과정에서 오일러가 발견한 "응용"이다. 그리고 마지막으로 오일러와 그 이후의 수학자들의 노력에도 불구하고 해결되지 않은 문제이다.

앞에서 잠깐 언급했듯이 오일러 시대의 수학자들 중에는 바젤의 문제의 답을 받아들이면서도 증명을 완전히 믿지 않은 사람도 있었다. 특히 다니엘 베르누이Daniel Bernoulli는 오일러에게 편지를 보내기도 했다.[85] 오일러는 이런 의심들을 깨끗하게 해결하기 위해 완전히 다른 방법으로 $\sum_{k=1}^{\infty} \frac{1}{k^2} = \frac{\pi^2}{6}$ 을 다시 증명했다. 처음 방법과 다르고 어느 면으로 보나 대가의 솜씨를 볼 수 있는 새로운 방법이었다.[86]

이 증명에는 세 가지 기초 지식이 필요하다. 모두 오늘날의 미적분학에서 찾아볼 수 있다.

A. $\frac{1}{2}(\sin^{-1} x)^2 = \int_0^x \frac{\sin^{-1} t}{\sqrt{1-t^2}} dt$ 를 증명하라.

$u = \sin^{-1} t$ 로 치환하면 바로 증명할 수 있다.

B. $\sin^{-1} x$의 무한급수를 찾아라.

$$\sin^{-1} x = \int_0^x \frac{1}{\sqrt{1-t^2}} dt = \int_0^x (1-t^2)^{-\frac{1}{2}} dt$$

에서 적분기호 안에 들어 있는 식을 이항전개로 바꾸어 각각의 항을 적분하면 된다.

$$\sin^{-1} x$$
$$= \int_0^x \left(1 + \frac{1}{2}t^2 + \frac{1 \cdot 3}{2^2 \cdot 2!}t^4 + \frac{1 \cdot 3 \cdot 5}{2^3 \cdot 3!}t^6 + \frac{1 \cdot 3 \cdot 5 \cdot 7}{2^4 \cdot 4!}t^8 + \cdots \right) dt$$

$$= t + \frac{1}{2} \times \frac{t^3}{3} + \frac{1 \cdot 3}{2 \cdot 4} \times \frac{t^5}{5} + \frac{\cdot 3 \cdot 5}{2 \cdot 4 \cdot 6} \times \frac{t^7}{7} + \frac{1 \cdot 3 \cdot 5 \cdot 7}{2 \cdot 4 \cdot 6 \cdot 8} \times \frac{t^9}{9} + \cdots \Big|_0^x$$

$$= x + \frac{1}{2} \times \frac{x^3}{3} + \frac{1 \cdot 3}{2 \cdot 4} \times \frac{x^5}{5} + \frac{1 \cdot 3 \cdot 5}{2 \cdot 4 \cdot 6} \times \frac{x^7}{7}$$
$$+ \frac{1 \cdot 3 \cdot 5 \cdot 7}{2 \cdot 4 \cdot 6 \cdot 8} \times \frac{x^9}{9} + \cdots$$

C. $\int_0^1 \frac{t^{n+2}}{\sqrt{1-t^2}} dt = \frac{n+1}{n+2} \int_0^1 \frac{t^n}{\sqrt{1-t^2}} dt$ $(n \geq 1)$임을 증명하라.

$$J = \int_0^1 \frac{t^{n+2}}{\sqrt{1-t^2}} dt$$

로 두고, $u = t^{n+1}$, $dv = (t/\sqrt{1-t^2})dt$에 부분적분법을 적용하면 다음을 얻는다.

$$J = (-t^{n+1}\sqrt{1-t^2})\Big|_0^1 + (n+1)\int_0^1 t^n \sqrt{1-t^2}\, dt$$
$$= 0 + (n+1)\int_0^1 \frac{t^n(1-t^2)}{\sqrt{1-t^2}}\, dt$$
$$= (n+1)\int_0^1 \frac{t^n}{\sqrt{1-t^2}}\, dt - (n+1)J$$

따라서

$$(n+2)J = (n+1)\int_0^1 \frac{t^n}{\sqrt{1-t^2}}\, dt$$

로부터 우리가 원하는 관계식을 얻는다.

이제 오일러가 이런 것들을 이용해서 어떻게 바젤의 문제를 다시 증명했는지 살펴보자. 우선 간단하게 A에서 $x = 1$이라고 하자.

$$\frac{\pi^2}{8} = \frac{1}{2}(\sin^{-1} 1)^2 = \int_0^1 \frac{\sin^{-1} t}{\sqrt{1-t^2}}\, dt$$

그리고 $\sin^{-1} t$를 B에서 구한 무한급수로 치환하면

$$\frac{\pi^2}{8} = \int_0^1 \frac{t}{\sqrt{1-t^2}} dt + \frac{1}{2 \cdot 3} \int_0^1 \frac{t^3}{\sqrt{1-t^2}} dt + \frac{1 \cdot 3}{2 \cdot 4 \cdot 5} \int_0^1 \frac{t^5}{\sqrt{1-t^2}} dt$$
$$+ \frac{1 \cdot 3 \cdot 5}{2 \cdot 4 \cdot 6 \cdot 7} \int_0^1 \frac{t^7}{\sqrt{1-t^2}} dt + \cdots$$

를 얻고,

$$\int_0^1 \frac{t}{\sqrt{1-t^2}} dt = 1$$

이라는 사실과 C에서 보인 성질을 이용해서 적분을 계산하면 아래와 같이 분모가 모두 홀수의 제곱인 급수를 얻는다.

$$\frac{\pi^2}{8} = 1 + \frac{1}{2 \cdot 3} \left[\frac{2}{3} \right] + \frac{1 \cdot 3}{2 \cdot 4 \cdot 5} \left[\frac{2}{3} \times \frac{4}{5} \right] + \frac{1 \cdot 3 \cdot 5}{2 \cdot 4 \cdot 6 \cdot 7} \left[\frac{2}{3} \times \frac{4}{5} \times \frac{6}{7} \right] + \cdots$$
$$= 1 + \frac{1}{9} + \frac{1}{25} + \frac{1}{49} + \cdots$$

이제 이 식을 약간만 변형하면 증명은 끝난다.

정리 $\sum_{k=1}^{\infty} \frac{1}{k^2} = \frac{\pi^2}{6}$

증명

$$\sum_{k=1}^{\infty} \frac{1}{k^2} = \left[1 + \frac{1}{9} + \frac{1}{25} + \frac{1}{49} + \cdots \right] + \left[\frac{1}{4} + \frac{1}{16} + \frac{1}{36} + \frac{1}{64} + \cdots \right]$$
$$= \left[1 + \frac{1}{9} + \frac{1}{25} + \frac{1}{49} + \cdots \right] + \frac{1}{4} \left[1 + \frac{1}{4} + \frac{1}{9} + \frac{1}{16} + \frac{1}{25} + \cdots \right]$$
$$= \frac{\pi^2}{8} + \frac{1}{4} \sum_{k=1}^{\infty} \frac{1}{k^2}$$

그러므로

$$\frac{3}{4} \sum_{k=1}^{\infty} \frac{1}{k^2} = \frac{\pi^2}{8}$$

이고, 한 번 더 정리하면 다음의 결과를 얻는다.

$$\sum_{k=1}^{\infty} \frac{1}{k^2} = \frac{4}{3} \times \frac{\pi^2}{8} = \frac{\pi^2}{6} \qquad \square$$

바젤의 문제는 이렇게 해서 다시 한 번 풀렸다. 처음에 썼던 방법과는 완전히 다른 이 증명은 해석학도 능수능란하게 즐겼던 오일러의 일면을 보여준다.

에필로그의 두 번째 주제는 오일러가 이 공식들을 전혀 관계가 없어 보이는 다른 주제에 어떻게 이용했는지를 설명하고자 한다. "주로 로그 함수의 계산에 쓴다"고 밝힌 오일러의 설명이[87] 다소 억지로 들릴 수도 있지만 그의 생각을 따라가보자.

이 장에서 가장 중요한 식 (3.4)로 다시 돌아가자.

$$P(x) = \left[1 - \frac{x^2}{\pi^2}\right]\left[1 - \frac{x^2}{4\pi^2}\right]\left[1 - \frac{x^2}{9\pi^2}\right]\left[1 - \frac{x^2}{16\pi^2}\right]\cdots$$

0이 아닌 x에 대해서 $P(x) = (\sin x)/x$이었던 것을 이용하면 무한 곱

$$\sin x = x\left[1 - \frac{x^2}{\pi^2}\right]\left[1 - \frac{x^2}{4\pi^2}\right]\left[1 - \frac{x^2}{9\pi^2}\right]\left[1 - \frac{x^2}{16\pi^2}\right]\cdots$$

을 얻고, 이 식에 $x = 0$을 대입해도 성립한다.

오일러는 이렇게 무한 곱으로 표현된 식에 당연히 로그를 취했다.

$$\ln(\sin x) = \ln x + \ln\left(1 - \frac{x^2}{\pi^2}\right) + \ln\left(1 - \frac{x^2}{4\pi^2}\right) + \ln\left(1 - \frac{x^2}{9\pi^2}\right) + \cdots$$

그리고 $x = \pi/n$을 대입하여 다음을 얻는다.

$$\ln\left(\sin \frac{\pi}{n}\right) = \ln \pi - \ln n + \ln\left(1 - \frac{1}{n^2}\right)$$
$$+ \ln\left(1 - \frac{1}{4n^2}\right) + \ln\left(1 - \frac{1}{9n^2}\right) + \cdots$$

제 3 장 오일러와 무한급수

이쯤 되면 독자들은 다음에 오일러가 무엇을 했을지 짐작할 수 있을 것이다. 그렇다. $\ln(1-x)$의 무한급수를 이용하는 것이다.

$$\ln\left(\sin\frac{\pi}{n}\right) = \ln\pi - \ln n + \left[-\frac{1}{n^2} - \frac{1}{2n^4} - \frac{1}{3n^6}\cdots\right]$$

$$+ \left[-\frac{1}{4n^2} - \frac{1}{32n^4} - \frac{1}{192n^6}\cdots\right]$$

$$+ \left[-\frac{1}{9n^2} - \frac{1}{162n^4} - \frac{1}{2187n^6}\cdots\right] + \cdots$$

$$= \ln\pi - \ln n - \frac{1}{n^2}\left(1 + \frac{1}{4} + \frac{1}{9} + \cdots\right)$$

$$- \frac{1}{2n^4}\left(1 + \frac{1}{16} + \frac{1}{81} + \cdots\right)$$

$$- \frac{1}{3n^6}\left(1 + \frac{1}{64} + \frac{1}{729} + \cdots\right) - \cdots$$

이다. 놀랍게도 이 식은 오일러가 이미 계산했던 p–급수들을 그대로 포함한다.

따라서 p–급수의 값을 대입하면 다음을 얻는다.

$$\ln\left(\sin\frac{\pi}{n}\right) = \ln\pi - \ln n - \frac{1}{n^2}\left(\frac{\pi^2}{6}\right) - \frac{1}{2n^4}\left(\frac{\pi^4}{90}\right) - \frac{1}{3n^6}\left(\frac{\pi^6}{945}\right) - \cdots$$

이 식은 $\ln(\sin\frac{\pi}{n})$ 값으로 아주 빠르게 수렴하는 급수이다. 확인을 위해 $n=7$일 때 근삿값을 계산하면

$$\ln\left(\sin\frac{\pi}{7}\right) = \ln\pi - \ln 7 - \frac{1}{49}\left(\frac{\pi^2}{6}\right) - \frac{1}{4802}\left(\frac{\pi^4}{90}\right)$$

$$- \frac{1}{352947}\left(\frac{\pi^6}{945}\right) - \cdots$$

$$\approx -0.83498$$

이고, 겨우 다섯개 항의 합만 계산한 근삿값의 오차는 ±0.00000005보다 도 작다.

오일러는 아주 효율적으로 사인 함수의 로그 값을 계산하는 법을 찾아냈다. 더 놀라운 것은 사인 함수의 근삿값을 계산할 때도 이 방법을 썼는데, 오일러는 이 사실을 아래와 같이 설명했다.

> 이 공식들을 가지고 우리는 임의의 각에 대한 사인 값과 코사인 값의 자연로그 값은 물론 상용로그 값도 [사인 값과 코사인 값을 모르더라도] 구할 수 있다. ([ ]안은 이해를 위해 추가된 부분이다.)[88]

그러나 이런 놀라운 결과에도 불구하고 홀수인 p에 대해서는 p-급수의 정확한 답을 알지 못한다. p-급수 중에서 가장 간단한 경우인 $p = 3$일 때조차도 모른다.

$$\sum_{k=1}^{\infty} \frac{1}{k^3} = 1 + \frac{1}{8} + \frac{1}{27} + \frac{1}{64} + \frac{1}{125} + \frac{1}{216} + \frac{1}{343} + \cdots$$

식 (3.4)으로부터 본 오일러의 원래 증명은 당연히 차수가 짝수이므로 p가 짝수인 경우로 응용될 수 있다. 그러나 홀수인 경우는 오일러를 피해서 빠져나가고 말았다.

오일러도 이에 대해서 정확하게 알고 있었다. 1735년에 쓴 논문에서 아래와 같은 계산을 볼 수 있다.[89]

$$1 - \frac{1}{27} + \frac{1}{125} - \frac{1}{343} + \cdots = \sum_{k=0}^{\infty} (-1)^k \frac{1}{(2k+1)^3} = \frac{\pi^3}{32}$$

이것은 흥미롭게 보이기는 하지만 아쉽게도 틀렸다.

참고로 오일러는 한 번 더 근삿값 계산을 시도한다.[90] $\sum_{k=1}^{\infty} \frac{1}{k^2} = \frac{\pi^2}{6}$이고 $\sum_{k=1}^{\infty} \frac{1}{k^4} = \frac{\pi^4}{90}$이니까, 아마도 적당한 6과 90 사이의 m에 대해서 $\sum_{k=1}^{\infty} \frac{1}{k^3} = \frac{\pi^3}{m}$일 것이라고 예상했다. 늘 하던 대로 오일러는 $\sum_{k=1}^{\infty} \frac{1}{k^3} \approx 1.202056903$이라는 근삿값을 계산해서, 이것을 $\frac{\pi^3}{m}$과 같다

고 놓고 m을 풀어서 $m = 25.79435$ 라고 전혀 맞을 것 같지 않은 답을 내놓았다.

나중에 오일러는 적당한 유리수 α, β에 대해서 아래와 같이 예상했다.[91]

$$\sum_{k=1}^{\infty} \frac{1}{k^3} = \alpha(\ln 2)^2 + \beta\frac{\pi^2}{6}\ln 2$$

그러나 이것 역시 별 소득은 없었다.

현재 우리는 $\sum_{k=1}^{\infty} \frac{1}{k^3}$에 관해서 무엇을 알고 있을까? 대답은 "실망스럽게도 거의 없다". 지난 몇 세기가 지나도록 알아낸 것이 별로 많지 않다. 1978년에 겨우 아페리Roger Apéry가 이 급수가 무리수로 수렴한다는 것을 보였다.[92] 이 정도만으로도 영리한 답이지만 결과 자체는 별로 놀랍거나 만족스럽지 않다. 왜냐하면 증명이 되기 이전부터 이 급수는 무리수로 수렴할 것이라고 모두가 예상하고 있었고, 정확한 값이 아닌 그저 "무리수"라는 결과는 수학자들을 만족시키기엔 너무 모호했다. 마치 키드 선장Captain Kidd, 1645?–1701*의 보물이 태양계 어딘가에 숨겨져 있다고 아페리가 명석하게 밝힌 것 같지만, 수학자들이 원하는 것은 이보다 조금 더 구체적인 답이다.

이보다 더 근본적인 문제는 $p = 3$인 경우에 대한 결과가 $p = 5$나 $p = 7$ 혹은 그보다 큰 홀수에 대한 경우로 확장되지 않는다는 것이다. 우리는 오일러가 200여 년 전에 멈춘 곳에서 조금도 앞으로 나가지 못하고 있는 셈이다.

이렇게 야코프 베르누이의 문제는 300년이 지나도록 여전히 우리에게 숙제로 남아 있다. 홀수 p에 대한 p–급수의 밝혀지지 않은 신비 앞에서

---

*스코틀랜드 태생 영국 해적선 선장이다.

베르누이가 1689년에 했던 절절한 호소가 떠오른다. "누구든 우리의 모든 노력에도 불구하고 풀리지 않는 이 문제의 답을 찾아서 알려주시는 분에게 크게 감사할 것이다."

그리고 21세기의 오일러를 기다린다.

제4장

오일러와 해석적 수론

> 때론 가장 그럴듯해 보이는 것이 실패하고
> 때론 희망이 사라지고 절망이 스며드는 데 성공하기도 한다.
> ―셰익스피어의 《끝이 좋으면 다 좋아》 중에서

셰익스피어의 생각과는 반대로 우리의 예상은 일반적으로 정확하다. 사람들은 어떤 것이 성공할지 그리고 어떤 것이 실패할지에 대한 꽤 정확한 감을 가지고 있다. 납으로 만든 풍선, 그릇 가게 안의 황소 또는 밀크셰이크 안의 양파와 같이 한눈에 쓸모없어 보이는 조합이 있다.

그러나 간혹 "희망은 가장 차갑다"와 같이 어울리지 않는 것이 결합하여 놀라운 결실을 맺기도 한다. 셰익스피어가 말해주듯이 이것은 인생의 진리이고 또한 수학의 진리이다. 실제로 수학의 많은 세부 영역은 분명히 상관없어 보이는 두 분야가 결합한 것이다. 대수적 위상수학, 조합론적 대수학 그리고 가장 중요한 해석적 기하학과 같은 분야가 그렇다.

어쩌면 가장 예상치 못했고 부자연스러워 보이는 조합이 해석적 수론일지도 모르겠다. 해석적 수론은 미적분학과 해석학의 방법을 이용해서 수론을 연구하는 분야이다. 해석학의 특징은 연속적으로 "흘러가는" 현상을 다루는 것이다. 수렴과 발산, 미분과 적분 같은 해석학의 주된 아이디어는 실수 체계가 갖는 풍부한 연속성에 뿌리를 둔다. 이와 반대로 수론은 이보다 더 이산적인 성질을 갖는 것이 없을 만큼 이산적이다. 하나씩 떨어져 분리되어 있는 정수들은 전혀 다른 연구 방법이 필요하다.

그래서 해석학과 수론의 조합은 어울리지 않는 동거로 보인다. 마치 수학의 양파 밀크셰이크와 같다. 오직 바보만이 이러한 조합을 시도해볼 것이다.

오직 바보만이... 또는 천재만이.

사실 해석적 수론은 수학이라는 왕관에 박혀 있는 보석 중 하나이다. 어렵고 심오한 해석적 수론은 19세기에 이르러서야 제대로 된 목소리를 내기 시작했지만, 초기의 옹알이는 통찰력 있는 18세기의 수학자 오일러로 거슬러간다.

프롤로그

우리는 1장에서 (고전적) 수론을 접하였다. 수론을 처음 접한 사람이라도 소수가 중요한 역할을 한다는 것을 곧 알았을 것이다. 1보다 큰 모든 양의 정수는 소수들의 곱으로 쓸 수 있고 그 방법은 유일하기 때문에 소수는 수론의 기본적인 구성 요소이다. 즉, 건축물의 벽돌과 회반죽의 역할을 하는 것이다. 소수에 대해 배우고 나면 정수에 대한 긴 여행을 이미 시작한 것이다.

2천여 년 전 유클리드가 묻고, 그 자신이 풀어내었던 소수에 대한 가장 기본적인 연구는 이제까지 수학의 여러 증명 중에서 가장 훌륭한 것 중 하나이다. 바로 《원론》의 제IX권 명제 20, 소수 모두를 포함하는 유한 집합은 없다는 것이다. 그의 증명은 수없이 재생산되어 왔지만 항상 되풀이해볼 가치가 있다.

정리 소수 모두를 포함하는 유한 집합은 없다.

증명 $\{p_1, p_2, \ldots, p_n\}$을 임의의 유한한 소수 집합이라고 하자. 이 집합에 포함되지 않는 소수를 찾아 이 정리를 증명하려 한다. 이를 위해

$$M = (p_1 \times p_2 \times \cdots \times p_n) + 1$$

이라 하고 두 가지 가능성을 생각해보자.

경우 1. 만일 M이 소수라면, M은 $\{p_1, p_2, \ldots, p_n\}$의 원소 중 어떤 것보다도 더 큰 수이기 때문에 분명히 처음에 주어진 집합에 들어 있지 않은 "새로운" 소수이다.

경우 2. 만일 M이 합성수라면, M을 나누는 소인수 q가 존재한다. 그런데 q는 원래의 소수들 $p_1, p_2, \ldots, p_n$과 다른 새로운 소수라는 것을 아래와 같이 보일 수 있다. 만일 q가 $p_1, p_2, \ldots, p_n$ 중 하나와 같다면 q는 M과 $p_1 \times p_2 \times \cdots \times p_n$의 약수이다. 따라서 q는 이 수들의 차 $M - p_1 \times p_2 \times \cdots \times p_n = 1$의 약수도 된다. 그러나 소수 q는 최소 2 이상이므로 1의 약수는 될 수 없기 때문에 모순이다. 그러므로 q는 $p_1, p_2, \ldots, p_n$와 모두 다른 소수이다.

경우 1과 경우 2에 의하여, 소수로 이루어진 임의의 유한 집합이 주어지면 그 집합에 포함되지 않은 새로운 소수를 항상 찾을 수 있다. 그러므로 모든 소수를 포함하는 유한집합은 없다. □

독자들이 이 증명을 마음껏 음미하길 바란다. 수학에서 이보다 더 우아한 증명은 찾아보기 힘들기 때문이다.

유클리드는 여기서 멈췄지만 소수는 수학에서 가장 많이 연구된 주제로 어떤 특성을 갖는지, 어떻게 분포되어 있는지, 어떤 구조를 갖는지 등등은 끝없이 흥미로운 대상이다.

이제 소수에 관한 연구의 구체적인 예를 보자. 홀수인 소수는 4로 나누면 나머지가 1이거나 3이다. 4로 나누어 나머지가 3인 소수는 4로

나누어 나머지가 −1인 소수라고 할 수 있으므로 홀수인 소수는 (뿐만 아니라 임의의 홀수도) 4의 배수에서 1을 더하거나 뺀 형태인 $4k+1$의 꼴 또는 $4k-1$의 꼴, 두 가지 중 한 가지이다.

우선 두 가지 유형의 소수 중 어떤 형태가 더 많이 존재하는지 가늠해 보려 한다. 1부터 100 사이의 소수를 유형별로 분류하면 아래와 같다.

$$4k+1 : 5, 13, 17, 29, 37, 41, 53, 61, 73, 89, 97$$
$$4k-1 : 3, 7, 11, 19, 23, 31, 43, 47, 59, 67, 71, 79, 83$$

101부터 200 사이의 소수들도 다음과 같이 분류할 수 있다.

$$4k+1 : 101, 109, 113, 137, 149, 157, 173, 181, 193, 197$$
$$4k-1 : 103, 107, 127, 131, 139, 151, 163, 167, 179, 191, 199$$

여기서는 패턴이 명확하게 보이지는 않는다. 하지만 다소 부족한 데이터를 그대로 사용하면 $4k-1$ 꼴의 소수가 $4k+1$ 꼴의 소수보다 아주 조금 많다고 할 수 있을 듯하다. 다른 말로 하자면 n이 얼마이건 상관없이 정수 $1, 2, 3, \ldots, n$ 중에는 $4k-1$ 꼴의 소수가 더 많을 것이라고 추측된다.

하지만 이렇게 추측하는 것은 수학적 사실이 아니다. 소수들을 계속 살펴보면 $4k+1$ 꼴의 소수의 개수가 $4k-1$ 꼴의 소수 개수를 따라 잡아서 균형을 맞춘다. 그러나 (이상하게도) 긴 수열 $1, 2, 3, \ldots, 26861$ 까지 헤아리고서야 균형이 맞는다는 것을 알 수 있다. 그 뒤에는 다시 두 가지 형태의 소수가 나타나는 빈도는 서로 엎치락 뒤치락한다. 20세기에 수학자 리틀우드J. E. Littlewood, 1885–1977는 양의 정수에서 다수를 이루는 소수의 유형이 무한 번 바뀐다는 것을 증명하였다.[93]

리틀우드 훨씬 이전부터 수학자들은 두 가지 유형의 소수가 **전반적으로** 얼마나 많은지 궁금해했다. 소수는 무한히 많기 때문에 분명히 이 중 적어도 한 가지 유형의 소수는 무한히 많아야 한다. 유클리드의 아이디어를 이용하여 다음을 증명할 수 있다.

정리 $4k-1$ 꼴의 소수는 무한히 많다.

증명 증명을 시작하기 전에 $4k+1$ 꼴의 소수들을 곱하면 물론 소수는 아니지만 또다시 $4k+1$ 꼴의 수가 된다는 수학적 사실을 확인해둔다. 아래와 같이 구체적인 계산을 통해서 직접 보일 수 있다. 두 개의 $4k+1$ 꼴의 수를 곱하면

$$(4r+1)(4s+1) = 16rs + 4r + 4s + 1 = 4(4rs + r + s) + 1$$

이 되고, 4의 배수보다 하나 큰 수이다. 귀납법을 이용하여 임의의 세 개 이상의 $4k+1$ 꼴의 소수들의 곱도 $4k+1$ 꼴의 수가 되는 것은 증명할 수 있다.

이제, $4k-1$ 꼴의 소수가 $p_1 = 4k_1 - 1, p_2 = 4k_2 - 1, \ldots, p_n = 4k_n - 1$ 과 같이 유한개만 있다고 가정하자. 이 목록에 들어 있지 않은 새로운 $4k-1$ 꼴의 소수를 찾기 위하여 $M = 4(p_1 \times p_2 \times \cdots \times p_n) - 1$을 생각해 보자.

경우 1. 만일 M이 소수라면, M은 분명히 $p_1, p_2, \ldots, p_n$보다는 크다. 따라서 $4k-1$ 꼴의 "새로운" 소수이다.

경우 2. 만일 M이 합성수라면, M의 소인수 중에는 반드시 $4k-1$ 꼴이 있다. 왜냐하면 만일 M의 모든 소인수가 $4k+1$ 꼴이라면 앞서 우리가 확인하였듯이 소인수들의 곱인 M 자신이 또한 $4k+1$ 꼴이어야 하기 때문이다. 이는 M이 $4k-1$ 꼴의 수라는 가정에 위배된다.

따라서 M은 $4k-1$ 꼴의 소인수 적어도 하나는 가져야 하고, 이를 q라고 부르자. 그러나 만일 적당한 i에 대해 $q = p_i$라면, q는 M과 $4(p_1 \times p_2 \times \cdots \times p_n)$을 모두 나누어야 한다. 그러므로 q는 $4(p_1 \times p_2 \times$

$\cdots \times p_n) - M = 1$도 나누어야 한다. 즉 q는 1의 약수가 되어야 하는데 이는 다시 $q \geq 3$라는 사실에 모순이다. 따라서 q는 $4k-1$꼴의 소수도 아니고 $p_1, p_2, \ldots, p_n$과도 다른 소수이다.

경우 1과 경우 2에 의해서, 모든 $4k-1$꼴의 소수를 모두 포함하는 유한 집합은 없다는 것을 증명했다. 따라서 $4k-1$꼴의 소수는 무한히 많다. □

그러면 $4k+1$꼴의 소수는 얼마나 많을까? 앞의 정리는 이 질문에는 적용할 수 없다. 우리가 알고 있는 것은 무한히 많은 소수가 존재하고 이들 중 무한히 많이 존재하는 소수는 $4k-1$꼴이라는 것이다. 그러므로 논리적으로 $4k+1$꼴의 소수에 대해서는 아무런 정보도 주지 않는다. 사실 $4k+1$꼴의 소수가 무한히 많다는 것은 참인 명제임에도 불구하고 증명하기는 훨씬 더 어렵다. 이 장의 에필로그에서 오일러가 이 명제와 관련해서 무엇을 했는지 알아볼 것이다.

두 가지 유형의 홀수인 소수에 대해서는 얼마나 많이 존재하는지와 어떤 형태의 소수가 어떻게 상대적으로 분포되어 있는지는 근본적으로 같은 개념이다. 이것은 아마도 누구나 예상하는 바일 것이다. 그러나 이 두 가지 유형의 소수를 가르는 결정적인 차이가 있다. 이것은 페르마가 처음 추측하였고 오일러가 최초로 증명한 것으로 아래와 같이 놀라운 정리이다.

$4k+1$꼴의 소수는 두 개의 완전제곱수의 합으로 나타낼 수 있고 그 방법은 유일하다. 반면 $4k-1$꼴의 소수는 두 개의 완전제곱수의 합으로 나타낼 수 없다.

독자들에게 $4k+1$꼴의 소수를 두 개의 완전제곱수의 합으로 나타내보길 권한다. 예를 들면, $37 = 1 + 36 = 1^2 + 6^2$, $137 = 16 + 121 = 4^2 + 11^2$,

$281 = 25 + 256 = 5^2 + 16^2$ 이다. 게다가 이와 같이 제곱수의 합으로 분해하는 방법은 유일하다. 한편, 두 개의 완전제곱수의 합은 4의 배수보다 하나가 부족한 경우는 절대 없기 때문에 $4k-1$ 꼴의 소수는 두 개의 제곱수의 합으로 분해될 수 없다. 두 유형의 소수들 사이의 매우 놀랍고 극적인 차이를 설명하는 이 이상한 정리는 수학의 위대한 업적으로 평가된다.

우리가 지금까지 살펴본 수학은 "고전적" 수론의 영역에 들어간다. 이들은 소수성과 가분성을 다루고 있고 완전히 이산적인 영역에 머물러 있다. 그러나 수론의 연구에 해석적인 방법을 사용할 수 있다는 놀라운 생각은 모든 것을 바꾸어 놓았다.

오일러 등장

모든 수론 학자들과 같이 오일러도 소수에 대한 흥미가 있었다. 1장을 상기해보면 $2^{2^n}+1$ 꼴의 모든 정수는 소수라는 페르마의 추측이 틀렸다고 증명한 사람은 바로 오일러였다. 방금 전에 언급한 바와 같이 두 가지 유형의 홀수인 소수가 제곱수의 합으로 분해할 수 있는지의 여부로 양분된다는 위대한 정리를 증명한 사람도 오일러였다. 어느 누구가 소수를 사랑했던 오일러처럼 1774년의 매력적인 제목의 논문 《백만까지의 소수 목록과 그 너머 On a table of prime numbers up to a million and beyond》를 출판할 수 있겠는가?[94]

1737년 오일러의 연구는 "순수" 수론의 경계를 넘어 대담하게 좀더 해석적인 영역으로 접근해갔다. 여기서 오일러의 취미 중 하나인 무한급수 계산 관련된 그의 역사적인 논문 《무한급수에 대한 다양한 관찰 Variae observationes circa series infinitas》을 살펴보려 한다.[95]

그는 수론과 거의 관련이 없는 불규칙한 급수를 조사하는 것으로 논문을 시작하였다. 예를 들어 오일러는 무한급수

$$\frac{1}{15} + \frac{1}{63} + \frac{1}{80} + \frac{1}{255} + \frac{1}{624} + \cdots$$

의 정확한 값을 구하는 것을 제안하였다. 이 무한급수의 패턴은 전혀 알 수가 없다. 급수의 합이 무엇인지 판단하는 것은 차치하더라도 그 다음 항이 무엇인지 알아낼 수 있다면 통찰력 있는 독자라 하겠다.

오일러가 설명했다. 그가 깨달은 것은 급수의 각 항의 역수는 "어떤 수의 거듭제곱으로 표현되면서 동시에 완전제곱인 수보다 하나 작은 수"라는 것이다. 예를 들어 $16 = 4^2 = 2^4$으로 16은 완전제곱수이면서 또한 네제곱수이다. 그러므로 $16 - 1 = 15$는 급수의 항의 조건을 만족한다. $64 - 1 = 63$ 또한 급수의 항의 조건을 만족하는데 $64(= 8^2 = 4^3)$는 완전제곱수이면서 또한 완전세제곱수이기 때문이다. 그러나 완전제곱수 36은 다른 정수의 거듭제곱으로 쓸 수 없으므로 $\frac{1}{35}$은 급수에 등장하지 않는다. (이러한 방식으로 다음 항은 $\frac{1}{728}$이다.)

그렇다면 합은 어떻게 될까? 오일러는 3장에서 언급했던 그의 유명한 결과

$$\frac{\pi^2}{6} = 1 + \frac{1}{4} + \frac{1}{9} + \frac{1}{16} + \frac{1}{25} + \frac{1}{36} + \frac{1}{49} + \frac{1}{64} + \frac{1}{81} + \cdots$$

를 다음과 같이 재배열하는 것으로 시작하였다.

$$\begin{aligned}\frac{\pi^2}{6} - 1 =& \left(\frac{1}{4} + \frac{1}{16} + \frac{1}{64} + \cdots\right) + \left(\frac{1}{9} + \frac{1}{81} + \frac{1}{729} + \cdots\right) \\ & + \left(\frac{1}{25} + \frac{1}{625} + \cdots\right) + \left(\frac{1}{36} + \frac{1}{1296} + \cdots\right) \\ & + \left(\frac{1}{49} + \frac{1}{2401} + \cdots\right) + \left(\frac{1}{100} + \frac{1}{10000} + \cdots\right) + \cdots\end{aligned} \quad (4.1)$$

다음으로 각각의 괄호 안을 등비급수의 합으로 대체하면

$$\frac{\pi^2}{6} - 1 = \frac{1}{3} + \frac{1}{8} + \frac{1}{24} + \frac{1}{35} + \frac{1}{48} + \frac{1}{99} + \cdots$$

을 얻는다. 여기서 각 항의 분모는 완전제곱수보다 일이 작은 수이면서 다른 수의 제곱수로 쓸 수 없는 수라는 것에 주목하자. 이것은 매우 중요하다. $\frac{1}{16}$, $\frac{1}{64}$과 같은 높은 거듭제곱을 포함한 제곱수들은 등비급수 (4.1) 안에 포함되어 있다.

오일러는 **모든** 완전제곱수에서 하나가 작은 수의 역수의 합을 쉽게 구할 수 있었는데, 다음과 같이 망원경처럼 서로 맞물려 식이 짧아지기 때문이다.

$$\frac{1}{3} + \frac{1}{8} + \frac{1}{15} + \frac{1}{24} + \frac{1}{35} + \frac{1}{48} + \frac{1}{63} + \frac{1}{80} + \frac{1}{99} + \cdots$$

$$= \frac{1}{2}\left[\frac{2}{3} + \frac{2}{8} + \frac{2}{15} + \frac{2}{24} + \frac{2}{35} + \frac{2}{48} + \frac{2}{63} + \frac{2}{80} + \frac{2}{99} + \cdots\right]$$

$$= \frac{1}{2}\left[\left(1 - \frac{1}{3}\right) + \left(\frac{1}{2} - \frac{1}{4}\right) + \left(\frac{1}{3} - \frac{1}{5}\right) + \left(\frac{1}{4} - \frac{1}{6}\right) + \left(\frac{1}{5} - \frac{1}{7}\right)\right.$$

$$\left. + \left(\frac{1}{6} - \frac{1}{8}\right) + \left(\frac{1}{7} - \frac{1}{9}\right) + \cdots\right]$$

$$= \frac{1}{2}\left[1 + \frac{1}{2}\right] = \frac{3}{4}$$

이 문제를 마무리하기 위해 오일러는 다음과 같이 차를 구하기만 하면 되었다.

$$\frac{1}{15} + \frac{1}{63} + \frac{1}{80} + \frac{1}{255} + \frac{1}{624} + \frac{1}{728} + \cdots$$

$$= \left[\frac{1}{3} + \frac{1}{8} + \frac{1}{15} + \frac{1}{24} + \frac{1}{35} + \frac{1}{48} + \frac{1}{63} + \cdots\right]$$

$$- \left[\frac{1}{3} + \frac{1}{8} + \frac{1}{24} + \frac{1}{35} + \frac{1}{48} + \frac{1}{99} + \cdots\right]$$

$$= \frac{3}{4} - \left[\frac{\pi^2}{6} - 1\right] = \frac{7}{4} - \frac{\pi^2}{6}$$

이보다 더 이상해보일 수는 없을 것 같은 계산 결과다. 그러나 이것은 가볍고 자유롭게 수식을 다루는 오일러의 방법이다.

오일러의 논문을 조금 더 보면 이와 같은 열정으로 조화급수를 공략한 것이 보인다. 물론 조화급수가 무한대로 발산하는 것을 오일러도 알고 있었지만 그렇다고 멈출 그가 아니었다. 그는 다음과 같이 조화급수와 소수 사이의 전혀 예상하지 못한 근사한 관련성을 찾아내었다.

$$1 + \frac{1}{2} + \frac{1}{3} + \frac{1}{4} + \frac{1}{5} + \cdots = \frac{2 \cdot 3 \cdot 5 \cdot 7 \cdot 11 \cdot 13 \cdots}{1 \cdot 2 \cdot 4 \cdot 6 \cdot 10 \cdot 12 \cdots}$$

오일러는 위 식의 "우변의 분자는 모든 소수들의 곱이고 분모는 분자의 소수보다 하나 작은 수들의 곱"[96]이라고 설명하였다.

오일러는 "증명"을 $x = 1 + \frac{1}{2} + \frac{1}{3} + \frac{1}{4} + \frac{1}{5} + \cdots$ 로 두는 것으로 시작하였다. 물론 x는 무한대로 발산하는 상태이지 수가 아니지만 오일러는 보통의 대수적 연산을 그냥 적용했다. x에서 x를 2로 나눈 것을 빼면 아래를 얻는다.

$$\frac{1}{2}x = x - \frac{1}{2}x \tag{4.2}$$

$$= \left[1 + \frac{1}{2} + \frac{1}{3} + \frac{1}{4} + \frac{1}{5} + \cdots\right] - \left[\frac{1}{2} + \frac{1}{4} + \frac{1}{6} + \frac{1}{8} + \cdots\right]$$

$$= 1 + \frac{1}{3} + \frac{1}{5} + \frac{1}{7} + \frac{1}{9} + \cdots$$

"위 식의 우변에서" 오일러는 "각 항의 분모는 짝수가 아님"을 관찰하였다. 그리고 급수 (4.2)를 3으로 나누어

$$\frac{1}{3}\left[\frac{1}{2}x\right] = \frac{1}{3}\left[1 + \frac{1}{3} + \frac{1}{5} + \frac{1}{7} + \frac{1}{9} + \cdots\right] = \frac{1}{3} + \frac{1}{9} + \frac{1}{15} + \frac{1}{21} + \frac{1}{27} + \cdots$$

을 얻은 뒤, 다시 이 식을 (4.2)에서 빼주는 과정을 거치면

$$\frac{1}{2}x - \frac{1}{3}\left[\frac{1}{2}x\right] = \left[1 + \frac{1}{3} + \frac{1}{5} + \frac{1}{7} + \frac{1}{9} + \cdots\right]$$
$$- \left[\frac{1}{3} + \frac{1}{9} + \frac{1}{15} + \frac{1}{21} + \frac{1}{27} + \cdots\right]$$

을 얻는다. 이를 간단히 하면

$$\frac{1 \cdot 2}{2 \cdot 3}x = 1 + \frac{1}{5} + \frac{1}{7} + \frac{1}{11} + \frac{1}{13} + \cdots$$

을 얻는데, 위 식 우변의 각 항의 "분모는 2로도 3으로도 나누어지지 않는다." 이와 같이 다음 과정을 한 번 더 하면

$$\frac{1 \cdot 2}{2 \cdot 3}x - \frac{1}{5}\left[\frac{1 \cdot 2}{2 \cdot 3}x\right]$$
$$= \left[1 + \frac{1}{5} + \frac{1}{7} + \frac{1}{11} + \frac{1}{13} + \cdots\right] - \left[\frac{1}{5} + \frac{1}{25} + \frac{1}{35} + \frac{1}{55} + \cdots\right]$$

이 되고, 식을 정리하면 다음을 얻는다.

$$\frac{1 \cdot 2 \cdot 4}{2 \cdot 3 \cdot 5}x = 1 + \frac{1}{7} + \frac{1}{11} + \frac{1}{13} + \frac{1}{17} + \cdots$$

오일러에게는 패턴이 명확하게 보였다. 각각의 단계에서 우변의 각 항의 분모에서 또 다른 소수와 그것의 배수를 없앤다. 따라서 $1 + 1/p$로 시작하는 간소화된 급수를 생성하였다. 여기서 p는 다음 단계에서 지워질 소수이다. 오일러는 이러한 **무한 번의 나눗셈과 뺄셈**의 과정을 통하여

$$\frac{1 \cdot 2 \cdot 4 \cdot 6 \cdot 10 \cdot 12 \cdot 16 \cdots}{2 \cdot 3 \cdot 5 \cdot 7 \cdot 11 \cdot 13 \cdot 17 \cdots}x = 1$$

을 유도하였다. 따라서 다음의 결과를 얻는다.

$$1 + \frac{1}{2} + \frac{1}{3} + \frac{1}{4} + \frac{1}{5} + \cdots = x = \frac{2 \cdot 3 \cdot 5 \cdot 7 \cdot 11 \cdot 13 \cdots}{1 \cdot 2 \cdot 4 \cdot 6 \cdot 10 \cdot 12 \cdots}$$

현대의 수학에서 발산하는 급수에 이러한 연산 조작을 반복적으로 하는 것은 오일러의 고향 스위스 치즈만큼이나 구멍이 숭숭 뚫린 엉성한 논리다. 하지만 여기엔 쉽게 무시하지 못하는 진리가 들어 있다.

이유를 찾기 위하여 우선 소인수가 2와 3뿐인 모든 양의 정수의 역수의 합을 구한다고 하자. 즉, 우리가 찾는 것은

$$S = 1 + \frac{1}{2} + \frac{1}{3} + \frac{1}{4} + \frac{1}{6} + \frac{1}{8} + \frac{1}{9} + \frac{1}{12} + \frac{1}{16} + \frac{1}{18} + \frac{1}{24} + \frac{1}{27} + \frac{1}{32} + \cdots$$

이다. 분모들의 모양은 모두 $2^m 3^n$ 이므로 이것을 다시 잘 써보면

$$S = \left[1 + \frac{1}{2} + \frac{1}{4} + \frac{1}{8} + \cdots + \frac{1}{2^m} + \cdots \right]$$
$$\times \left[1 + \frac{1}{3} + \frac{1}{9} + \frac{1}{27} + \cdots + \frac{1}{3^n} + \cdots \right]$$
$$= \frac{1}{1 - \frac{1}{2}} \times \frac{1}{1 - \frac{1}{3}} = \frac{2 \cdot 3}{1 \cdot 2}$$

이다. 이러한 방식의 수학적 논리를 확장해보자. 예를 들어 소인수가 2, 3, 5뿐인 모든 양의 정수의 역수의 합은

$$1 + \frac{1}{2} + \frac{1}{3} + \frac{1}{4} + \frac{1}{5} + \frac{1}{6} + \frac{1}{8} + \frac{1}{9} + \frac{1}{10} + \frac{1}{12} + \frac{1}{15}$$
$$+ \frac{1}{16} + \frac{1}{18} + \frac{1}{20} + \frac{1}{24} + \frac{1}{25} + \cdots$$
$$= \frac{1}{1 - \frac{1}{2}} \times \frac{1}{1 - \frac{1}{3}} \times \frac{1}{1 - \frac{1}{5}} = \frac{2 \cdot 3 \cdot 5}{1 \cdot 2 \cdot 4}$$

가 될 것이다.

왜 여기서 멈추겠는가? 결국 **모든** 정수는 소수들의 곱으로 유일하게 표현되므로

$$1 + \frac{1}{2} + \frac{1}{3} + \frac{1}{4} + \frac{1}{5} + \frac{1}{6} + \frac{1}{7} + \cdots$$
$$= \left[1 + \frac{1}{2} + \frac{1}{2^2} + \frac{1}{2^3} + \cdots \right] \times \left[1 + \frac{1}{3} + \frac{1}{3^2} + \frac{1}{3^3} + \cdots \right]$$

$$\times \left[1 + \frac{1}{5} + \frac{1}{5^2} + \frac{1}{5^3} + \cdots\right] \times \cdots$$
$$= \frac{1}{1-\frac{1}{2}} \times \frac{1}{1-\frac{1}{3}} \times \frac{1}{1-\frac{1}{5}} \times \frac{1}{1-\frac{1}{7}} \times \frac{1}{1-\frac{1}{11}} \times \cdots$$
$$= \frac{2 \cdot 3 \cdot 5 \cdot 7 \cdot 11 \cdot 13 \cdots}{1 \cdot 2 \cdot 4 \cdot 6 \cdot 10 \cdot 12 \cdots}$$

이고, 정확히 오일러가 얻었던 결과에 다시 이른다.

현대적인 기호를 사용하면 오일러의 결과를 다음과 같이 표현할 수 있다.

$$\sum_{k=1}^{\infty} \frac{1}{k} = \prod_p \frac{1}{1-\frac{1}{p}}$$

좌변의 (발산하는) 합은 모든 양의 정수에 대한 것이고, 우변의 (발산하는) 곱은 모든 소수에 대한 것이다. 물론, 논리적인 비약을 주의해야 한다. 1876년 크로네커Leopold Kronecker, 1823–1891가 이를 보완하였다.[97] 크로네커는 $s > 1$에 대하여

$$\sum_{k=1}^{\infty} \frac{1}{k^s} = \prod_p \frac{1}{1-\frac{1}{p^s}}$$

임을 알아낸 다음 $s \to 1^+$로 두어 유도한 결과로 오일러의 "정리"를 해석하였다.

엄밀성에 관한 논란은 제쳐놓고, 오일러의 매우 뛰어난 직관이 조화급수와 소수 사이의 골짜기 — 해석학과 수론 사이의 골짜기 — 에 다리를 놓은 것이다. 한 번 이 다리를 건넌 수학자들이 다시 돌아갈 것 같지는 않다.

예를 들어, 다음과 같은 오일러의 업적의 따름정리를 보자.

따름정리 무한히 많은 소수가 존재한다.

증명 알려져 있듯이 $\sum_{k=1}^{\infty} \frac{1}{k}$ 은 발산한다. 따라서

$$\prod_{p:소수} \frac{1}{1-\frac{1}{p}}$$

도 발산하는데, 이는 곱 안의 인수들이 무한히 많은 경우이다. 그러므로 소수는 무한히 많다. □

물론, 위의 결과는 2,000여 년 전 유클리드가 이미 증명한 것이므로 새로운 것은 아니다. 하지만 우리가 특별히 이 증명을 기억하는 이유는 소수의 무한성과 조화급수의 발산을 연결한 오일러의 독창적인 아이디어 때문이다.

1737년 같은 논문에서 오일러의 관심은 소수의 분포에 대한 섬세한 정리로 향하고 있었다. 이에 대한 약간의 설명이 필요하다. 분명히 모든 소수들의 합

$$2 + 3 + 5 + 7 + 11 + 13 + 17 + \cdots$$

은 발산한다. 하지만 소수의 **역수**들의 합

$$\frac{1}{2} + \frac{1}{3} + \frac{1}{5} + \frac{1}{7} + \frac{1}{11} + \frac{1}{13} + \frac{1}{17} + \cdots$$

은 덜 분명하다. 한편, 위의 무한급수는 조화급수처럼 행동하고 발산할 수도 있다. 이는 정수 전체 중에서 소수들이 꽤 "많이" 분포한다고 알려 줄지도 모른다. 또 다른 한편, 이 급수는 $\sum_{k=1}^{\infty} \frac{1}{k^2}$ 과 닮아서 유한합으로 수렴할 수도 있다. 이렇게 되려면 정수 중에서 소수들이 제곱수처럼 상대적으로 흔하지 않게 분포해 있어야 한다. $\sum_p \frac{1}{p}$ 에 대해서 어떤 상황이 맞는 것일까? 이것이 오일러가 맞닥뜨렸던 문제이다.

간단하게 표현하기 위하여, $M = \sum_{k=1}^{\infty} \frac{1}{k}$ 을 조화급수라 하자. 앞의 정리에 의하여 오일러는

$$M = \frac{2 \cdot 3 \cdot 5 \cdot 7 \cdot 11 \cdot 13 \cdots}{1 \cdot 2 \cdot 4 \cdot 6 \cdot 10 \cdot 12 \cdots} = \frac{1}{\frac{1}{2} \times \frac{2}{3} \times \frac{4}{5} \times \frac{6}{7} \times \frac{10}{11} \times \cdots}$$

임을 알고 있었다. 그 다음엔 오일러가 늘 하던 계산, 즉 양변에 로그를 취하면

$$\ln M = -\ln(1/2) - \ln(2/3) - \ln(4/5) - \ln(6/7) - \ln(10/11) - \cdots$$
$$= -\ln(1 - 1/2) - \ln(1 - 1/3) - \ln(1 - 1/5)$$
$$\quad - \ln(1 - 1/7) - \ln(1 - 1/11) - \cdots$$

을 얻는다. 오일러는 각각의 항을 2장에서 유도했던 멱급수

$$\ln(1-x) = -x - \frac{x^2}{2} - \frac{x^3}{3} - \frac{x^4}{4} - \cdots$$

을 이용하여 전개하여 아래와 같은 무한히 많은 무한급수를 얻었다.

$$\ln M = \frac{1}{2} + \frac{1}{2}\left(\frac{1}{2}\right)^2 + \frac{1}{3}\left(\frac{1}{2}\right)^3 + \frac{1}{4}\left(\frac{1}{2}\right)^4 + \frac{1}{5}\left(\frac{1}{2}\right)^5 + \cdots$$
$$+ \frac{1}{3} + \frac{1}{2}\left(\frac{1}{3}\right)^2 + \frac{1}{3}\left(\frac{1}{3}\right)^3 + \frac{1}{4}\left(\frac{1}{3}\right)^4 + \frac{1}{5}\left(\frac{1}{3}\right)^5 + \cdots$$
$$+ \frac{1}{5} + \frac{1}{2}\left(\frac{1}{5}\right)^2 + \frac{1}{3}\left(\frac{1}{5}\right)^3 + \frac{1}{4}\left(\frac{1}{5}\right)^4 + \frac{1}{5}\left(\frac{1}{5}\right)^5 + \cdots$$
$$+ \frac{1}{7} + \frac{1}{2}\left(\frac{1}{7}\right)^2 + \frac{1}{3}\left(\frac{1}{7}\right)^3 + \frac{1}{4}\left(\frac{1}{7}\right)^4 + \frac{1}{5}\left(\frac{1}{7}\right)^5 + \cdots$$
$$\vdots \quad \vdots \quad \vdots \quad \vdots \quad \vdots \quad \vdots$$

오일러는 이것을 세로 방향으로 더하여 다음과 같이 표현하였다.

$$\ln M = \left[\frac{1}{2} + \frac{1}{3} + \frac{1}{5} + \frac{1}{7} + \frac{1}{11} + \frac{1}{13} + \cdots\right]$$

$$+\frac{1}{2}\left[\left(\frac{1}{2}\right)^2+\left(\frac{1}{3}\right)^2+\left(\frac{1}{5}\right)^2+\left(\frac{1}{7}\right)^2+\left(\frac{1}{11}\right)^2+\cdots\right]$$

$$+\frac{1}{3}\left[\left(\frac{1}{2}\right)^3+\left(\frac{1}{3}\right)^3+\left(\frac{1}{5}\right)^3+\left(\frac{1}{7}\right)^3+\left(\frac{1}{11}\right)^3+\cdots\right]$$

$$+\frac{1}{4}\left[\left(\frac{1}{2}\right)^4+\left(\frac{1}{3}\right)^4+\left(\frac{1}{5}\right)^4+\left(\frac{1}{7}\right)^4+\left(\frac{1}{11}\right)^4+\cdots\right]$$

$$+\frac{1}{5}\left[\left(\frac{1}{2}\right)^5+\left(\frac{1}{3}\right)^5+\left(\frac{1}{5}\right)^5+\left(\frac{1}{7}\right)^5+\left(\frac{1}{11}\right)^5+\cdots\right]$$

$$\vdots \quad \vdots \quad \vdots \quad \vdots \quad \vdots \quad \vdots$$

오일러는 이 식을

$$\ln M = A + \frac{1}{2}B + \frac{1}{3}C + \frac{1}{4}D + \frac{1}{5}E + \cdots$$

와 같이 좀 더 간결하게 표현하였다. 여기서

$$A = \sum_p \frac{1}{p}, \quad B = \sum_p \frac{1}{p^2}, \quad C = \sum_p \frac{1}{p^3},$$

등등은 모든 소수에 대해 합을 나타낸 것이다.

이 지점에서 오일러는 아무렇지 않게 "유한한 값으로 수렴하는 것은 B, C, D 등등 뿐만 아니라 $\frac{1}{2}B+\frac{1}{3}C+\frac{1}{4}D+\frac{1}{5}E+\cdots$ 또한 유한한 값으로 수렴한다."라고 관찰하였다. 그리고 증명의 마무리로 넘어갔다.[98]

그러나 덤비지 말라, 레온하르트! 이러한 관찰이 오일러에게는 확실해보였다 해도 우리는 간단하게라도 확인해야 한다. 다행히도 두 개의 간단한 보조정리만 확인하면 된다.

보조정리 1 $n \geq 2$에 대하여, $\sum_{k=2}^{\infty} \frac{1}{k^n} \leq \frac{1}{n-1}$이 성립한다.

증명 그림 4.1에서 그래프 $y = \frac{1}{x^n}$ 아래 색칠된 사각형들을 생각해보면

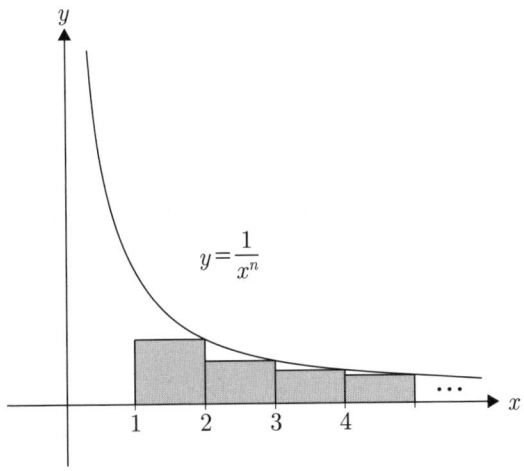

그림 4.1. $y = \dfrac{1}{x^n}$ 과 $\displaystyle\sum_{k=2}^{\infty} \dfrac{1}{k^n}$ 의 수렴

다음을 알 수 있다.*

$$\sum_{k=2}^{\infty} \frac{1}{k^n} = \text{색칠된 사각형들의 넓이} \leq \int_{1}^{\infty} \frac{1}{x^n} dx = \frac{1}{n-1}$$

모든 $n \geq 2$에 대하여 다음이 성립한다.

$$\sum_{p} \frac{1}{p^n} \leq \sum_{p} \frac{1}{p^2} \leq \sum_{k=2}^{\infty} \frac{1}{k^2} \leq 1 < \infty$$

이로써 오일러가 언급한 "B, C, D 등이 유한한 값으로 수렴한다."는 것을 증명하였다. □

보조정리 2 $\frac{1}{2}B + \frac{1}{3}C + \frac{1}{4}D + \frac{1}{5}E + \cdots$ 은 유한한 값으로 수렴한다.

---

*오늘날 미적분학 교재에서 적분판정법으로 다룬다.

증명

$$\frac{1}{2}B + \frac{1}{3}C + \frac{1}{4}D + \cdots = \frac{1}{2}\sum_p \frac{1}{p^2} + \frac{1}{3}\sum_p \frac{1}{p^3} + \frac{1}{4}\sum_p \frac{1}{p^4} + \cdots$$

$$\leq \frac{1}{2}\sum_{k=2}^{\infty} \frac{1}{k^2} + \frac{1}{3}\sum_{k=2}^{\infty} \frac{1}{k^3} + \frac{1}{4}\sum_{k=2}^{\infty} \frac{1}{k^4} + \cdots$$

$$\leq \frac{1}{2}(1) + \frac{1}{3}\left(\frac{1}{2}\right) + \frac{1}{4}\left(\frac{1}{3}\right) + \frac{1}{5}\left(\frac{1}{4}\right) + \cdots \text{ 보조정리 1에 의해}$$

$$\leq 1 + \frac{1}{2}\left(\frac{1}{2}\right) + \frac{1}{3}\left(\frac{1}{3}\right) + \frac{1}{4}\left(\frac{1}{4}\right) + \cdots = \sum_{k=1}^{\infty} \frac{1}{k^2} = \frac{\pi^2}{6} < \infty$$

따라서 1737년 오일러의 논문에는 거의 언급이 없었을지라도 오일러의 관찰은 수학적으로 참이다. □

오일러의 주요 결과로 다시 돌아오자. 오일러가 기술한 것은 "소수의 역수의 합은 ... 무한대로 발산한다. 그것은 조화급수의 합보다도 작음에도 불구하고 무한대로 발산한다."[99] 현대의 수학 용어로 다시 말하자면 다음 정리가 된다.

정리 $\sum_p \frac{1}{p}$ 은 발산한다.

증명 $\ln M = A + \frac{1}{2}B + \frac{1}{3}C + \frac{1}{4}D + \frac{1}{5}E + \cdots$ 이므로, 오일러는 다음이 성립함을 알고 있었다.

$$M = e^{\ln M} = e^{A + \frac{1}{2}B + \frac{1}{3}C + \frac{1}{4}D + \cdots} = e^A \times e^{\frac{1}{2}B + \frac{1}{3}C + \frac{1}{4}D + \cdots}$$

위의 식의 좌변 M은 조화급수이고 따라서 무한대로 발산한다. 따라서 위의 식의 우변도 무한대로 발산해야 한다. 그러나 보조정리 2에 의하여 $\frac{1}{2}B + \frac{1}{3}C + \frac{1}{4}D + \cdots$ 은 유한한 값으로 수렴하고, 따라서 $e^{\frac{1}{2}B + \frac{1}{3}C + \frac{1}{4}D + \cdots}$ 또한 유한하다. M의 우변이 무한대로 발산하기 때문에 무언가는 무한

대로 발산해야 한다. 그러므로 e^A가 발산한다. 따라서 $A = \ln(e^A) = \ln(\infty) = \infty$이다. 오일러의 용어로는

$$\frac{1}{2} + \frac{1}{3} + \frac{1}{5} + \frac{1}{7} + \frac{1}{11} + \frac{1}{13} + \cdots = A = \infty$$

이므로 정리를 증명하였다. 소수의 역수들의 합은 무한대로 발산한다. □

이 증명은 수학자들의 꿈을 나타내는 상징이자 거장의 손길을 드러낸다. 그리고 이 증명은 또 다른 이유로도 중요하다. 베유André Weil는 "이는 해석적 수론의 탄생이라 할 수 있다."[100] 라고 하였다.

에필로그

이번 에필로그의 목표는 세 가지이다. 소수의 역수들(의 합)이 발산한다는 것을 수학적으로 매우 엄밀하게 다시 증명하고, $4k + 1$꼴의 소수의 무한성을 논의하고, 그리고 19세기에 해석적 수론의 번성에 대해 간단히 설명할 것이다.

오일러를 따르는 수학자들은 종종 오일러의 시대보다 훨씬 높은 엄밀한 기준을 따라 오일러의 정리를 다시 증명하곤 하였다. 그래서 $\sum_{p:소수} \frac{1}{p}$이 발산한다는 보다 엄밀한 다른 증명도 쉽게 찾아 볼 수 있다. 특별히 수론학자 니븐Ivan Niven의 1971년 증명을 소개하려 한다.[101]

증명을 시작하기 전에, 모든 정수는 완전제곱수와 "제곱수가 아닌 수", 두 개의 인수의 곱으로 쓸 수 있다는 점을 밝힌다. 즉 모든 정수 n은 $n = j^2 k$와 같이 유일하게 표현할 수 있다. 여기서 k는 1 이외의 다른 완전제곱수를 약수로 갖지 않는다. 이것은 n을 소인수 분해하여

제곱수로 나타나는 것과 그렇지 않은 것으로 나누면 쉽게 증명할 수 있다. 예를 들어, 만일 $n = 2^5 \cdot 3^4 \cdot 5^2 \cdot 7^3 \cdot 11$ 이라면 이를 다음과 같이 분해할 수 있다.

$$n = (2^4 \times 3^4 \times 5^2 \times 7^2) \times (2 \times 7 \times 11) = 1260^2 \times 154$$

여기서 두 번째 인수 154는 모두 서로 다른 소수들의 곱이므로 제곱수가 아니다.

니븐의 증명을 따라가기 위해 수학 기호를 새로 도입하자. 기호 $\sum'_{k \leq n} \frac{1}{k}$ 은 1을 포함하여 n보다 작거나 같은 **제곱수가 아닌** 모든 정수의 역수들의 합이라고 하자. 예를 들면

$$\sum'_{k \leq 13} \frac{1}{k} = 1 + \frac{1}{2} + \frac{1}{3} + \frac{1}{5} + \frac{1}{6} + \frac{1}{7} + \frac{1}{10} + \frac{1}{11} + \frac{1}{13}$$

이다.

이와 같은 간단한 수학적 지식으로도 예비 보조정리와 니븐의 정리를 아래와 증명할 수 있다.

보조정리 $\quad \lim_{n \to \infty} \left(\sum'_{k \leq n} \frac{1}{k} \right) = \infty$

증명 우선 모든 $n \geq 1$에 대하여 다음이 성립한다.

$$1 + \frac{1}{2} + \frac{1}{3} + \frac{1}{4} + \frac{1}{5} + \cdots + \frac{1}{n} \leq \left(\sum_{j \leq n} \frac{1}{j^2} \right) \times \left(\sum'_{k \leq n} \frac{1}{k} \right)$$

앞서 관찰한 바와 같이, $r \leq n$은 완전제곱수가 아닌 k가 있어서 $r = j^2 k$ 와 같이 유일하게 표현할 수 있기 때문이다. 따라서 오른쪽 인수에서 $1/r$은 딱 한 번 나타난다. 물론, 위의 부등식 우변의 곱 안에는

$1 + \frac{1}{2} + \frac{1}{3} + \cdots + \frac{1}{n}$ 보다 많은 것을 포함하고 있다. 예를 들어, $n = 13$인 경우를 구체적으로 보면

$$\left(\sum_{j \leq 13} \frac{1}{j^2}\right) \times \left(\sum_{k \leq 13}' \frac{1}{k}\right)$$

은 $1 + \frac{1}{2} + \frac{1}{3} + \cdots + \frac{1}{13}$ 뿐만이 아니라 유리식 $\frac{1}{40} = \frac{1}{2^2} \times \frac{1}{10}$ 와 $\frac{1}{150} = \frac{1}{5^2} \times \frac{1}{6}$ 같은 항도 포함한다. 하지만 부등식이면 충분하다.

그러므로

$$1 + \frac{1}{2} + \frac{1}{3} + \frac{1}{4} + \frac{1}{5} + \cdots + \frac{1}{n} \leq \left(\sum_{j \leq n} \frac{1}{j^2}\right) \times \left(\sum_{k \leq n}' \frac{1}{k}\right)$$

$$\leq \left(\sum_{j=1}^{\infty} \frac{1}{j^2}\right) \times \left(\sum_{k \leq n}' \frac{1}{k}\right)$$

$$= \frac{\pi^2}{6} \times \left(\sum_{k \leq n}' \frac{1}{k}\right)$$

이다. 마지막 등식은 앞 장에서 다룬 오일러의 계산 결과를 대입한 것이다.

따라서 모든 n에 대하여 $\sum_{k \leq n}' \frac{1}{k} \geq \frac{6}{\pi^2}\left(1 + \frac{1}{2} + \frac{1}{3} + \frac{1}{4} + \cdots + \frac{1}{n}\right)$ 이고 우변의 조화급수는 발산하기 때문에, 우변보다 더 큰 좌변도 발산한다. 그러므로 $\lim_{n \to \infty} \left(\sum_{k \leq n}' \frac{1}{k}\right) = \infty$ 이다. 즉, 모든 제곱수가 아닌 정수의 역수들의 합은 발산한다. □

정리 $\sum_{p:\text{소수}} \frac{1}{p}$ 은 발산한다.

증명 (귀류법) 결론을 부정하여 $\sum_p \frac{1}{p} = A < \infty$라고 가정해보자. 2장에서 봤던 오일러의 전개 $e^x = 1 + x + x^2/2! + x^3/3! + \cdots$를 떠올리자. 따라서 모든 $x > 0$에 대하여 $e^x \geq 1 + x$이다. 이제 $n \geq 2$인 임의의 정수라고 하고 q는 n이하인 정수 중 최대인 소수라고 하자. 그러면 다음이 성립한다.

$$e^A > e^{1/2+1/3+1/5+1/7+\cdots+1/q} = \prod_{p \leq n} e^{1/p} \geq \prod_{p \leq n} \left(1 + \frac{1}{p}\right)$$

$$= \left(1 + \frac{1}{2}\right)\left(1 + \frac{1}{3}\right)\left(1 + \frac{1}{5}\right)\left(1 + \frac{1}{7}\right)\cdots\left(1 + \frac{1}{q}\right) \geq {\sum_{k \leq n}}' \frac{1}{k}$$

위 식의 마지막 부등식이 성립하는 이유는 왼쪽의 곱에 나타나는 소수들은 겹치지 않기 때문에 오른쪽 n까지의 제곱수가 아닌 정수의 역수들이 합이 더 작게 된다. 그러면 모든 $n \geq 2$에 대하여

$$ {\sum_{k \leq n}}' \frac{1}{k} < e^A < \infty$$

이 성립해야 하지만 좌변의 급수는 앞의 보조정리에 의하여 발산하기 때문에 모순이다. 그러므로 모든 소수의 역수들의 합은 발산하는 급수라는 오일러 정리를 다시 증명하였다. □

발산하는 급수를 수학적으로 흠잡을 데 없도록 조심스럽게 다루는 이러한 현대적인 증명은 오일러의 더 자유롭고 직관에 의지한 방법과 대조적이다. 이 증명은 서로 다른 세기를 살았던 수학자들이 어떻게 같은 목적지에 도착하는지를 보여준다. 물론 오일러는 완전히 새로운 길을 열어가고 있었고, 우리는 오일러가 이미 닦아 놓은 길을 따라가는 이점이 있다는 것을 감안해야 한다.

에필로그의 두 번째 주제인 $4k+1$꼴의 소수로 돌아가자. 1775년 오일러의 논문은 이러한 소수가 얼마나 많은지에 관한 것이다.[102] 오일러는 모든 홀수인 소수의 역수로 이루어진 다음의 무한급수를 생각하였다.

$$\frac{1}{3} - \frac{1}{5} + \frac{1}{7} + \frac{1}{11} - \frac{1}{13} - \frac{1}{17} + \frac{1}{19} + \frac{1}{23} - \frac{1}{29} + \cdots$$

여기서 $4k-1$꼴의 소수 앞에는 양의 부호를 주고 $4k+1$꼴의 소수 앞에는 음의 부호를 주었다. 오일러는 이 급수를 특유의 방법으로 조작하여 0.3349816을 근삿값으로 얻었고, 이 값이 아주 정확하지는 않을지라도 최소한 이 무한급수가 $\frac{1}{3}$ 근처의 적당한 수로 수렴한다고 확신하였다. 이와 함께, 오일러는 무한히 많은 $4k+1$꼴의 소수가 있다고 확신하였다. 오일러의 증명을 따라가보자.

무한급수 S와 T는 다음과 같이 각각 $4k+1$꼴의 소수의 역수들의 합과 $4k+3$꼴의 소수의 역수들의 합이라고 하자.

$$S = \frac{1}{5} + \frac{1}{13} + \frac{1}{17} + \frac{1}{29} + \frac{1}{37} + \frac{1}{41} + \cdots$$

$$T = \frac{1}{3} + \frac{1}{7} + \frac{1}{11} + \frac{1}{19} + \frac{1}{23} + \frac{1}{31} + \cdots$$

분명히

$$T = S + \left(\frac{1}{3} - \frac{1}{5} + \frac{1}{7} + \frac{1}{11} - \frac{1}{13} - \frac{1}{17} + \frac{1}{19} + \frac{1}{23} - \frac{1}{29} + \cdots\right)$$

$$\approx S + 0.3349816$$

이고, 따라서

$$\sum_p \frac{1}{p} = \frac{1}{2} + T + S \approx \frac{1}{2} + 2S + 0.3349816$$

이다. 두 번이나 확인했듯이 위 식의 좌변은 발산한다. 따라서 $S = \frac{1}{5} + \frac{1}{13} + \frac{1}{17} + \frac{1}{29} + \frac{1}{37} + \frac{1}{41} + \cdots$는 발산한다. 이것은 $4k+1$꼴의 소수가 무한히 많을 때에만 생길 수 있는 현상이다.

오일러는 이와 병행하여, 만일 101, 401, 601, 701, 1201와 같은 $100k+1$꼴의 소수들을 선택하여 이 소수들의 역수들을 모두 더해도 발산할 것이다라는 조금 더 모험적인 추측을 하였다. 이것이 사실이라면 $100k+1$꼴의 소수들도 무한히 많다는 것이 된다.[103] 오일러의 아이디어를 자연스럽게 확장하면 **모든** 등차수열

$$a, a+b, a+2b, a+3b, \cdots, a+kb, \cdots$$

는 무한히 많은 소수를 포함한다는 것이다. (여기서 당연히 a와 b는 서로소라고 제한한다.)

오일러는 이 추측을 증명하지 않았고 19세기까지 증명되지 않고 남겨져 있었다. 마침내 이 추측은 1837년의 디리클레Peter Gustav Lejeune Dirichlet, 1805–1859에 의해 증명되었다. 디리클레의 증명은 성숙하고 강력한 해석적 수론의 도착을 알리는 나팔수였다.[104]

이밖에도, 디리클레의 정리는 두 개의 등차수열

$$1, 5, 9, 13, 17, \ldots, 4k+1, \ldots \quad \text{과} \quad 3, 7, 11, 15, 19, \ldots, 4k-1, \ldots$$

안에는 무한히 많은 소수들이 등장한다는 것을 알려준다. 따라서 두 가지 형태의 소수들이 모두 무한히 많다는 것을 **동시**에 증명한 것이다. 이 정리는 분명히 엄청난 결과였다. 분명 디리클레의 성공은 오일러의 최초의 결과보다 훨씬 포괄적이지만 걸출한 선임자에게 빚을 지고 있다.

19세기가 흐르는 동안 해석적 수론 학자들에게는 어떤 것보다 우선하는 목표가 하나 있었다. 바로 "소수 정리prime number theorem"를 증명하는 것이다. 수학자들은 정수들 중에서 소수들이 어떻게 분포되어 있는지에 대한, 대단히 어려운 수수께끼로 돌아갔다. 소수 정리는 최소한 대략적인 패턴을 알려준다. 마지막으로 수학에서 가장 심오한 정리 하나를 살펴보는 것으로 이 장을 마감하려 한다.[105]

제 4 장 오일러와 해석적 수론

소수의 분포를 이해하는 한 가지 방법은 일일이 조사하는 것이다. 즉, 100 이하의 정수 중에서 소수가 차지하는 비율을 구하고, 그 다음은 1,000 이하, 그리고 1,000,000 이하의 정수 중에서 소수가 차지하는 비율을 구한다. 쉽게 표현하기 위해 $\pi(x)$를 x보다 작거나 같은 소수의 개수라고 하자. 그러면 바로 비율 $\pi(x)/x$를 알고 싶은 것이다.

10 이하의 소수는 2, 3, 5, 7이므로 $\pi(10) = 4$임을 바로 확인할 수 있다. 비슷한 방법으로 $\pi(100) = 25$, $\pi(1000) = 168$, $\pi(1,000,000) = 78,498$이다. 이것들의 의미는 소수는 10 이하의 수 중에서 40%, 100 이하의 수 중에서 25%, 1,000,000 이하의 수 중에서는 7.85%를 차지한다는 것이다. x가 증가함에 따라 소수의 빈도는 분명히 감소한다. 하지만 이러한 상황을 설명할 수 있는 규칙은 무엇일까?

18세기 말에 어린 가우스는 x가 점점 커짐에 따른 비율 $\pi(x)/x$에 대한 가설을 세웠다.* 가우스는 x가 아주 커지면 $\pi(x)/x \approx 1/\ln x$일 것이라고 추측하였다. 극한 기호를 사용하여 다시 쓰면 아래와 같다.

$$\lim_{x \to \infty} \frac{\pi(x)}{x/\ln x} = 1$$

예를 들어보자. 만일 $x = 1,000,000$이라면 x 이하의 소수의 비율은 정확히 $\pi(1000000)/1000000 = 0.078498$이고 한편 $1/\ln(1000000) = 0.072382$이다. 여기서 두 결과는 완벽하게 일치하지는 않지만 그러나 1,000,000은 역시 무한히 커지는 상태와는 거리가 멀다. x의 값을 크게 할수록 $\pi(x)/x$와 $1/\ln x$는 점점 더 비슷한 값이 된다.

이 결과가 "추측"에서 "정리"로 변신하기까지 거의 100년이 걸렸다. 이렇게 시간이 오래 걸린 것은 당시 수학자들의 노력이 부족해서가 아니다. 르장드르Legendre, 1752–1833, 리만Riemann, 1826–1866, 체비쇼프Chebyshev,

---
*당시 가우스는 열다섯 살이었다.

1821-1894 같은 수학자들이 해석적 수론을 충분히 예리하게 만드는 것이 먼저 필요했다. 마침내 1896년 아다마르Jacques Hadamard, 1865-1963와 발레 푸생C. J. de la Vallée Poussin, 1866-1962이 동시에 그리고 독립적으로 소수 정리를 증명하였고, 이렇게 해서 해석적 수론은 최고의 성공을 거두었다.

소수 정리에 익숙한 사람들은 자연로그함수와 소수를 연결하는 것이 얼마나 놀라운 일인지 잊은 듯하다. 하지만 이산적인 것과 연속적인 것 사이를 이런 식으로 연결 짓는 것은 오일러가 비율을 조사하면서 최초로 시작한 것이다.

소수 정리와 함께 해석학과 수론의 이상한 동거에 대한 이야기를 마치려 한다. 해석학과 수론이 이 장의 시작에서 언급한 셰익스피어의 주장을 충분히 뒷받침했기를 바란다. 또한 독자들이 디리클레와 아다마르 그리고 발레 푸생이 오일러에게 빚을 졌다는 것도 인정할 준비가 되었기를 희망한다. 만일 오일러가 해석적 수론의 "부모"라고 불리지 못한다 해도 최소한 조부모 정도로는 불릴 수 있을 것이다.

제5장

오일러와 복소변수론

데카르트는 1637년 명저 《기하학 Géométrie》에서 음수의 제곱근에 대한 난해한 문제를 이렇게 소개했다. "진짜 근(양수)이나 가짜 근(음수) 모두 실수가 아니다. 어떤 경우는 가상의 근이다".[106]

"가상"이라는 표현 속엔 확신을 줄 만한 아무것도 없다. 심지어 "옛날 아주 옛날에"로 시작하는 상상 속의 이야기들같이 허구라는 인상마저 풍긴다. 그래서 가상의 숫자들은 실제로는 전혀 의미가 없을 것 같다.

이보다 더 현실에서 먼 것은 없었을 것이다. 그러나 일단 수학자들이 음수의 제곱근에 대한 울렁증을 극복하고 나자 이 존재가 수학에서 아주 중요하다는 것을 발견했다. 복소수(오늘날에는 이렇게 불린다)는 아무 가치도 없는 들러리는 결코 아니었다. 오히려 복소수의 세계는 새로운 도전일 뿐만 아니라 그 안에 포함되어 있는 실수에 대해서 전혀 예상치 못한 정보를 알려준다. 그리하여 수학자들은 낯설지만 명백하게 쓸모가 있는 새 렌즈를 통해서 익숙한 것들을 보았다.

짐작하겠지만 복소변수를 받아들이고 완전히 이해하는 것이 단번에 이루어진 것은 아니다. 이 장에서는 복소변수의 시작과 위대한 선구자 오일러의 업적을 살펴볼 것이다. 오일러의 **수학적 상상력**은 상상의 수학과 완전하게 맞닿아 있었다.

프롤로그

음수의 제곱근을 진지하게 연구하기 시작한 이유는 수학자들이 이차방정식을 풀기 위해 씨름을 하면서일 것이다. $x^2 + 1 = 0$의 근을 구하려면 분명히 $x^2 = -1$이고 결국 $x = \pm\sqrt{-1}$이어야 한다.

누군가 이렇게 생각한다면 오해이다. 사실 수학자들은 $x^2 + 1 = 0$과 같은 방정식은 농담이라면 모를까 $e^x = -1$이나 $\cos x = 2$와 같이 풀지 못하는 것으로 간주하고 곧바로 무시했다. 이런 방정식들은 순전히 불가능한 문제였다. 끝!

허수가 수학자들의 문을 두드리며 나타난 곳은 오히려 **삼차방정식** 문제였다. 즉 실계수 삼차방정식의 실근을 다루려면 반드시 가상의 것을 고려해야 했다. 수학자들이 전혀 예견하지 못한 만큼 중요한 이 현상에서 이야기를 시작하는 것이 좋겠다.

삼차방정식 $x^3 = 6x + 4$(오일러의 예로 나중에 한 번 더 등장할 것이다)를 푼다고 하자.[107] 자연스러운 방법은 우선 그림 5.1처럼 함수 $f(x) = x^3 - 6x - 4$의 그래프를 그려서 x-절편이 있는지 살펴보는 것이다. 그래프를 보면 우리의 삼차방정식이 분명히 두 개의 음수와 한 개의 양수로 된 실근을 세 개 갖는다는 것을 알 수 있다. 사실 삼차 다항식으로 주어진 함수의 그래프는 모두 이런 모양을 갖고 있기 때문에 x축 위에 있는 점들과 아래에 있는 점들이 반드시 있다. 이 함수의 그래프는 연속이기 때문에(즉 그래프가 하나로 이어져 있기 때문에) 중간값 정리를 쓰면 어디선가는 x축을 지나가는 점, 곧 x-절편이 있다. 그러므로 **모든 삼차방정식은 최소 한 개의 실근을 갖는다**.

해석적 기하학이 생겨나기 전이었던 16세기의 이탈리아 수학자들은 방정식의 근이 막연하게 "존재한다"는 것에서 벗어나서 방정식의 정확한

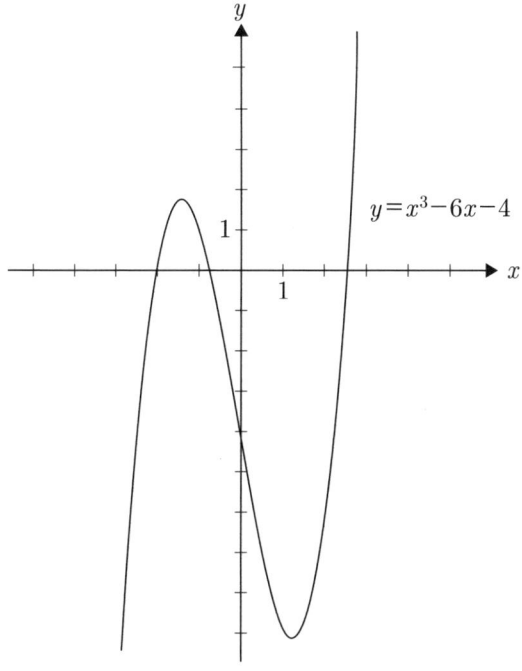

그림 5.1. 삼차 함수의 그래프

근을 구하려고 하였다. 여기서 더 나아가 구체적으로 방정식의 근을 말로 표현할 수 있어야 했는데 아직도 몇 십 년은 더 기다려야 나오는 대수적 기호는 사용할 수 없었다. 그럼에도 불구하고 야심찬 목표는 근이 존재할 경우 절대로 실패하지 않고 근을 구할 수 있는 레시피를 찾는 것이었다.

모델로 삼은 경우는 바로 이차방정식의 근의 공식이다. 오늘날의 기호로 표현하면 $ax^2 + bx + c = 0$으로 쓰이는 방정식의 근은 다음과 같다.

$$x = \frac{-b \pm \sqrt{b^2 - 4ac}}{2a}$$

이처럼 주어진 방정식의 계수 a, b, c와 기본적인 연산인 더하기, 빼기, 곱하기, 나누기, 근호를 이용하여 표현한 근을 "거듭제곱근 풀이solution by radicals"라고 한다.

1500년대에 이탈리아 수학자들이 도전했던 문제는 이차방정식의 근의 공식과 비슷한 모양의 삼차방적식의 근의 공식을 찾는 일이었다. 볼로냐의 델 페로Scipione del Ferro of Bologna, 1465-1526는 소위 "간소화된 삼차방정식"이라 불리는 특별한 형태를 가진 방정식의 근의 공식을 찾았다. 간소화된 삼차방정식이란 $x^3 = mx + n$의 형태로 쓰인 이차 항이 없는 삼차식이다.

확실하게 이해하기 위해 근의 공식을 함께 유도하자. 그러나 16세기의 구닥다리 방법보다 1770년에 나온 오일러의 책 《대수학 원론Elements of Algebra》에서 보여준 영리한 방법을 따라가자.[108]

정리 간소화된 삼차방정식 $x^3 = mx + n$의 한 근은 아래와 같이 주어진다.

$$x = \sqrt[3]{\frac{n}{2} + \sqrt{\frac{n^2}{4} - \frac{m^3}{27}}} + \sqrt[3]{\frac{n}{2} - \sqrt{\frac{n^2}{4} - \frac{m^3}{27}}}$$

증명 $x = \sqrt[3]{p} + \sqrt[3]{q}$라고 하자. 오일러는 양변을 각각 세제곱하여

$$x^3 = p + 3\sqrt[3]{p^2q} + 3\sqrt[3]{pq^2} + q$$
$$= 3\sqrt[3]{pq}(\sqrt[3]{p} + \sqrt[3]{q}) + (p+q)$$
$$= 3(\sqrt[3]{pq})x + (p+q)$$

를 얻었다. 이렇게 해서 얻은 $x^3 = 3(\sqrt[3]{pq})x + (p+q)$는 처음에 주어진 간소화된 삼차방정식 $x^3 = mx + n$과 같은 형태이다. 그러므로 $3(\sqrt[3]{pq}) = m$, $p + q = n$이라 할 수 있다. p와 q를 m과 n을 이용해서 표현하면 우리가 원하는 거듭제곱근이 $x = \sqrt[3]{p} + \sqrt[3]{q}$ 와 같이 표현된다. $3(\sqrt[3]{pq}) = m$에서 $4pq = 4m^3/27$을 얻고, $p + q = n$에서 양변을 제곱

하여 $p^2 + 2pq + q^2 = n^2$을 얻는다. 그러므로

$$(p^2 + 2pq + q^2) - 4pq = n^2 - \frac{4m^3}{27}$$

이고, 간단하게 정리하면

$$(p-q)^2 = n^2 - \frac{4m^3}{27}$$

이다. 즉, $p - q = \sqrt{n^2 - (4m^3/27)}$이다. 이제 $p + q = n$에서 방금 구한 $p - q$와의 합 $2p$와 차 $2q$를 구하면

$$2p = n + \sqrt{n^2 - \frac{4m^3}{27}}, \quad 2q = n - \sqrt{n^2 - \frac{4m^3}{27}}$$

이다. 그러므로 원래 주어진 삼차방정식의 근은

$$x = \sqrt[3]{p} + \sqrt[3]{q} = \sqrt[3]{\frac{n}{2} + \sqrt{\frac{n^2}{4} - \frac{m^3}{27}}} + \sqrt[3]{\frac{n}{2} - \sqrt{\frac{n^2}{4} - \frac{m^3}{27}}}$$

이다. □

오일러가 즐겨 말하던 대로 "이 공식을 분명하게 이해하기 위해" 구체적으로 간소화된 방정식 $x^3 = 6x + 9$의 근을 구해보자. 여기서 $m = 6$이고 $n = 9$이므로

$$x = \sqrt[3]{\frac{9}{2} + \sqrt{\frac{81}{4} - \frac{216}{27}}} + \sqrt[3]{\frac{9}{2} - \sqrt{\frac{81}{4} - \frac{216}{27}}}$$

$$= \sqrt[3]{\frac{9}{2} + \sqrt{\frac{49}{4}}} + \sqrt[3]{\frac{9}{2} - \sqrt{\frac{49}{4}}}$$

$$= \sqrt[3]{8} + \sqrt[3]{1} = 2 + 1 = 3$$

이다. 이것을 다시 주어진 방정식에 대입하면 근이라는 것을 확인할 수 있다.

우리 모두의 수학자 오일러

이 공식을 **간소화된** 삼차방정식의 경우에만 쓸 수 있다는 것은 그리 큰 문제가 아니다. 왜냐하면 카르다노Girolamo Cardano, 1501-1576가 16세기 중반에 $z^3 + az^2 + bz + c = 0$으로 주어진 일반적인 삼차방정식에서 $z = x - a/3$으로 치환하면 간소화된 삼차방정식 $x^3 = mx + n$의 형태로 바꿀 수 있다는 것을 보였기 때문이다. 그러므로 삼차방정식의 근을 구하는데 간소화된 삼차방정식의 근을 구할 수 있으면 충분하다.

이 책에서 다 말하기에는 너무 복잡하고 이상한 여러 가지 시도 후에 결국 카르다노는 1545년 《위대한 기술 Ars Magna》에서 처음으로 위의 결과를 발표했다. 그 이후로 삼차방정식의 근의 공식은 "카르다노의 공식"으로 불린다.[109]

현재까지 모든 것이 잘 되고 있는 듯이 보인다.

그러나 방금 $x = 3$이라는 근을 구했던 $x^3 = 6x + 9$와 별로 크게 다르지 않은 오일러의 예 $x^3 = 6x + 4$를 다시 생각해보자. $m = 6$, $n = 4$를 공식에 대입하면 다음을 얻는다.

$$x = \sqrt[3]{\frac{4}{2} + \sqrt{\frac{16}{4} - \frac{216}{27}}} + \sqrt[3]{\frac{4}{2} - \sqrt{\frac{16}{4} - \frac{216}{27}}}$$

$$= \sqrt[3]{2 + \sqrt{-4}} + \sqrt[3]{2 - \sqrt{-4}}$$

$$= \sqrt[3]{2 + 2\sqrt{-1}} + \sqrt[3]{2 - 2\sqrt{-1}}$$

당황스럽게도 근의 표현이 음수의 제곱근을 포함하고 있다. 그러므로 모양새만 봐서는 이 근은 실제로 존재하지 않는 것 같다. 그러나 우리가 그렸던 그래프에는 실근이 분명히 한 개도 아닌 세 개나 된다. 어디선가 무엇이 잘못된 것 같다.

이 장면에서 수학자들은 두 가지 가능성을 생각한다. 카르다노의 공식이 사실은 부정확하고 믿을 만하지 못하거나 사용에 제한이 있는 것일까? 아니면 공식을 통해서 나온 가상의 수가 사실은 실수가 가장을 하고 있는 것은 아닐까?

1570년 봄벨리Rafael Bombelli, 약 1526-1573는 《대수학》에서 두 번째 의견에 방점을 찍었다. 바로 복소근을 실근으로 변환할 수 있다는 아이디어를 발전시킨 것이다. 상상의 수들이 실재하지 않는 수라는 것을 무시하고 잠시 성가시게 구는 것이라 여기면 카르다노의 공식을 살릴 수 있다는 것이다. 그림 전체를 완전히 이해하지 못하면 다소 난해한 생각이었다.

예를 들어, 음수의 제곱근을 그냥 무시하고 아래와 같이 전개하면

$$(-1+\sqrt{-1})^3 = (-1)^3 + 3(-1)^2\sqrt{-1} + 3(-1)(\sqrt{-1})^2 + (\sqrt{-1})^3$$
$$= -1 + 3\sqrt{-1} + 3 - \sqrt{-1} = 2 + 2\sqrt{-1}$$

이다. 그러므로 $\sqrt[3]{2+2\sqrt{-1}} = -1 + \sqrt{-1}$이라 해도 좋을 것이다. 같은 방법으로 $(-1-\sqrt{-1})^3 = 2 - 2\sqrt{-1}$으로부터 $\sqrt[3]{2-2\sqrt{-1}} = -1 - \sqrt{-1}$ 이라 할 수 있다.

이것을 이용해서 카르다노의 공식을 다시 해석하면

$$x = \sqrt[3]{2+2\sqrt{-1}} + \sqrt[3]{2-2\sqrt{-1}}$$
$$= (-1+\sqrt{-1}) + (-1-\sqrt{-1}) = -2$$

를 얻는다. 즉 $x^3 = 6x + 4$는 $x = -2$라는 실근을 가진다. 카르다노의 공식은 이렇게 해서 다시 살아났다.

그런데 이것으로 끝일까? 최소한 두 가지 질문이 여전히 남는다. 첫째, $2+2\sqrt{-1}$를 얻기 위해 공식을 통해 나온 복소수들 중에 어떤 것을 세제곱해야 할까? 다시 말해 $-1+\sqrt{-1}$을 골라내는 논리적인 알고리즘이 있을까? 아니면 그냥 직감에 의존해서 찍어야 한다는 걸까?

두 번째 질문, **다른 두 개의 실근은 어떻게 될 것일까?** 분명 이 삼차방 정식은 세 개의 실근을 갖는다. 다른 근들은 카르다노의 공식 어딘가에

숨어 있을까?

봄벨리는 해답을 알지 못했다. "전체적으로 사실보다 궤변에 가깝게 보인다"고 고백하기도 했다.[110] 그가 왜 헷갈렸는지 이해할 만하다. 사실 이 문제는 다음 세기에도 반복되었고 상상의 수들을 사용하는 수학자의 절반 정도는 이 상황을 완전히 이해하지 못해서 난감해했다. 미적분학의 창시자로 인정받는 라이프니츠조차도 $\sqrt{-1}$을 "실재와 상상에 양다리를 걸치고 있다"고 했다.[111] 확실히 허수들은 별로 환영받지 못했다.

이런 상황을 극복하자면 편견을 뒤집을 만한 능력을 갖고 있는 누군가가 필요했다. 뛰어난 생각을 가지고 별로 환영받지 못하는 기호와 수학적 사실들을 대담하게 융합해줄 수학자 말이다. 다행스럽게도 이런 수학자가 곧바로 대기하고 있었다.

오일러 등장

《대수학 원론》에서 오일러는 $\sqrt{-1}$을 도입했다. "… 아무것도 아니거나 아무것도 아닌 게 아니거나 혹은 아무것도 아닌 것보다는 좀 나은…"

> … 실재하지 않는 수를 만났는데 상상 속에서만 존재하기 때문에 허수로 불린다.[112]

다른 사람들이 이것을 $\sqrt{-1}$을 비판한다고 여기지 않도록 덧붙여 계속 설명한다.

> … 그렇다고 해도 이 수들을 무시할 수 없다. 우리의 상상 속에 분명히 존재하고 이 수들에 대한 충분한 근거가 있다. … 우리가 이 허수들을 사용하고 계산에 이용하지 않을 이유는 전혀 없다.

제 5 장 오일러와 복소변수론

봄벨리, 데카르트, 라이프니츠의 부정적인 의견들과 비교해보면 오일러의 설명은 어정쩡하게 승인한 것같이 들린다. 그러나 오일러는 허수를 수학에서 마음껏 사용하겠다는 약속을 분명하게 지켰다.*

구체적으로 오일러는 1751년의 논문에서 오늘날 "단원근roots of unity"으로 불리는 복소수에 대해 기술했다.[113] 수 1(즉, 단원)은 $x^2 - 1 = 0$을 풀어 두 개의 제곱근 ±1을 갖는다. 같은 방법으로 1의 세제곱근을 아래와 같이 풀어냈다.

$$0 = x^3 - 1 = (x-1)(x^2 + x + 1)$$

첫 번째 인수는 $x = 1$이라는 근을 준다. 그리고 두 번째 인수는 이차방정식의 근의 공식을 적용하여 $x = (-1 \pm \sqrt{-3})/2$을 얻는다. 혹시 의심스럽다면 직접 계산을 통해서 $\left[(-1 \pm \sqrt{-3})/2\right]^3 = 1$을 확인할 수 있다.

왜 여기서 끝내야 할까? 오일러는 방정식 $x^4 - 1 = 0$을 풀어서 1의 네제곱근 1, -1, $\sqrt{-1}$, $-\sqrt{-1}$을 찾았다. 1의 다섯제곱근, 즉 $x^5 - 1 = 0$의 근은 아래에서 보는 대로 다소 복잡하다.

$$1, \quad \frac{-1 - \sqrt{5} + \sqrt{-10 + 2\sqrt{5}}}{4}, \quad \frac{-1 - \sqrt{5} - \sqrt{-10 + 2\sqrt{5}}}{4},$$
$$\frac{-1 + \sqrt{5} + \sqrt{-10 - 2\sqrt{5}}}{4}, \quad \frac{-1 + \sqrt{5} - \sqrt{-10 - 2\sqrt{5}}}{4}$$

특별히 1을 제외하고 나머지 네 개의 근이 모두 복소수인 것에 주목하자. 오일러가 복소수의 유용성을 확신하지 못했다거나 고민하지 않았을까 하는 것은 생각할 가치도 없다. 복소수는 이미 오일러의 수학에서 완전한 동반자가 되어 있었다.

---

*오늘날 수학적에서 엄밀하게 허수는 "실수가 아닌 복소수"를 뜻한다. 즉 y가 임의의 실수이고 $i = \sqrt{-1}$일 때, yi 형태의 수를 뜻한다.

오일러는 이렇게 단원근뿐만 아니라 실수나 복소수를 포함한 어떤 수에 대해서든 그 수의 제곱근을 구하는 쉬운 방법을 찾았다. 더 나아가서 다음을 증명하였다.

모든 수는 두 개의 제곱근, 세 개의 세제곱근, 네 개의 네제곱근 등을 갖는다.[114]

오일러 특유의 표현인 이런 결과를 증명하려면 오늘날에 드 무아브르의 정리라고 불리는 것이 필요하다. 드 무아브르Abraham De Moivre, 1667-1754의 업적에서 이 정리의 초기 형태가 확인된다.[115] 하지만 중요성을 알아보고 오늘날의 형태로 발전시킨 것은 분명히 오일러의 공이라고 밝혀야 공평할 것 같다. 드 무아브르/오일러의 정리는 복소변수론의 중요한 주춧돌이다.

지금부터는 허수 단위를 오일러가 사용하기 시작한 기호인 $i = \sqrt{-1}$로 표현하기로 한다. 지금은 물론 수학에서 가장 잘 알려진 기호이다.

오일러는 《무한 해석학 입문》에서 $\cos\theta \pm i\sin\theta$라는 표현을 사용했는데 다음과 같은 인수분해에 이용된다.

$$1 = \cos^2\theta + \sin^2\theta = (\cos\theta + i\sin\theta)(\cos\theta - i\sin\theta)$$

다음은 잘 알려진 삼각함수의 곱셈 법칙이다.

$$(\cos\theta \pm i\sin\theta)(\cos\phi \pm i\sin\phi)$$
$$= (\cos\theta\cos\phi - \sin\theta\sin\phi) \pm i(\sin\theta\cos\phi + \cos\theta\sin\phi)$$
$$= \cos(\theta + \phi) \pm i\sin(\theta + \phi)$$

따라서 $\theta = \phi$인 경우라면 다음을 얻게 된다.

$$(\cos\theta + i\sin\theta)^2 = \cos(2\theta) + i\sin(2\theta)$$
$$(\cos\theta - i\sin\theta)^2 = \cos(2\theta) - i\sin(2\theta)$$

제 5 장 오일러와 복소변수론

오일러는 이를 간단하게 더 높은 거듭제곱의 경우로 확장할 수 있다고 확신했다. 그래서 $n \geq 1$에 대해서 드 무아브르의 정리를 아래와 같이 서술했다.

$$(\cos\theta \pm i\sin\theta)^n = \cos(n\theta) \pm i\sin(n\theta), \quad (n \geq 1)$$

앞으로 보게 되겠지만 오일러는 이 결과를 복소수의 제곱근을 찾는 것에서부터 $\cos x$와 $\sin x$를 멱급수로 전개하는 것 그리고 가장 놀라운 수학적 항등식을 유도하는 것까지 여러 가지 문제에 적용해서 훌륭한 성과를 거두었다. 이러한 과정 중에 복소수는 점점 "자연스럽고" 훨씬 쓸모 있는 것으로 자리를 잡아갔다.

복소수의 제곱근을 찾는 오일러의 해법은 1749년에 출판된 길고 환상적인 논문인 《방정식의 허근에 관한 연구 Recherches sur les racines imaginaries des équations》에 실렸다.[116] 이 방법은 오늘날에도 복소변수론을 소개하는데 훌륭하게 쓰이고 있다. 0이 아닌 복소수 $z = a+bi$의 n제곱근을 구한다고 하자. 오일러는 $c = \sqrt{a^2 + b^2}$이라 하고, $\sin\theta = b/c$를 만족하는 $-\pi/2$와 $\pi/2$ 사이의 각 θ를 찾았다. 그러면 $\cos\theta = \sqrt{1 - \sin^2\theta} = \sqrt{(c^2 - b^2)/c^2} = a/c$이다. 그러므로 $z = a + bi = c(\cos\theta + i\sin\theta)$이다.

z의 n제곱근은 차례로 아래와 같이 표현할 수 있다.

$$\sqrt[n]{c}\left(\cos\frac{\theta + 2\pi k}{n} + i\sin\frac{\theta + 2\pi k}{n}\right), \quad k = 0, 1, 2, \ldots, n-1$$

혹은

$$\sqrt[n]{c}\left(\cos\frac{\theta - 2\pi k}{n} + i\sin\frac{\theta - 2\pi k}{n}\right), \quad k = 0, 1, 2, \ldots, n-1$$

로도 쓸 수 있다. 확인은 쉽다. 드 무아브르의 정리를 이용해서 n번 거듭제곱을 하면 된다.

$$\left[\sqrt[n]{c}\left(\cos\frac{\theta \pm 2\pi k}{n} + i\sin\frac{\theta \pm 2\pi k}{n}\right)\right]^n$$

$$= (\sqrt[n]{c})^n \left[\cos\left(n \cdot \frac{\theta \pm 2\pi k}{n}\right) + i\sin\left(n \cdot \frac{\theta \pm 2\pi k}{n}\right)\right]$$
$$= c\left[\cos(\theta \pm 2\pi k) + i\sin(\theta \pm 2\pi k)\right]$$
$$= c(\cos\theta + i\sin\theta) = z$$

"분명히 $\sqrt[n]{a+bi}$는 $M+Ni$의 형태로 쓸 수 있다"고 오일러는 부연 설명했다. 다시 말하면 복소수의 제곱근 역시 복소수라는 뜻이다. 오늘날의 용어로 하면 복소수 집합은 제곱근 연산에 대하여 닫혀있다는 것으로 정수 집합이나 유리수 집합 심지어 실수 집합도 만족하지 못하는 성질이다. 이것은 복소수 집합이 갖고 있는 대단히 중요한 대수적 성질이다.

1의 제곱근을 찾는 것은 이제 쉬운 일이 되었다. $z = 1 = 1 + 0i$로 두면 $c = 1$, $\theta = 0$이다. 그러면 1의 n제곱근 $\omega_0, \omega_1, \ldots, \omega_{n-1}$는 아래와 같이 주어진다.

$$\omega_k = \cos\frac{2\pi k}{n} + i\sin\frac{2\pi k}{n}, \quad k = 0, 1, 2, \cdots, n-1$$

복소근을 이해하는 것은 카르다노의 공식을 이용할 때 완벽하지 못했던 부분을 말끔하게 풀어낼 수 있게 해준다. 앞에서 카르다노의 공식을 이용해서 $x^3 = 6x + 4$의 근을 아래와 같이 구했다.

$$x = \sqrt[3]{2 + 2\sqrt{-1}} + \sqrt[3]{2 - 2\sqrt{-1}}$$

이제 세제곱근을 설명해보자. 우선 $\sqrt[3]{2+2\sqrt{-1}} = \sqrt[3]{2+2i}$이고 $a = b = 2$, $c = \sqrt{8}$, $\theta = \sin^{-1}(b/c) = \sin^{-1}(1/\sqrt{2}) = \pi/4$ 이다. $2+2i$의 세 개의 세제곱근은 θ가 각각 $\pi/4$, $\pi/4 + 2\pi = 9\pi/4$, $\pi/4 + 4\pi = 17\pi/4$인 복소수로 다음과 같다.

$$\sqrt[3]{\sqrt{8}}\left[\cos\frac{\pi}{12} + i\sin\frac{\pi}{12}\right]$$
$$\sqrt[3]{\sqrt{8}}\left[\cos\frac{3\pi}{4} + i\sin\frac{3\pi}{4}\right]$$

$$\sqrt[3]{\sqrt{8}}\left[\cos\frac{17\pi}{12}+i\sin\frac{17\pi}{12}\right]$$

$2-2\sqrt{-1}=2-2i$의 세제곱근도 이와 같이 구하면 $c=\sqrt{8}$, $\theta=\sin^{-1}(-1/\sqrt{2})=-\pi/4$이므로 θ는 $-\pi/4$, $-\pi/4-2\pi=-9\pi/4$, $-\pi/4-4\pi=-17\pi/4$이다. 그러므로 $2-2i$의 세제곱근은 다음의 세 수이다.

$$\sqrt[3]{\sqrt{8}}\left[\cos\left(-\frac{\pi}{12}\right)+i\sin\left(-\frac{\pi}{12}\right)\right]$$

$$\sqrt[3]{\sqrt{8}}\left[\cos\left(-\frac{3\pi}{4}\right)+i\sin\left(-\frac{3\pi}{4}\right)\right]$$

$$\sqrt[3]{\sqrt{8}}\left[\cos\left(-\frac{17\pi}{12}\right)+i\sin\left(-\frac{17\pi}{12}\right)\right]$$

$\sqrt[3]{\sqrt{8}}=\sqrt{2}$라는 사실과 몇 가지 삼각함수의 관한 항등식을 이용해서 간단히 한 것이다. 예를 들면 $\cos(-\theta)=\cos\theta$, $\sin(-\theta)=-\sin\theta$이다. 또한 두배각 공식 $\cos(2\theta)=2\cos^2\theta-1$에 θ에 $\pi/12$를 대입하면 $\cos(\pi/6)=2\cos^2(\pi/12)-1$이고

$$\cos\frac{\pi}{12}=\sqrt{\frac{1}{2}+\frac{1}{2}\cos\frac{\pi}{6}}=\sqrt{\frac{1}{2}+\frac{\sqrt{3}}{4}}$$

이다. 같은 방법으로 $\cos(17\pi/12)=-\sqrt{1/2-\sqrt{3}/4}$이다. 이제 카르다노의 공식으로 부터 얻은 복소수에 각각 대입하면 아래와 같이 세 개의 실수인 근 r_1,r_2,r_3가 나타난다.

$$r_1=\sqrt[3]{2+2\sqrt{-1}}+\sqrt[3]{2-2\sqrt{-1}}$$
$$=\sqrt{2}\left[\cos\frac{\pi}{12}+i\sin\frac{\pi}{12}\right]+\sqrt{2}\left[\cos\left(-\frac{\pi}{12}\right)+i\sin\left(-\frac{\pi}{12}\right)\right]$$
$$=\sqrt{2}\left[\cos\frac{\pi}{12}+i\sin\frac{\pi}{12}+\cos\frac{\pi}{12}-i\sin\frac{\pi}{12}\right]$$

$$= \sqrt{2}\left[2\cos\frac{\pi}{12}\right] = 2\sqrt{2}\sqrt{\frac{1}{2}+\frac{\sqrt{3}}{4}} = \sqrt{4+2\sqrt{3}}$$

다음으로

$$r_2 = \sqrt[3]{2+2\sqrt{-1}} + \sqrt[3]{2-2\sqrt{-1}}$$
$$= \sqrt{2}\left[\cos\frac{3\pi}{4}+i\sin\frac{3\pi}{4}\right] + \sqrt{2}\left[\cos\left(-\frac{3\pi}{4}\right)+i\sin\left(-\frac{3\pi}{4}\right)\right]$$
$$= \sqrt{2}\left[2\cos\frac{3\pi}{4}\right] = -2 \quad (r_2 \text{는 앞에서 이미 구한 실근})$$

마지막으로

$$r_3 = \sqrt[3]{2+2\sqrt{-1}} + \sqrt[3]{2-2\sqrt{-1}}$$
$$= \sqrt{2}\left[\cos\frac{17\pi}{12}+i\sin\frac{17\pi}{12}\right] + \sqrt{2}\left[\cos\left(-\frac{17\pi}{12}\right)+i\sin\left(-\frac{17\pi}{12}\right)\right]$$
$$= \sqrt{2}\left[2\cos\frac{17\pi}{12}\right] = -\sqrt{4-2\sqrt{3}}$$

이다.

이러한 결과를 얻기까지 카르다노에서부터 드 무아브르를 거쳐 오일러까지, 대수에서 삼각함수를 거쳐 복소변수론으로 이어지는 훌륭한 공동 연구가 있었다. 실수에서 벗어나 복소수를 이용하여 카르다노의 공식으로부터 $x^3 = 6x+4$의 세 개의 실근 $\sqrt{4+2\sqrt{3}}$, -2, $-\sqrt{4-2\sqrt{3}}$ 을 찾았다. 이 세 개의 실근은 그림 5.1에서 본 세 개의 x-절편이다. 이러한 성공적인 결과로 오일러는 "계산에 [복소수들]을 이용하려"는 결심을 더욱 굳혔다.

이 장면에서 삼차방정식의 근을 찾으려다가 복소수의 세계로 빠져들었다는 것을 다시 한 번 더 강조한다. "실수의 세계에서 두 실수를 잇는 가장 간단한 길은 복소수의 세계를 통하는 것"이라고 했던 아다마르Hadamard의 통찰력도 떠오르게 한다.[117]

제 5 장 오일러와 복소변수론

오일러는 《무한 해석학 입문》에서 드 무아브르의 정리를 두 가지 전혀 다른 방법으로 사용해서 아래에 보이는 유명한 멱급수를 유도했다.[118]

> **정리**
>
> $$\cos x = 1 - \frac{x^2}{1 \cdot 2} + \frac{x^4}{1 \cdot 2 \cdot 3 \cdot 4} - \frac{x^6}{1 \cdot 2 \cdot 3 \cdot 4 \cdot 5 \cdot 6} + \cdots$$
>
> $$\sin x = x - \frac{x^3}{1 \cdot 2 \cdot 3} + \frac{x^5}{1 \cdot 2 \cdot 3 \cdot 4 \cdot 5} - \cdots$$

증명 오일러는 $n \geq 1$에 대해서

$$\cos n\theta + i \sin n\theta = (\cos \theta + i \sin \theta)^n$$
$$\cos n\theta - i \sin n\theta = (\cos \theta - i \sin \theta)^n \quad (5.1)$$

라는 것을 알았다. 두 식을 더하고 2로 나누어서 다음을 얻었다.

$$\cos n\theta = \frac{(\cos \theta + i \sin \theta)^n + (\cos \theta - i \sin \theta)^n}{2}$$

오일러는 우변을 이항전개하여 거듭제곱을 풀어 정리한다.

$$\cos n\theta = \frac{1}{2}\Bigg[\cos^n \theta + \frac{ni \cos^{n-1} \theta \sin \theta}{1} - \frac{n(n-1)\cos^{n-2} \theta \sin^2 \theta}{1 \cdot 2}$$
$$- \frac{n(n-1)(n-2)i \cos^{n-3} \theta \sin^3 \theta}{1 \cdot 2 \cdot 3} + \cdots \Bigg]$$
$$+ \frac{1}{2}\Bigg[\cos^n \theta - \frac{ni \cos^{n-1} \theta \sin \theta}{1} - \frac{n(n-1)\cos^{n-2} \theta \sin^2 \theta}{1 \cdot 2}$$
$$+ \frac{n(n-1)(n-2)i \cos^{n-3} \theta \sin^3 \theta}{1 \cdot 2 \cdot 3} + \cdots \Bigg]$$
$$= \cos^n \theta - \frac{n(n-1)\cos^{n-2} \theta \sin^2 \theta}{1 \cdot 2}$$
$$+ \frac{n(n-1)(n-2)(n-3)\cos^{n-4} \theta \sin^4 \theta}{1 \cdot 2 \cdot 3 \cdot 4} - \cdots$$

이 장면에서 오일러는 "무한으로 간다". 다시 말해서 무한히 큰 n에 대하여 $x = n\theta$라고 두면, $\theta = x/n$는 무한히 작아진다. 오일러는 이러한 과정에서 $\cos\theta = 1$이고 $\sin\theta = \theta = x/n$라는 것을 깨달았다. 이것을 현대 수학 용어로 다시 쓰면,

$$\lim_{\theta \to 0} \cos\theta = 1, \quad \lim_{\theta \to 0} \frac{\sin\theta}{\theta} = 1$$

이다. n은 무한히 큰 수이기 때문에 $n-1$, $n-2$, $n-3$ 등은 차이가 없으므로 오일러는 이들 모두를 n으로 대체하였다.

이런 식의 사고는 오늘 날의 우리에게는 편법처럼 보인다. 그러나 오일러는 이러한 것을 허용하여 위의 급수로부터 유명한 $\cos x$의 멱급수 전개를 "증명"하였다.

$$\cos x = 1^n - \frac{n \cdot n \cdot (1)^{n-2}(x/n)^2}{1 \cdot 2} + \frac{n \cdot n \cdot n \cdot n \cdot (1)^{n-4}(x/n)^4}{1 \cdot 2 \cdot 3 \cdot 4} - \cdots$$

$$= 1 - \frac{x^2}{1 \cdot 2} + \frac{x^4}{1 \cdot 2 \cdot 3 \cdot 4} - \frac{x^6}{1 \cdot 2 \cdot 3 \cdot 4 \cdot 5 \cdot 6} + \cdots$$

오일러는 (5.1)의 두 식을 빼고 $2i$로 나누어서

$$\sin n\theta = \frac{(\cos\theta + i\sin\theta)^n - (\cos\theta - i\sin\theta)^n}{2i}$$

를 얻었고, $\cos x$와 같은 방법으로 $\sin x$의 멱급수 전개를 다음과 같이 증명하였다.

$$\sin x = x - \frac{x^3}{1 \cdot 2 \cdot 3} + \frac{x^5}{1 \cdot 2 \cdot 3 \cdot 4 \cdot 5} - \frac{x^7}{1 \cdot 2 \cdot 3 \cdot 4 \cdot 5 \cdot 6 \cdot 7} + \cdots \quad \square$$

오일러는 여기서 더 나아가 드 무아브르의 정리를 놀랄 만한 방법으로 활용하여 "오일러의 항등식"이라고 불리는 놀라운 공식을 얻었다.[119]

정리 임의의 실수 x에 대해서 $e^{ix} = \cos x + i\sin x$이다.

제 5 장 오일러와 복소변수론

증명 이번에도 오일러는

$$\cos n\theta = \frac{(\cos\theta + i\sin\theta)^n + (\cos\theta - i\sin\theta)^n}{2}$$

에서 시작하였다. 다시 n을 "무한히 큰 수"라고 하면 $\theta = x/n$는 무한히 작은 수가 되고 따라서 $\cos(\theta) = 1$, $\sin(\theta) = \theta = x/n$가 된다. 이를 대입하여 다음을 얻는다.

$$\begin{aligned}\cos x = \cos n\theta &= \frac{(\cos\theta + i\sin\theta)^n + (\cos\theta - i\sin\theta)^n}{2} \\ &= \frac{(1 + ix/n)^n + (1 - ix/n)^n}{2}\end{aligned} \quad (5.2)$$

2장에서 보았듯이 오일러는 아주 무한히 작은 ω에 대해서 e^ω과 $1+\omega$를 같다고 두었다. 그러므로 a가 유한한 수이고 n이 무한히 큰 수라면 다음을 얻는다.

$$e^a = (e^{a/n})^n = \left(1 + \frac{a}{n}\right)^n$$

여기서 a를 (임시로 빌려온) ix와 $-ix$로 대체해서 식 (5.2)을 아래와 같이 변환하였다.

$$\cos x = \frac{e^{ix} + e^{-ix}}{2}$$

다음으로 오일러는 같은 과정을 sin 함수에 대해서도 반복하여 다음을 유도하였다.

$$\begin{aligned}\sin x = \sin n\theta &= \frac{(\cos\theta + i\sin\theta)^n - (\cos\theta - i\sin\theta)^n}{2i} \\ &= \frac{(1 + ix/n)^n - (1 - ix/n)^n}{2i} = \frac{e^{ix} - e^{-ix}}{2i}\end{aligned}$$

마지막으로 두 개의 식을 더하면 오일러의 위대한 업적 중에서도 가장 중요하게 손꼽히는 식을 얻게 된다.

$$\cos x + i \sin x = \frac{e^{ix} + e^{-ix}}{2} + i\frac{e^{ix} - e^{-ix}}{2i} = e^{ix} \qquad \square$$

"이 식들로부터 복소 지수함수가 어떻게 실변수 사인함수와 코사인 함수로 표현되는지 이해할 수 있다"고 오일러는 만족스럽게 밝혔다. 오일러의 확신은 그 이후로 오늘날까지 수학자들에 의해 되풀이되고 있다. 오일러의 항등식이 가장 아름다운 식이라는 데 이의를 제기할 사람은 아마 거의 없을 것이다.

습관처럼 오일러는 이처럼 중요한 결과를 다른 방법으로 다시 증명한다. 마치 증명이 필요한 결과는 다른 방법으로 **반복해서** 증명하는 것이 유익하다는 신념을 가진 것처럼 오일러는 같은 결과를 여러 번 다른 방법으로 증명하기를 즐겼다. 이런 신념하에 우리도 오일러가 했던 증명 두 개를 더 살펴보자.

첫 번째는 적분 계산법과 오일러처럼 기호가 갖는 힘을 믿어보는 것이다.[120]

정리 실수 x에 대해서 $e^{ix} = \cos x + i \sin x$이다.

증명 오일러는 $\sin x = y$라고 두고 $x = \sin^{-1} y = \int dy/\sqrt{1-y^2}$로 풀어냈다. 여기서 마지막 등식은 잘 알려진 sin 함수의 역도함수이다. 그리고 눈 하나 깜빡이지 않고 $y = iz$라고 복소변수로 변환하면 $dy = idz$이다. 이제 x를 z에 관한 함수로 보고 아래와 같이 계산한다.

$$x = \int \frac{idz}{\sqrt{1-(iz)^2}} = i \int \frac{dz}{\sqrt{1+z^2}} = i \ln\left(\sqrt{1+z^2} + z\right) \qquad (5.3)$$

(역도함수는 삼각함수를 이용한 치환을 하여 계산하거나 익숙하지 않으면 적분표에서 찾을 수 있을 것이다. 그리고 계산이 맞는지 확인해보고

싶다면 양변을 미분하면 된다.) $z = y/i = \sin x/i$로부터 $z^2 = \sin^2 x/i^2 = -\sin^2 x$임을 알 수 있고, 식 (5.3)으로부터

$$x = i \ln\left(\sqrt{1 - \sin^2 x} + \frac{\sin x}{i}\right) = i \ln(\cos x - i \sin x)$$

를 얻는다. 양변에 i를 곱하면

$$ix = i^2 \ln(\cos x - i \sin x) = \ln \frac{1}{\cos x - i \sin x} = \ln(\cos x + i \sin x)$$

이므로 아래와 같이 오일러는 증명을 끝냈다.

$$e^{ix} = e^{\ln(\cos x + i \sin x)} = \cos x + i \sin x \qquad \square$$

이 증명에서 다시 한 번 오일러가 실수에서 성립하는 성질을 복소수로 확장시켜 적용하는 것을 볼 수 있다. 18세기에 수학 기호의 위대한 조련사였던 오일러는 이런 식으로 확장하는 것을 자연스럽게 여겼다.

오일러는 복소수의 로그함수에 관해서 쓴 중요한 논문에서 또 다른 증명을 선보인다. 이 논문은 나중에 에필로그에서 한 번 더 살펴볼 것이다.[121] 여기서는 아래와 같이 조금 다른 형태로 정리를 기술했다.

n이 무한히 큰 수일 때, $\cos x + i \sin x = \left(1 + \frac{ix}{n}\right)^n$ 이다.

앞에서 확인했듯이 오일러는 우변이 e^{ix} 과 같다고 여겼다.

정리 실수 x에 대해서 $e^{ix} = \cos x + i \sin x$이다.

증명 "··· [항등식]의 증명은 이미 충분하고 ···"라고 설명하며 $\cos x$와 $\sin x$의 멱급수 전개와 2장에서 보았던 아래의 식을 사용한다.

$$e^x = 1 + x + \frac{x^2}{1 \cdot 2} + \frac{x^3}{1 \cdot 2 \cdot 3} + \frac{x^4}{1 \cdot 2 \cdot 3 \cdot 4} + \cdots$$

x를 또다시 복소수 ix로 치환해서 간단히 아래와 같이 증명을 끝냈다.

$$\begin{aligned}
e^{ix} &= 1 + ix + \frac{(ix)^2}{1 \cdot 2} + \frac{(ix)^3}{1 \cdot 2 \cdot 3} + \frac{(ix)^4}{1 \cdot 2 \cdot 3 \cdot 4} + \frac{(ix)^5}{1 \cdot 2 \cdot 3 \cdot 4 \cdot 5} + \cdots \\
&= 1 + ix - \frac{x^2}{1 \cdot 2} - \frac{ix^3}{1 \cdot 2 \cdot 3} + \frac{x^4}{1 \cdot 2 \cdot 3 \cdot 4} + \frac{ix^5}{1 \cdot 2 \cdot 3 \cdot 4 \cdot 5} - \cdots \\
&= \left[1 - \frac{x^2}{1 \cdot 2} + \frac{x^4}{1 \cdot 2 \cdot 3 \cdot 4} - \cdots \right] \\
&\quad + i \left[x - \frac{x^3}{1 \cdot 2 \cdot 3} + \frac{x^5}{1 \cdot 2 \cdot 3 \cdot 4 \cdot 5} - \cdots \right] \\
&= \cos x + i \sin x \qquad \qquad \qquad \qquad \qquad \square
\end{aligned}$$

짜잔! 오일러의 항등식을 세 번이나 증명했으니 이쯤 되면 아무도 의심하지 않을 것이다.

마지막으로 중요한 따름정리 하나를 살펴보자. 오일러의 항등식에서 $x = \pi$로 두면

$$e^{i\pi} = \cos \pi + i \sin \pi = -1 + i \cdot 0 = -1 \tag{5.4}$$

이다. 주의 깊은 독자라면 우리가 이 장을 시작할 때 $e^x = -1$를 도저히 풀 수 없는 터무니없는 방정식의 예로 사용했던 것을 기억할지도 모르겠다. 그러나 오일러 덕분에 $x = i\pi$가 근이라는 것을 알게 된다. 실수라는 한계에서 벗어나서 자유롭게 방정식을 풀어낸 것이다.

물론 식 (5.4)를 $e^{i\pi} + 1 = 0$으로 쓸 수도 있다. 자주 인용되는 이 식은 수학에서 가장 중요한 다섯 개의 상수를 모두 포함하고 있다.

0 덧셈의 항등원

1 곱셈의 항등원

π 원주율

e 자연로그의 밑

i 허수단위

가장 유명한 상수 다섯 개가 이처럼 간단한 식을 통해서 서로 연관된다는 것이 정말 놀랍다. 오일러가 이것을 **알아보았다는** 것 역시 그의 천재성을 보여주는 표징이다.

이처럼 놀라운 공식 앞에서 잠시 쉬어 가는 것이 적당할 듯하다. 독자들은 이제 오일러와 복소수에 대한 이해를 어느 정도 얻었을 것이다. 드 무아브르 공식에 대한 독창적인 연구로부터 그의 이름으로 불리는 항등식까지 오일러는 유례도 없고 되돌릴 수 없는 방법으로 상상 속의 수를 현실로 불러냈다.

에필로그

이미 앞에서도 수차례 강조했듯이 오일러는 선구자였다. 복소수에 어느 정도 익숙해지자 연구의 범위를 아무도 예상하지 못한 깊은 영역으로 넓혀 나갔다. 예를 들면 그는 "허수"라고 부른 것에 대해서 사인함수와 코사인함수를 정의하려 했는데 참으로 대담한 생각이었다.[122] 그리고 오랫동안 논란의 대상이었던 복소수에 대한 로그함수 문제도 해결했다. 에필로그에서 이 두 가지 혁신에 대해서 간단히 설명하려 한다.

$\cos(a+bi)$를 어떻게 생각해야 할까? 오일러는 먼저 간단히 $\cos(bi)$를

다루는 것으로 시작했다. 코사인함수의 멱급수 전개를 적용하면

$$\cos(bi) = 1 - \frac{(bi)^2}{1 \cdot 2} + \frac{(bi)^4}{1 \cdot 2 \cdot 3 \cdot 4} - \frac{(bi)^6}{1 \cdot 2 \cdot 3 \cdot 4 \cdot 5 \cdot 6} + \cdots$$

$$= 1 + \frac{b^2}{1 \cdot 2} + \frac{b^4}{1 \cdot 2 \cdot 3 \cdot 4} + \frac{b^6}{1 \cdot 2 \cdot 3 \cdot 4 \cdot 5 \cdot 6} + \cdots$$

$$= \frac{e^b + e^{-b}}{2}$$

이다. 그리고 오일러가 즉시 깨달은 것은 마지막 등식에서 e^b와 e^{-b}를 이들의 급수로 대체하여 정리해도 된다는 것이다. 놀랍게도 이것은 허수 bi의 코사인 함수 값이 실수라는 것을 말해준다.

이 공식을 이용하면 서론에서 예로 들었던 또 다른 "풀 수 없는" 방정식 $\cos x = 2$를 풀 수 있다. 바로 $x = bi$로 놓으면

$$2 = \cos x = \cos(bi) = \frac{e^b + e^{-b}}{2} = \frac{(e^b)^2 + 1}{2e^b}$$

이다. 또는 간단히 하여 $(e^b)^2 - 4(e^b) + 1 = 0$이라고 쓸 수도 있다. 이차방정식의 근의 공식을 쓰면 $e^b = 2 \pm \sqrt{3}$이다. 그러므로 $b = \ln(2 \pm \sqrt{3})$이다. 정리하면 방정식 $\cos x = 2$는 복소근 $x = bi = i\ln(2 \pm \sqrt{3})$을 갖는다.

비슷한 방식으로 사인함수의 멱급수 전개를 가지고 오일러가 찾아낸 것은

$$\sin(bi) = bi - \frac{(bi)^3}{1 \cdot 2 \cdot 3} + \frac{(bi)^5}{1 \cdot 2 \cdot 3 \cdot 4 \cdot 5} - \frac{(bi)^7}{1 \cdot 2 \cdot 3 \cdot 4 \cdot 5 \cdot 6 \cdot 7} + \cdots$$

$$= i\left[b + \frac{b^3}{1 \cdot 2 \cdot 3} + \frac{b^5}{1 \cdot 2 \cdot 3 \cdot 4 \cdot 5} + \cdots\right] = i\frac{e^b - e^{-b}}{2}$$

이다. 임의의 복소수의 사인함수 값과 코사인함수 값을 찾기 위해 사인의 덧셈법칙 $\sin(\alpha + \beta) = \sin\alpha\cos\beta + \cos\alpha\sin\beta$와 코사인의 덧셈법칙 $\cos(\alpha + \beta) = \cos\alpha\cos\beta - \sin\alpha\sin\beta$를 사용하면 다음을 얻는다.

$$\sin(a + bi) = \sin a \cos(bi) + \cos a \sin(bi)$$

$$= \sin a \frac{e^b + e^{-b}}{2} + i \cos a \frac{e^b - e^{-b}}{2}$$

$$\cos(a + bi) = \cos a \frac{e^b + e^{-b}}{2} - i \sin a \frac{e^b - e^{-b}}{2}$$

사인의 덧셈법칙과 코사인의 덧셈법칙을 복소수로 확장해서 적용한 것은 역시 오일러의 믿음이다.

다소 이상하게 보이는 이 식들이 과연 정말로 맞는지 의심스럽다면 확인하는 방법은 여러 가지가 있다. 가령 실수 a를 복소수 $a + 0 \cdot i$으로 표현한 다음 사인과 코사인의 덧셈법칙에 넣어보면

$$\sin(a + 0 \cdot i) = \sin a(1) + i \cos a(0) = \sin a$$

$$\cos(a + 0 \cdot i) = \cos a(1) - i \sin a(0) = \cos a$$

와 같이 확인된다. 혹은 아래와 같은 계산도 해볼 만하다.

$$\sin^2(a + bi) + \cos^2(a + bi)$$

$$= \left[\sin a \frac{e^b + e^{-b}}{2} + i \cos a \frac{e^b - e^{-b}}{2} \right]^2$$

$$+ \left[\cos a \frac{e^b + e^{-b}}{2} - i \sin a \frac{e^b - e^{-b}}{2} \right]^2$$

$$= \sin^2 a \frac{e^{2b} + 2 + e^{-2b}}{4} + 2i \sin a \cos a \frac{e^{2b} - e^{-2b}}{4}$$

$$- \cos^2 a \frac{e^{2b} - 2 + e^{-2b}}{4} + \cos^2 a \frac{e^{2b} + 2 + e^{-2b}}{4}$$

$$- 2i \sin a \cos a \frac{e^{2b} - e^{-2b}}{4} - \sin^2 a \frac{e^{2b} - 2 + e^{-2b}}{4}$$

$$= \sin^2 a + \cos^2 a = 1$$

이렇게 가장 자주 쓰이고 중요한 (실수) 삼각함수의 법칙들이 그대로 복소수로 확장되는 것을 확인할 수 있다. 기호의 힘을 믿었던 오일러에게는 안심이 되는 사실이다.

마지막으로 복소수의 로그는 무엇일까? 이 질문은 18세기 초 요한 베르누이와 라이프니츠Gottfried Wilhelm Leibniz 사이의 논쟁까지 거슬러 올라간다. 그때는 문제가 좀 덜 복잡하게 **음의 실수**의 로그에 대한 것이었다.

요한 베르누이는 간단하게 임의의 양의 실수 x에 대해서 $\ln(-x) = \ln x$라고 생각했다. 로그의 성질을 이용해서 아래와 같이 계산하면 $\ln(-x) = \ln x$라는 결론이 나온다.

$$2\ln(-x) = \ln(-x)^2 = \ln(x^2) = 2\ln x$$

믿지 못하는 사람을 위해 요한 베르누이는 미분법을 이용해서 증명했다. 연쇄법칙을 이용하면

$$D_x[\ln(-x)] = \frac{-1}{-x} = \frac{1}{x} = D_x[\ln x]$$

이고, 등식의 양변을 비교하면 $\ln(-x) = \ln x$이다. x에 1을 대입하면 바로 $\ln(-1) = \ln 1 = 0$을 얻는다. 요한 베르누이는 물론 이 증명에 만족했다.

라이프니츠는 전혀 그렇지 않았다. 라이프니츠는 아래의 멱급수 전개에서 $x = -2$를 대입하여

$$\ln(1+x) = x - \frac{x^2}{2} + \frac{x^3}{3} - \frac{x^4}{4} + \cdots$$

$\ln(-1) = -2 - 2 - \frac{8}{3} - 4 - \frac{32}{5} - \cdots$가 되는 것을 인지하였다. 다시 말해서 $\ln(-1)$은 음수를 무한히 많이 더한 값인데 어떻게 요한 베르누이가 주장한 대로 0이 될 수 있겠는가.

이에 더해 라이프니츠는 요한 베르누이의 미분을 이용한 증명 역시 인정하지 않았다. $D_x[\ln x] = 1/x$라는 미분공식은 x가 오직 양의 실수인 경우에만 해당한다고 생각했다. 그것을 베르누이가 한 대로 $\ln(-x)$에 적용하는 것은 엉터리 같은 일이라고 여겼다.

이런 논쟁 때문에 문제는 풀리지 않은 채로 남아 있다가 오일러에게까

지 내려갔다. 오일러는 1747년부터 1749년까지 일련의 논문들을 통해서 궁극의 해답을 내놓았다.

오일러는 먼저 저명한 선배들의 주장에 대해서 설명했다. 라이프니츠가 로그함수의 미분공식은 $x > 0$인 경우에만 적용할 수 있다고 한 것에 대해서는 단호하게 반박했다.

> 만약 라이프니츠의 주장이 맞다면, 그것은 원칙적으로 공식의 일반성과 수학적 사실들을 여러 가지 식을 통해서 이해하는 해석학의 근본을 부수는 것이다. 수에 대해서 우리가 받아들이고 있는 본질적인 특성은 어디에든 적용할 수 있어야 한다.[123]

오일러는 미분공식이 적용하는 것에 제한이 있다는 것을 받아들일 수 없었다.

베르누이에 대해서도 쉽게 넘어가지 않았다. 아래와 같은 베르누이의 계산을 지지하면서도 미분한 결과가 같다고 원래의 함수가 같은 것은 아니라는 점을 분명히 했다.

$$D_x[\ln(-x)] = D_x[\ln x]$$

예를 들면 $D_x[\ln(2x)] = D_x[\ln x]$이지만 분명히 $2x = x$라는 결론을 내려서는 안된다. 맞게 고치면 두 함수는 상수의 차이를 두고 같다. 즉 $\ln(2x) = \ln x + \ln 2$이다. 같은 방식으로 분명하게

$$\ln(-x) = \ln[(-1)x] = \ln x + \ln(-1)$$

이므로 $\ln(-x)$와 $\ln x$의 차이는 다소 난해한 $\ln(-1)$라는 것을 알아차렸다. 분명히 $\ln(-1)$은 베르누이가 주장했던 0은 아니다. 이것은 오일러가 알아내야 할 숙제였다.

이 숙제는 오일러가 이 전에 한 연구결과를 이용하면 쉽게 해결된다. 간단히 $e^{i\pi} = -1$의 양변에 로그를 취하면, $\ln(-1) = \ln(e^{i\pi}) = i\pi$이다. 그러므로 음수의 로그 값은 $x > 0$에 대해서 $\ln(-x) = \ln x + \ln(-1) = \ln x + i\pi$로 자연스럽게 결정된다. 또 한 번 복소수가 놀라운 곳에서 등장하는 것을 확인한다.

오일러는 여기서 더 나아간다. 0이 아닌 수는 **얼마나 많은** (복소수) 로그 값을 가질지 궁금해했다. 자주 쓰는 식에서 $y = \ln x$로 두면

$$x = e^y = \left(1 + \frac{y}{n}\right)^n$$

이고, 이때 n은 무한히 큰 수이다. 오일러는 무한한 차수를 갖는 위의 식을 만족하는 y의 값들이 나오는 개수만큼 x도 많을 것이라고 생각했다.

이차방정식 $(1 + y/2)^2 = x$는 두 개의 근을 갖고, 삼차방정식 $(1 + y/3)^3 = x$는 세 개의 근을 갖는다. 그렇다면 무한히 큰 n에 대해서 $(1 + y/n)^n = x$를 만족하는 y도 무한히 많을 것이다. 정리하면 0이 아닌 실수는 무한히 많은 로그 값을 갖는다고 오일러는 주장했다.

이 주장은 매우 논란이 되어서 오일러의 연구 결과를 가장 신봉하는 수학자들조차도 다 납득하기 어려웠다. 그러나 오일러는 곧 무한히 많은 로그 값을 구하는 방법을 명확하게 밝혀서 이 논란을 잠재웠다.[124]

0이 아닌 복소수 $a + bi \neq 0$에 대해서 $c = \sqrt{a^2 + b^2}$라고 하고, $\sin\theta = b/c$가 되도록 θ를 정한다. 그러면 $k = 0, 1, 2, \ldots$ 에 대해서,

$$\ln(a + bi) = \ln c + i(\theta \pm 2\pi k)$$

라고 했다. 증명은 간단히 우변의 지수값을 취해서 오일러의 항등식을 적용하면 된다.

$$e^{\ln c + i(\theta \pm 2\pi k)} = e^{\ln c} \times e^{i(\theta \pm 2\pi k)} = c[\cos(\theta \pm 2\pi k) + i\sin(\theta \pm 2\pi k)]$$

$$= c[\cos\theta + i\sin\theta] = c\left[\frac{a}{c} + i\frac{b}{c}\right] = a + bi$$

분명히 또 하나의 위대한 결과였다. 요한 베르누이와 라이프니츠의 논쟁을 바로 잡았을 뿐만 아니라 복소수의 로그 값을 정의하는 명확한 방법을 찾은 것이다.

이제 이 연구로부터 나온 또 다른 놀라운 아이디어를 소개하며 이 장을 마치려 한다. 이것은 오일러가 1746년 6월 골드바흐Christian Goldbach에게 보낸 편지에서 언급했던 것이다. 다소 터무니없는 도전으로 바로 i^i의 값을 찾는 것이다.[125] 오일러가 표현했던 그대로 쓰면 $\sqrt{-1}^{\sqrt{-1}}$이다. 누가 감히 허수의 허수제곱을 계산할 수 있을까?

물론 오일러가 해결했다. 그것도 하나가 아닌 무한히 많은 값을 찾아냈다. $z = i^i$라고 두고 양변에 로그를 취하면 $\ln z = i \ln i$이다. $i = 0 + 1 \cdot i$의 로그 값은 앞에서 했던 대로

$$\ln \sqrt{1} + i\left(\frac{\pi}{2} \pm 2\pi k\right) = i\left(\frac{\pi}{2} \pm 2\pi k\right)$$

이므로, $\ln z = i \ln i = -\pi/2 \pm 2\pi k$이다. 그러므로

$$i^i = z = e^{\ln z} = e^{-\pi/2} \times e^{\pm 2\pi k}$$

이다. 이 결과는 오일러의 말을 따르면 "실수 값이고 무한히 많은 다른 값들이라서 그저 놀라울 따름이다."[126] 특별히 $k = 0$이면

$$i^i = e^{-\pi/2} = \frac{1}{\sqrt{e^\pi}} \approx 0.20787958$$

이다. "이것은 매우 특별해 보인다"라고 골드바흐에게 말했다. 이런 결과를 두고 논쟁할 사람은 없을 것이다.

복소수는 이렇게 해서 무대 위에 완전하게 올라왔다. 삼차방정식을 풀기 위해 겨우 이해되던 개념이 오일러에 의해서 재해석되고 중요하게 쓰이기 시작했다. 오일러는 복소수를 당황하거나 유감스러워하지 않고 실수처럼 숫자로 받아들이고 복소수의 제곱근, 로그 값, 사인과 코사인

값을 계산했다. 그 과정에 복소수는 귀중한 쓰임새를 공인받았다.

그리고 횃불은 다음 세대의 천재들에게 넘어간다. 19세기는 가우스Gauss, 코시Cauchy, 1789-1857, 리만Riemann, 바이어슈트라스Weierstrass, 1815-1897가 나타났고, 그들은 각각 앞선 세대의 한계를 놀랍게 뛰어넘었다. 오일러가 견고하게 지은 기초 위에서 이후의 100년은 진실로 복소함수의 세기라고 불릴 만했다.

많은 위대한 선구자들처럼 오일러도 미지의 세계에서 다른 이들을 위해 길을 인도했던 것이다.

제 6 장
오일러와 대수학

대수학은 말하자면 방정식의 해를 구하는 것에서 시작되었다. 초기 역사는 고전의 시대인 그리스와 로마로 거슬러 올라가지만 최초로 대수학이 번성한 것은 9세기 이슬람 수학자들에 의한 것으로 기록된다. 약 825년경 알 콰리즈미 Muhammad ibn-Musa al-Khowârizmî는 일차방정식과 이차방정식에 대한 논문을 썼다. 이 논문은 당시의 동료들뿐만 아니라 6세기 후 재발견되어 르네상스 시대의 학자들에게 영향을 미쳤다. 알 콰리즈미의 문서는 시대를 통틀어 유클리드의 《원론》, 오일러의 《무한 해석학 입문》과 더불어 가장 중요한 수학책으로 나란히 자리잡고 있다.

우리는 앞 장에서 16세기 대수학에 열정을 보였던 이탈리아 수학자들을 보았다. 역사에는 델 페로 Scipione del Ferro, 카르다노 Girolamo Cardano, 봄벨리 Rafael Bombelli와 같은 이름들이 알려져 있다. 그러나 이러한 이탈리아 대수학자들의 결과에는 기호가 없었다. 표기법이 부족했기 때문에 그들은 방정식을 푸는 과정을 언어로 난해하게 표현하였다. 그래서 우리의 눈에는 거의 이해가 불가능한 과정으로 보인다. 1591년 비에트 François Viète, 1540–1603가 《해석학의 정석 The Analytic Art》을 출판한 이후에야 대수적 기호가 등장하였다.

대수학도 수학의 여러 분야와 마찬가지로 17세기에 눈에 띄는 성장을 했다. 예를 들어 1639년 데카르트의 《기하학 Géométrie》은 현대적인 형태로 쓰인 방정식을 포함하고 있다. 한 세기 후에 오일러가 등장할 무렵에는 대수적 기호들은 이미 수학의 일부가 되었다. 탁월한 해설자인 오일러가 이 주제에 대해서 교과서 《대수학 원론 Elements of Algebra》을 쓴 것은 놀라운 일이 아니다. 오일러는 "알려진 것들에 의해 알 수 없는 양을 결정하는 방법을 알려주는 과학"으로 대수학을 간결하게 정의하였다.[127]

알 콰리즈미, 카르다노, 비에트, 오일러는 기초 대수학을 만든 수학자들이다. 이는 그들이 만족스럽게 모든 문제를 해결했다는 말은 아니다. 오일러의 시대에는 대수적으로 중요한 두 가지 문제가 미해결로 남아 있었는데 모두 이 장에서 살펴볼 것이다. 임의의 차수의 방정식을 풀이하는 것과 오늘날 우리가 존경심을 담아 **대수학의 기본 정리**라고 부르는 것이다.

오일러는 완전히 풀어내지는 못했지만 두 가지 모두에 기여하였다. 여러 다른 이유를 들어서 오일러가 각각의 경우에 "실패"하였다고 말하는 사람도 있을 것이다. 그러나 오일러의 연구는 대단히 기발하였고, 오일러의 통찰력은 예리하였기에 마땅히 관심을 둘 가치가 있다.

프롤로그

5장에서는 델 페로와 카르다노의 업적으로 삼차방정식의 대수적 해를 유도한 것과 간접적으로 연관된 복소수를 다루었음을 살펴봤다. 그러나 이탈리아의 대수학자들은 거기에서 멈추지 않았다. 1540년경 카르다노의 친구이자 제자였던 페라리 Lodovico Ferrari, 1522–1565는 사차방정식의 근의 공식을 유도하였다. 페라리의 풀이는 《위대한 산술 Ars Magna》의 39장에서 최초로 발견되는데 여기서 카르다노는 페라리에게 그 공로를 돌리고 있다. 물론 풀이는 전적으로 기호가 없는 언어의 형태로 되어 있어서 과정이 복잡하여 쉽게 읽히지는 않는다. 그러나 데카르트나 뉴턴과 같은 다음 세기의 수학자들은 사차방정식을 풀이할 때 대수적 기호를 사용하는 혜택을 누렸다.[128]

오일러 시대에 이르러 이러한 공식들의 발견은 이미 200여 년 전 것이 되었다. 그러나 오일러의 긴 수학자로서의 여정 속에서 거듭해서 확인되듯이 오일러는 익숙한 목적지일지라도 그곳에 이르는 새로운 길을 찾았다. 그의 저서 《대수학 원론》에서 이전의 것과는 "완전히 다른" 사차방정식의 풀이법을 보여준다.[129] 오일러의 대수학적 견해를 이해하기 위해 우리는 이전의 복잡한 방정식의 풀이 대신 오일러의 풀이 방법을 자세히 살펴보려 한다.

일반적인 사차방정식 $Ay^4 + By^3 + Cy^2 + Dy + E = 0$을 생각해보자. 오일러는 "반드시 두 번째 항을 소거하는 것으로 시작해야 한다"고 했다. 이것은 일반적인 사차방정식을 삼차항이 없는 사차방정으로 변환할 수 있음을 의미한다. 양변을 A로 나누고 $y = x - B/4A$로 치환한 후 동류항끼리 묶어 정리하면 된다. 오일러의 표기법대로 $x^4 - ax^2 - bx - c = 0$과 같은 형태의 사차방정식을 얻는다. 이것은 소위 말해 "간소화된 사차방정식"으로 앞 장에서 보았던 간소화된 삼차방정식에 대응된다.

이제 오일러는 간소화된 사차식의 해를

$$x = \sqrt{p} + \sqrt{q} + \sqrt{r} \tag{6.1}$$

라고 가정하였다. 여기서 미지수 p, q, r는 반드시 a, b, c에 의하여 결정된다.

이를 위하여 오일러는 (6.1)을 제곱한 후 간단히 하여

$$x^2 - (p+q+r) = 2\left(\sqrt{pq} + \sqrt{pr} + \sqrt{qr}\right)$$

를 얻었다. 다시 양변을 제곱하면 아래와 같다.

$$\begin{aligned}
x^4 &- 2(p+q+r)x^2 + (p+q+r)^2 \\
&= 4(pq+pr+qr) + 8\left(\sqrt{p^2qr} + \sqrt{pq^2r} + \sqrt{pqr^2}\right) \\
&= 4(pq+pr+qr) + 8\sqrt{pqr}\left(\sqrt{p} + \sqrt{q} + \sqrt{r}\right) \\
&= 4(pq+pr+qr) + 8\sqrt{pqr}\,x
\end{aligned} \quad (6.2)$$

다음으로 오일러는 보조 변수

$$f = p+q+r, \quad g = pq+pr+qr, \quad h = pqr \quad (6.3)$$

를 도입하였다. 이를 이용하여 수식 (6.2)을 다시 쓰면 $x^4 - 2fx^2 - 8\sqrt{h}x - (4g - f^2) = 0$이 된다. 이것을 원래의 간소화된 사차방정식 $x^4 - ax^2 - bx - c = 0$과 비교하면 다음을 알 수 있다.

(a) $2f = a$이므로 $f = a/2$이다.

(b) $8\sqrt{h} = b$이므로 $h = b^2/64$이다.

(c) $4g - f^2 = c$이므로 $g = (4c + a^2)/16$이다.

이러한 방법으로 오일러는 간소화된 사차방정식의 계수와 보조 변수 f, g, h 사이의 관계식을 찾았다. 물론 그의 진짜 목적은 이러한 계수와 p, q, r의 관계를 찾는 것이고, 비밀은 방정식 (6.3)에 숨어 있다.

다시 말하자면 오일러가 알고 있었던 것은 p, q, r가 다음 방정식의 근이라는 것이다.

$$\begin{aligned}
0 &= (z-p)(z-q)(z-r) \\
&= z^3 - (p+q+r)z^2 + (pq+pr+qr)z - pqr \\
&= z^3 - fz^2 + gz - h
\end{aligned} \quad (6.4)$$

그리고 여기에 퍼즐의 열쇠가 있다. 주어진 값 a, b, c에서 f, g, h를 찾는다. 여기에서 카르다노의 공식을 써서 $z = p$, $z = q$, $z = r$가 해가 되는 삼차방정식 $z^3 - fz^2 + gz - h = 0$을 만든다. 그러므로 간소화된 사차방정식의 해는 $x = \sqrt{p} + \sqrt{q} + \sqrt{r}$이고, 간소화하지 않은 원래의 방정식의 해는 $y = x - B/4A$이다.

이 과정을 구체적으로 이해하기 위해 오일러가 예로 들었던 사차방정식 문제 $y^4 - 8y^3 + 14y^2 + 4y - 8 = 0$을 풀어보자.

첫 번째 과정은 $y = x - \frac{-8}{4} = x + 2$로 치환하여 식을 간소화하는 것이다. 치환을 하면 사차방정식은 $x^4 - 10x^2 - 4x + 8 = 0$이 된다. 그 다음은

$$f = \frac{a}{2} = \frac{10}{2} = 5$$

$$g = \frac{4c + a^2}{16} = \frac{4(-8) + 100}{16} = \frac{17}{4}$$

$$h = \frac{b^2}{64} = \frac{4^2}{64} = \frac{1}{4}$$

를 계산한다. 따라서 p, q, r는 보조 **삼차방정식** $z^3 - 5z^2 + \frac{17}{4}z - \frac{1}{4} = 0$의 근이다.

식이 다루기 어렵기 때문에 오일러는 $z = u/2$로 치환해서 아래와 같은 간단한 식을 얻었다.

$$u^3 - 10u^2 + 17u - 2 = 0$$

이론적으로 이 방정식은 카르다노의 공식을 이용하여 풀 수도 있지만, (교재 집필자에게만 따르는 커다란 행운이 있었기에) 오일러는 금방 $u = 2$가 근이라는 것을 깨달았다. 이를 이용하여 인수분해를 하면

$$0 = u^3 - 10u^2 + 17u - 2 = (u - 2)(u^2 - 8u + 1)$$

이고, 그러므로 보조 삼차방정식의 해는 $u = 2$, $u = 4 + \sqrt{15}$, $u = 4 - \sqrt{15}$이다.

이제 이 모든 것을 정리해서 근을 구하자.

첫째, $z = u/2$이기 때문에 z에 대한 보조 삼차방정식의 해는 $p = 1$, $q = (4 + \sqrt{15})/2$, $r = (4 - \sqrt{15})/2$이고, 이로부터 다음을 얻는다.

$$\sqrt{p} = \pm 1, \quad \sqrt{q} = \pm \frac{1}{2}\sqrt{8 + 2\sqrt{15}}, \quad \sqrt{r} = \pm \frac{1}{2}\sqrt{8 - 2\sqrt{15}}$$

예리한 오일러는 여기서 $8 + 2\sqrt{15}$는 $(\sqrt{5} + \sqrt{3})(\sqrt{5} + \sqrt{3})$으로 쓸 수 있고, 따라서 $\sqrt{8 + 2\sqrt{15}} = \sqrt{5} + \sqrt{3}$이라는 것을 알았다. 비슷한 방법으로 $\sqrt{8 - 2\sqrt{15}} = \sqrt{5} - \sqrt{3}$이다. 조금 더 간단히 하면

$$\sqrt{p} = \pm 1, \quad \sqrt{q} = \pm \frac{\sqrt{5} + \sqrt{3}}{2}, \quad \sqrt{r} = \pm \frac{\sqrt{5} - \sqrt{3}}{2}$$

을 얻는다.

이제 오일러는 $b/8 = \sqrt{h} = \sqrt{pqr} = \sqrt{p} \times \sqrt{q} \times \sqrt{r}$를 주시하였다. 이 예제에서 $b = 4 > 0$이기 때문에 세 개의 제곱근의 곱은 양의 부호를 가진다. 따라서 간소화된 사차방정식은 다음의 네 개의 해를 가진다.

$$x_1 = \sqrt{p} + \sqrt{q} + \sqrt{r} = 1 + \frac{\sqrt{5} + \sqrt{3}}{2} + \frac{\sqrt{5} - \sqrt{3}}{2} = 1 + \sqrt{5}$$

$$x_2 = \sqrt{p} - \sqrt{q} - \sqrt{r} = 1 - \frac{\sqrt{5} + \sqrt{3}}{2} - \frac{\sqrt{5} - \sqrt{3}}{2} = 1 - \sqrt{5}$$

$$x_3 = -\sqrt{p} + \sqrt{q} - \sqrt{r} = -1 + \frac{\sqrt{5} + \sqrt{3}}{2} - \frac{\sqrt{5} - \sqrt{3}}{2} = -1 + \sqrt{3}$$

$$x_4 = -\sqrt{p} - \sqrt{q} + \sqrt{r} = -1 - \frac{\sqrt{5} + \sqrt{3}}{2} + \frac{\sqrt{5} - \sqrt{3}}{2} = -1 - \sqrt{3}$$

정말 마지막(!) 단계로 원래의 사차방정식 $y^4 - 8y^3 + 14y^2 + 4y - 8 = 0$의 해는 관계식 $y = x + 2$로부터 $y = 3 \pm \sqrt{5}$, $y = 1 \pm \sqrt{3}$이다. 당연히 이 모든 것이 방정식의 해가 되는지 직접 대입해서 확인해 볼 수 있다.

풀이 과정의 길이와는 별개로 사차방정식을 푸는 것은 **삼차방정식을 푸는 것**에 달려 있다는 것에 주목하자. 이것은 5장에서 확인했듯이, 삼차방정식을 풀 때 관련된 **이차방정식**의 해가 필요하다는 것을 상기시킨다.

제 6 장 오일러와 대수학

따라서 왠지 오차방정식도 이와 비슷한 방법으로 풀 수 있을 것 같다. 우선 간소화된 오차방정식으로 변환하고 관련된 사차방정식의 해로 주어지는 보조 변수를 도입하여 방금 본 방법으로 사차방정식의 해를 구하고 다시 관계식들을 거꾸로 추적해서 주어진 오차방정식의 해를 구할 수 있을 것 같다.

하지만 오일러는 이러한 방향으로 전개하지 않았다. 오히려 사차방정식을 다루는 것으로 오차방정식의 해를 유도할 수 없다는 것을 다음의 말로 설명하였다.

> 이것은 이제껏 우리가 맞닥뜨렸던 대수적 방정식 중에서 가장 어렵다. 오차방정식이나 그 이상의 고차방정식을 이전과 같이 차수를 줄여서 풀어 내려는 모든 시도가 성공하지 못했다. 그래서 오차 이상의 방정식의 해를 구하는 일반적인 방법을 제시할 수가 없다.[130]

솔직히 말하자면 오일러는 진퇴양난에 빠져 있었다. 오일러는 오차방정식을 푸는 최초의 수학자가 되기를 열망했을지도 모르고, 단순히 대수적으로 조금 복잡하다는 것이 오일러를 막을 수 없었을지도 모른다. 그러나 오일러는 빈손이었다. 이 장의 도입부에서 언급했듯이 일반적인 방정식을 푸는 문제는 오일러 시대에 해결하지 못한 대수학에서 가장 큰 문제였다. 에필로그에서 이에 관해 다시 언급할 것이다.

다음으로 대수학의 기본 정리에 대해서는 오일러가 할 말이 조금 더 있었다. 18세기에 이 연구는 궁극적으로 실계수 다항식을 인수분해하는 것으로 이해되었다. 부언하자면 당시 수학자들은 모든 실계수 다항식은 일차식 또는 이차식의 인수들의 곱으로 표현할 수 있다고 추측하였다. 예를 들어 다음의 인수분해를 살펴보자.

$$3x^5 + 5x^4 + 10x^3 + 20x^2 - 8x = x(3x-1)(x+2)(x^2+4)$$

여기서 오차식은 세 개의 일차식과 한 개의 이차식의 곱으로 분해되어 있고, 눈 앞에 놓여 있는 모든 다항식은 실계수 다항식이다. 추측이 주장하는 것은 모든 실계수 다항식은 다항식의 차수와 상관없이 이러한 인수분해가 존재한다는 것이다. 여기서 우리는 이 추측이 순전히 인수분해의 존재성에 관한 명제였다는 것을 강조한다. 이 추측은 다양한 인수를 어떻게 찾는지에 대해서는 전혀 이야기하지 않는다.

조금 앞서 나가면 복소수 범위에서는 기약인 이차식이 일차식의 곱으로 분해된다. 앞의 예를 다시 들면

$$3x^5 + 5x^4 + 10x^3 + 20x^2 - 8x = x(3x-1)(x+2)(x-2i)(x+2i)$$

와 같이 인수분해할 수 있다는 것이다. 어떻게든 인수분해할 수 있다고 할 때, 실계수 오차다항식이 다섯 개의 복소계수 **일차식**의 곱으로 인수분해 되었다는 의미에서 인수분해가 "완료"되었다고 할 수 있다. 현재 우리가 이해하고 있는 대수학의 기본 정리는 n차 다항식을 n개의 일차식으로 인수분해할 수 있다는 것이다.

앞 세대의 수학자들이 이 추측을 그럴듯하게 받아들였던 충분한 이유가 있었다. 예를 들어, 5장의 복소근에 대한 오일러의 연구를 기억해보자. 방정식 $x^n - 1 = 0$은 n개의 복소근을 가진다. 이 복소근들은 단원 1의 n제곱근들로 다음과 같다.

$$\omega_k = \cos\frac{2\pi k}{n} + i\sin\frac{2\pi k}{n}, \quad k = 0, 1, 2, \ldots, n-1$$

따라서 $x^n - 1$은 다음과 같이 n개의 복소계수 일차식 인수로 분해된다.

$$x^n - 1 = (x - \omega_0)(x - \omega_1)(x - \omega_2) \cdots (x - \omega_{n-1})$$

비록 $x^n - 1$이 매우 특별한 n차 다항식의 예라고 해도 더 복잡한 다항식도 이와 비슷하게 인수분해할 수 있을지도 모른다.

제 6 장 오일러와 대수학

다른 한편에는 회의론자들도 있었다. 라이프니츠 같은 저명한 수학자도 모든 실계수 다항식이 실계수 일차식 그리고/또는 이차식으로 인수분해할 수 있다는 것을 의심하였다.[131] 게다가 니콜라스 베르누이Nicolaus Bernoulli, 1687-1759는 일차식이나 이차식으로 인수분해되지 않는 반례로 $x^4 - 4x^3 + 2x^2 + 4x + 4$를 찾았다고 주장하였다. 만일 베르누이가 옳았다면 이 게임은 끝난 것이고, 대수학의 기본 "정리"는 분명히 사실이 아닌 것으로 판명나서 현재 존재하지 않았을 것이다.

오일러는 베르누이가 틀렸다는 것을 증명함으로써 이 추측을 옹호하였다. 오일러가 1742년의 골드바흐Christian Goldbach에게 보낸 편지를 보면 (이 기간에 오일러는 한 문장 안에서 독일어와 라틴어를 섞어 쓰는 곤혹스러운 취미가 있었는데) 인수분해가 불가능할 것으로 보이는 베르누이의 사차식을 두 개의 이차식

$$x^2 - \left(2 + \sqrt{4 + 2\sqrt{7}}\right)x + \left(1 + \sqrt{4 + 2\sqrt{7}} + \sqrt{7}\right)$$

과

$$x^2 - \left(2 - \sqrt{4 + 2\sqrt{7}}\right)x + \left(1 - \sqrt{4 + 2\sqrt{7}} + \sqrt{7}\right)$$

의 곱으로 분해하였다.[132]

이 인수분해는 기적과 터무니없는 것 사이 어디쯤에 있다. 심지어 여러 군데 잘못 인쇄된 것처럼 보이지만 완벽하게 옳은 인수분해이다. 계산에 취미가 있는 사람은 복잡한 이중근호가 우글거리는 두 개의 인수를 곱하여 베르누이의 사차식을 얻을 수 있다. 이보다 가늠이 어려운 것은 오일러가 **어떻게** 이러한 인수분해를 찾았냐는 것이다. (도움말. 그냥 어림짐작한 것은 아니었다.)

반례가 있다는 소문은 사실이 아니었고 그 추측은 여전히 가능성을 안고 살아 남았다. 이 추측을 열렬히 지지했던 이는 달랑베르Jean d'Alembert,

1717-1783였다. 1746년 달랑베르는 이 추측의 증명을 시도하였다.[133] 달랑베르에게 이 정리는 두 가지 면에서 중요한 의미가 있었는데, 대수학의 기본적인 문제일 뿐만 아니라 미적분학의 중요한 문제를 해결하는 것과 관련이 있었기 때문이다.

후자에 대한 예로 다음의 부정적분을 생각해보자.

$$\int \frac{34x^4 + 6x^3 + 89x^2 + 26x - 16}{3x^5 + 5x^4 + 10x^3 + 20x^2 - 8x} dx$$

말할 것도 없이 이 적분은 어떠한 적분표에도 등장하지 않는다. 실제로 특별한 기호들을 처리하도록 고안된 컴퓨터 프로그램을 이용해도 계산이 많이 필요하다 (물론 18세기 수학자들에게 주어져 있지 않은 방법이었다).

그러나 앞에서 언급한 바와 같이 피적분 함수의 분모는 인수분해할 수 있어서

$$\int \frac{34x^4 + 6x^3 + 89x^2 + 26x - 16}{x(3x - 1)(x + 2)(x^2 + 4)} dx$$

가 된다. 그 다음으로 부분분수로 분해하면 아래와 같이 초등함수를 적분하는 형태가 된다.

$$\int \frac{34x^4 + 6x^3 + 89x^2 + 26x - 16}{x(3x - 1)(x + 2)(x^2 + 4)} dx$$

$$= \int \frac{2}{x} dx + \int \frac{1}{3x - 1} dx + \int \frac{7}{x + 2} dx + \int \frac{2x - 3}{x^2 + 4} dx$$

$$= 2\ln|x| + \frac{1}{3}\ln|3x - 1| + 7\ln|x + 2|$$

$$+ \ln(x^2 + 4) - \frac{3}{2}\tan^{-1}(x/2) + C$$

자명하지는 않지만 이것은 다음 함수의 역도함수라는 것을 확인할 수

있다.
$$\frac{34x^4 + 6x^3 + 89x^2 + 26x - 16}{3x^5 + 5x^4 + 10x^3 + 20x^2 - 8x}$$

대수학의 기본 정리가 증명되었다면 실계수 다항식 $P(x)$와 $Q(x)$로 이루어진 임의의 유리함수 $P(x)/Q(x)$에 대하여 부정적분 $\int (P(x)/Q(x))\,dx$가 매우 간단한 함수의 조합으로 **존재했을** 것이다. 우리가 해야 할 일은 유리함수를 표현할 때 분자의 차수가 분모 $Q(x)$의 차수보다 작아지도록 긴 나눗셈을 수행하고, 그리고 $Q(x)$를 실계수 일차식 그리고/또는 이차식의 곱으로 분해하여 방금 위의 예에서 본 것처럼 부분분수를 이용하여 아래와 같이 형태의 적분들로 나눈다.

$$\int \frac{A}{(ax+b)^n}\,dx \quad \text{그리고/또는} \quad \int \frac{Bx+C}{(ax^2+bx+c)^n}\,dx$$

마지막으로 각각의 적분을 자연로그, 아크탄젠트함수 또는 삼각함수를 이용한 치환 같이 복잡하지 않은 여러 가지 방법을 이용하여 계산하면 된다. 오일러는 이를 대수학의 기본 정리의 "아름답고 중요한 응용"이라고 적절하게 평가했다.[134]

앞서 이미 언급했지만 대수학의 기본 정리는 분모의 인수를 찾는 알고리즘을 주지는 않는다. 그러나 인수분해의 **존재성**을 보장하기 때문에 임의의 유리함수의 간단한 역도함수의 **존재성**도 보장할 것이다.

유감스럽게도 정리를 증명하려고 시도했던 달랑베르는 성공하지 못했다. 단순히 그가 극복하기에는 너무 어려운 문제였기 때문이다.[135] 결국 1746년에도 대수학의 기본정리는 추측으로 남아 있었다. 수학자들은 대수학적으로 그리고 해석학적으로도 매우 중요한 정리와 마주하고 있었지만 확실히 사실인지는 모르고 있었다. 누군가 앞으로 나와 증명을 시도해야만 했다.

오일러 등장

오일러는 그 추측이 참이라고 믿었다. 이미 1742년에 오일러는 골드바흐에게 "모든 $a_0 + a_1x + a_2x^2 + a_3x^3 + a_4x^4 + \cdots + a_nx^n$ 과 같은 다항식은 간단한 실계수 일차식들 $p + qx$ 또는 실계수 이차식들 $p + qx + rx^2$ 의 곱으로 표현될 수 있다"라고 주장하였다.[136] 후에 오일러는 《무한 해석학 입문》에서 "만일 모든 다항식이 실계수 일차식 또는 실계수 이차식의 곱으로 표현할 수 있다는 사실에 의심이 남아 있었다면 지금쯤 그 의심은 거의 완전하게 없어졌을 것이다."라고 남겼다.[137]

물론 "거의 완전하게 없어진 것"은 "증명된 것"과는 다르다. 1749년 오일러는 일반적인 경우에 대한 그의 증명을 우리가 5장에서 보았던 논문 《복소수 변수를 갖는 식에 관한 연구 Recherches sur les racines imaginaires des équations》에 실었다. 그러나 도입부에서 미리 말한 대로 오일러는 대수학의 기본 정리를 증명하지 못했다. 앞으로 보게 되겠지만 오일러의 논리에는 결점이 있었다. 그렇다고 해도 거장의 손길을 인정하지 않을 수는 없다.

오일러는 일반적인 다항식을 직접적으로 공략하지 않고 간단한 경우에서 시작하여 더 복잡한 경우로 확장시켜 나갔다 (거의 언제나 현명한 방법이다). 우선 오일러는 사차식에서 시작했다.[138]

정리 임의의 실계수 사차다항식 $x^4 + Ax^3 + Bx^2 + Cx + D$는 두 개의 실계수 이차식으로 인수분해할 수 있다.

증명 오일러는 늘 하던 대로 간소화된 사차식을 얻기 위하여 우선 $x = y - A/4$로 치환하였다. 복잡한 원래의 사차식을 인수분해하는 것보다 간소화된 사차식을 인수분해하는 것이 쉽다. 그리고 역치환 $y = x + A/4$를 이용하여 다시 원래 주어진 사차식의 인수분해를 얻을 것이다.

따라서 B, C, D가 실수인 다항식 $x^4 + Bx^2 + Cx + D$을 고려하면 충분하다. 이제 가능한 두 가지 경우가 있다.

경우 1. $C = 0$.

이 경우 사차식 $x^4 + Bx^2 + D$은 x^2에 관한 이차식이고, 다시 두 가지 경우로 나뉜다.

첫째, $B^2 - 4D \geq 0$이라면 이차방정식의 근의 공식을 적용하여 다음의 두 개의 **실계수** 이차식 인수로 분해할 수 있다.

$$x^4 + Bx^2 + D$$
$$= \left[x^2 + \frac{B - \sqrt{B^2 - 4D}}{2} \right] \left[x^2 + \frac{B + \sqrt{B^2 - 4D}}{2} \right]$$

예를 들면, $x^4 + x^2 - 12 = (x^2 - 3)(x^2 + 4)$이다.

둘째, $B^2 - 4D < 0$인 경우다. $\sqrt{B^2 - 4D}$를 포함한 인수가 실수가 아니므로 앞의 경우처럼 $x^4 + Bx^2 + D$을 인수분해할 수 없다. 하지만 사차식을 제곱식들의 차로 다시 쓸 수 있기 때문에 다음과 같이 인수분해할 수 있다.

$$x^4 + Bx^2 + D$$
$$= \left[x^2 + \sqrt{D} \right]^2 - \left[x\sqrt{2\sqrt{D} - B} \right]^2$$
$$= \left[x^2 + \sqrt{D} - x\sqrt{2\sqrt{D} - B} \right] \left[x^2 + \sqrt{D} + x\sqrt{2\sqrt{D} - B} \right]$$

이 경우 몇 가지 부연 설명을 해야 한다. 우선, 조건 $B^2 - 4D < 0$로부터 $4D > B^2 \geq 0$를 얻고, 따라서 위 인수분해 안의 $\sqrt{D}$는 실수이다. 마찬가지로 $4D > B^2$로부터 $2\sqrt{D} > |B| \geq B$를 얻고, 따라서 $\sqrt{2\sqrt{D} - B}$ 또한 실수이다. 요약하자면 위 식의 두 개의 인수는 실계수

이차식이다.

예를 들어 다항식 $x^4 + x^2 + 4$를 인수분해할 때 $B^2 - 4D = -15 < 0$ 이므로 앞의 방법대로 인수분해하면

$$x^4 + x^2 + 4 = \left[x^2 - x\sqrt{3} + 2\right]\left[x^2 + x\sqrt{3} + 2\right]$$

이다.

경우 2. $C \neq 0$.

이 경우는 더 어렵다. 오일러는 임의의 간소화된 사차식이 이차식 인수의 곱으로 표현되다면 반드시 다음의 모양이 될 것이라고 생각했다.

$$x^4 + Bx^2 + Cx + D = (x^2 + ux + \alpha)(x^2 - ux + \beta) \quad (6.5)$$

여기서 u, α, β는 실수들로 구체적으로 찾아야 한다. 삼차항이 없기 때문에 첫 번째 인수 안의 "ux"는 두 번째 인수 안에서의 "$-ux$"와 반드시 상쇄되어야 한다.

오일러는 (6.5)의 우변을 전개하여

$$x^4 + Bx^2 + Cx + D = x^4 + (\alpha + \beta - u^2)x^2 + (\beta u - \alpha u)x + \alpha\beta$$

를 얻었고, 동차식끼리 비교하여 다음의 관계식 세 개를 얻었다.

$$B = \alpha + \beta - u^2, \quad C = \beta u - \alpha u = (\beta - \alpha)u, \quad D = \alpha\beta$$

기억해야 할 것은 B, C, D는 간소화된 사차식의 계수로 이미 주어진 것이다. 반면에 u, α, β는 아직 알려지지 않은 실수들로 오일러가 이들의 존재한다는 것을 증명해야 했다.

오일러는 첫 번째와 두 번째 관계식으로부터 다음을 얻었다.

$$\alpha + \beta = B + u^2, \quad \beta - \alpha = \frac{C}{u}$$

여기서 중요한 점은 $0 \neq C = (\beta - \alpha)u$이므로 u는 0이 아니어서 위 식에서 분모가 0이 되는 불상사는 없다.

오일러는 이 두 식을 서로 더하고 빼서 다음을 얻었다.

$$2\beta = B + u^2 + \frac{C}{u}, \quad 2\alpha = B + u^2 - \frac{C}{u} \tag{6.6}$$

한편 $D = \alpha\beta$ 이므로

$$4D = 4\alpha\beta = (2\beta)(2\alpha)$$
$$= \left(B + u^2 + \frac{C}{u}\right)\left(B + u^2 - \frac{C}{u}\right) = u^4 + 2Bu^2 + B^2 - \frac{C^2}{u^2}$$

이다. 마지막으로 양변에 u^2을 곱하여 간단히 하여 다음을 얻었다.

$$u^6 + 2Bu^4 + (B^2 - 4D)u^2 - C^2 = 0 \tag{6.7}$$

오일러는 x에 대한 사차식을 u에 대한 6차식으로 바꾼 셈이니 상황을 악화시킨 것처럼 보인다. 틀림없이 (6.7)은 u^2에 대한 삼차방정식이고, 모든 삼차방정식은 실수해를 가지므로 (6.7)을 만족하는 실수 u^2이 존재한다고 할 수 있다. 그러나 잠깐 생각해보면 이것은 (예를 들어 $u^2 = -1$ 이라면) 실수해 u가 존재한다는 것이 보장되지 않는다. 이것이 오일러가 진짜 해결해야 할 것이었다.

오일러는 좌절하지 않고 (6.7)의 네 가지 결정적인 성질을 최대한 활용하였다.

(a) B, C, D가 주어졌을 때 모르는 것은 오직 u이다.

(b) B, C, D는 실수이다.

(c) 위의 다항식은 우함수이고, 따라서 이것의 그래프는 y축 대칭이다.

(d) 6차다항식의 상수항 $-C^2$은 음수이다.

따라서 오일러가 만든 u에 대한 실계수 6차다항식의 그래프는 대략 그림 6.1에서 보는 것과 같다. C가 영이 아닌 실수이기 때문에 그래프는

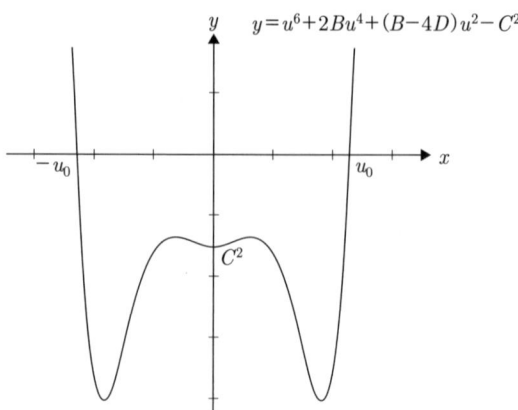

그림 6.1. 실계수 6차다항식의 그래프

음의 y-절편 $(0, -C^2)$을 가진다. u가 양의 무한대나 음의 무한대로 점점 커지거나 작아질 때 그래프는 $+\infty$ 방향으로 향한다. 다항식의 연속성과 오일러가 직관적으로 당연하게 받아들인 중간값 정리에 의하여 위의 6차식의 실수해 $u_0 > 0$와 $-u_0 < 0$의 **존재**를 증명하였다.

양의 해 u_0을 이용하여 오일러는 (6.6) 안의 β와 α에 대하여 해를 구하면, 실수해

$$\beta_0 = \frac{1}{2}\left(B + u_0^2 + \frac{C}{u_0}\right) \text{와} \quad \alpha_0 = \frac{1}{2}\left(B + u_0^2 - \frac{C}{u_0}\right)$$

를 얻었다. $u_0 > 0$이기 때문에 이러한 분수식은 잘 정의된다.

요약하자면 오일러는 $C \neq 0$일 때 다음을 만족하는 실수 u_0, α_0, β_0 가 존재함을 증명하였다.

$$x^4 + Bx^2 + Cx + D = (x^2 + u_0 x + \alpha_0)(x^2 - u_0 x + \beta_0)$$

따라서 오일러는 C가 0인지 아닌지 상관없이 임의의 간소화된 실계수 사차방정식은 (따라서 임의의 실계수 사차 방정식도) 두 개의 실계수

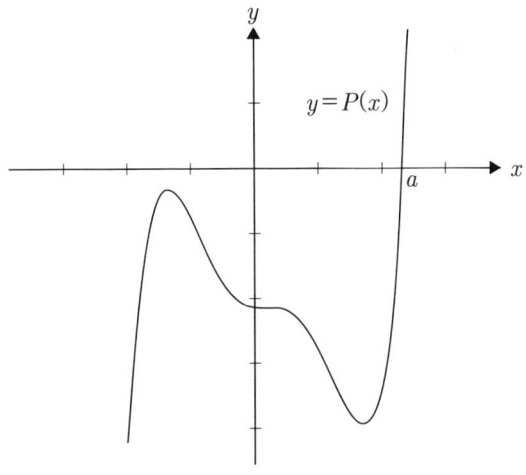

그림 6.2. 실계수 오차다항식의 그래프

이차식으로 인수분해될 수 있음을 증명했다. □

오일러는 이 지점에서 "임의의 오차방정식은 한 개의 실계수 일차식과 두 개의 실계수 이차식 인수로 분해할 수 있다."[139] 라고 깨달았다. 그의 이유는 간단하다(그림 6.2 참고). 중간값 정리에 의하여 임의의 홀수 차수 다항식은 — 따라서 임의의 오차다항식 $P(x)$도 — 최소한 한 개의 x-절편을 가진다. 이를 $x = a$라 하자. 따라서 $P(x) = (x-a)Q(x)$이고, 여기서 $Q(x)$는 실계수 사차다항식이다. 그리고 앞의 정리에 의하여 $Q(x)$는 두 개의 실계수 이차식으로 인수분해할 수 있다.

이쯤에서 새로운 전략이 오일러의 마음에 떠올랐다. 차수가 6차, 7차, 8차 등의 다항식을 모두 고려하는 대신 문제를 단순화시킬 방법을 찾았다. 오일러는 만일 4차, 8차, 16차, 32차 즉 일반적으로 2^n차 실계수 다항식의 분해 방법을 찾는다면 임의의 실계수 다항식이 무엇이든 간에 인수분해할 수 있을 것이라고 생각했다.

왜 그럴까? 예를 들어 다항식

$$x^{12} - 3x^9 + 52x^8 + 3x^3 - 2x + 17$$

을 일차 그리고/또는 이차식의 실계수 인수들의 곱으로 분해할 수 있다는 것을 증명하려 한다고 가정해보자. 그러면 x^4을 곱하여

$$x^{16} - 3x^{13} + 52x^{12} + 3x^7 - 2x^5 + 17x^4$$

을 얻는다. 이때 16차 다항식이 일차 그리고/또는 이차식의 실계수 다항식으로 인수분해된다는 것이 증명되었다면 분명히 인수들은 네 개의 일차식 인수 x, x, x, x를 포함하고 있을 것이다. 그러므로 이러한 인수들로 나누면 원래의 12차다항식의 실계수 일차식 그리고/또는 실계수 이차식 인수를 얻을 수 있다.

이 전략을 따라서 오일러가 증명하고자 했던 다음 목적은 "임의의 8차방정식은 두 개의 실계수 사차식으로 인수분해할 수 있다."[140] 라는 것이다. 그러면 각각의 사차식 인수는 두 개의 실계수 이차식으로 분해될 수 있고, 또 각각의 이차식은 (복소 계수를 허용하여) 일차식 인수로 쪼갤 수 있기 때문에, 8차다항식을 여덟 개의 일차식으로 분해하는 데 성공할 수 있었을지도 모른다.

유감스럽게도 8차다항식에 대한 공략은 매우 어려웠다. 우선 7차항이 없는 간소화된 8차다항식이 다음과 같이 두 개의 사차식으로 인수분해된다고 가정하자.

$$\begin{aligned}&x^8 + Bx^6 + Cx^5 + Dx^4 + Ex^3 + Fx^2 + Gx + H \\ &= (x^4 + ux^3 + \alpha x^2 + \beta x + \gamma)(x^4 - ux^3 + \delta x^2 + \epsilon x + \phi)\end{aligned} \quad (6.8)$$

두 개의 사차식을 곱하여 얻은 계수들과 알려진 값 $B, C, D, \ldots$를 서로 비교하면 일곱 개의 미지수에 대한 일곱 개의 방정식을 얻는다. 이러한 연립방정식을 만족하는 실수 값 $u, \alpha, \beta, \gamma, \ldots$가 존재한다고

주장해보자.

이전의 경우와 비슷하다는 것은 명확하다. 그러나 오일러는 무엇이 불만족스러운 결과를 낳게 했는지 고백하였다.

> 내가 매우 높은 차수의 방정식을 풀고자 할 때, 미지수 u를 결정하는 방정식을 찾는 것은 매우 어렵고 심지어 불가능하다.

간단히 말하면 오일러는 이 방정식계를 u에 대하여 풀 수 없었다. 증명은 실패했다.

지략가였던 오일러는 다른 영감을 얻기 위하여 (6.5)의 간소화된 사차식을 다시 살펴보았다. 전혀 다른 새로운 아이디어를 찾을 수 있었다. 어쩌면 새로운 아이디어를 이용해서 자연스럽게 그리고 성공적으로 8차식과 더 높은 차수의 경우로 확장할 수 있을지도 모른다고 생각했다.[141]

오일러는 (6.5)의 사차식이 네 개의 근 p, q, r, s를 가진다고 가정하는 것으로 시작하였다. 따라서 다음이 성립한다.

$$(x^2 + ux + \alpha)(x^2 - ux + \beta) = x^4 + Bx^2 + Cx + D \\ = (x-p)(x-q)(x-r)(x-s) \quad (6.9)$$

위의 인수분해로부터 세 가지 결론을 유도하였다.

첫째, (6.9)의 우변에 네 개의 일차식 인수를 곱하면 x^3의 계수는 $-(p+q+r+s)$이다. 그러나 다루는 식은 간소화된 사차식이므로 $p+q+r+s=0$이다.

둘째, 이차식 인수 $(x^2 - ux + \beta)$는 네 개의 일차식 인수들 중 두 개의 곱이다. 즉, $(x^2 - ux + \beta)$는 $(x-p)(x-r) = x^2 - (p+r)x + pr$이거나, $(x-q)(x-r) = x^2 - (q+r)x + qr$일 것이다. 앞의 경우로부터는 $u = p+r$이고, 후자의 경우는 $u = q+r$이다. 그러므로 u는 아래와 같이 $\binom{4}{2} = 6$

개의 값 중의 하나일 것이다.

$$R_1 = p+q \qquad R_4 = r+s$$
$$R_2 = p+r \qquad R_5 = q+s$$
$$R_3 = p+s \qquad R_6 = q+r$$

미지수 u는 위의 여섯 가지 중 하나를 갖는 미지수이기 때문에 u는 6차다항식

$$(u-R_1)(u-R_2)(u-R_3)(u-R_4)(u-R_5)(u-R_6)$$

에 의하여 결정된다. 물론 이 상황은 오일러가 발견한 u에 대한 6차항등식 (6.7)과 일치한다.

오일러는 한 가지를 더 관찰하였다. 조건 $p+q+r+s = 0$으로부터 $R_4 = -R_1$, $R_5 = -R_2$, $R_6 = -R_3$을 얻었다. 따라서 6차다항식은

$$(u-R_1)(u+R_1)(u-R_2)(u+R_2)(u-R_3)(u+R_3)$$
$$= (u^2 - R_1^2)(u^2 - R_2^2)(u^2 - R_3^2)$$

이 된다. 여기서 상수항, 즉 y-절편은

$$-R_1^2 R_2^2 R_3^2 = -(R_1 R_2 R_3)^2$$

이다. 오일러가 주장한 것은 상수항은 음의 실수로서 (6.7)에서 찾았던 방정식의 결과와 완전하게 일치한다는 것이다.

요약하자면 오일러는 전혀 다른 방법으로 사차식의 경우에는 차수가 $\binom{4}{2} = 6$이고, 음의 y-절편을 가지는 다항식에 의하여 u가 결정된다는 것을 밝혔다. 이것은 그가 이미 이끌어낸 결정적인 결과였으나 u에 대한 방정식을 명쾌하게 찾지 못했다.

사차식에 대한 두 번째 접근 방법은 간소화된 8차식에도 적용할 수 있다는 이점이 있다. (6.8)에서 8차식이 여덟 개의 일차식 인수로 분해되어 있다고 가정하면, 오일러는 위의 아이디어를 모방하여 u는 여덟

개의 인수들 중에 네 개를 선택하는 서로 다른 각각의 조합에서 나오는 수만큼 다른 값을 가진다고 추론하였다. 그러므로 u는 차수가 $\binom{8}{4} = 70$이고, y-절편이 음수인 다항식에 의하여 결정될 것이다. 오일러는 실근 u_0이 존재한다는 것을 주장하기 위해 중간값 정리를 이용하였고, 이러한 추론으로부터 다른 실수 α_0, β_0, γ_0, δ_0, ϵ_0, ϕ_0도 역시 존재한다고 결론내렸다.

오일러는 16차식의 경우에도 비슷한 논리로 주장하기를 "… 미지수 u 값을 결정하는 방정식은 $12,870$차식 정도 될 것이다."[142] 즉, (분명하게 명시되지 않은) 이 방정식의 차수는 $\binom{16}{8} = 12,870$이라는 것이다. 이러한 다항식을 구체적으로 찾는 것이 "매우 어렵고 심지어 불가능"하다는 오일러의 의견은 문제를 절제하여 표현한 것이 분명하다.

어쨌든 이 이후로는 임의의 2^n차 실계수 다항식은 두 개의 2^{n-1}차 실계수 다항식으로 인수분해할 수 있다는 간단한 일반화의 과정이 있었다. 이렇게 해서 오일러는 증명을 끝냈다.

그러나 정말 증명이 끝난 것일까?

유감스럽게도 8차식, 16차식 그리고 일반적인 경우에 대한 오일러의 증명에는 논리적 허점이 있었다. 예를 들어 4차식의 경우를 다시 살펴보면 오일러는 어떻게 네 개의 근이 있다고 주장할 수 있었을까? 8차식의 경우에는 어떻게 여덟 개의 근이 있다고 주장할 수 있었을까?

좀 더 중요한 것은 이 가정된 근의 **본질**은 무엇인가? 실수일까? 복소수일까? 아니면 특정되지 않고 어쩌면 이전에 전혀 맞닥뜨린 적이 없는 종류의 수일까? 만약 그렇다면 우리가 늘 하던 식의 덧셈이나 곱셈을 할 수 있는 수일까?

이러한 질문들은 부차적인 것이 아니다. 예를 들어 (6.9)의 사차식에서 근 p, q, r, s의 성질을 알지 못한다면 이들의 합인 R_1, R_2, R_3의 성질도 알 수 없다. 따라서 $-(R_1R_2R_3)^2$이 음의 실수라고 보장할 수 없고, 이 y-절편이 음의 실수가 아니라면 중간값 정리를 쓸 수도 없다.

오일러는 (대수학의) 기본 정리를 증명하기 위해 꽤 가능해보이는 길을 따라 발걸음을 내디뎠던 것으로 보인다. 오일러의 첫 번째 증명은 사차나 오차의 실계수 다항식을 다루는 데 잘 적용된다. 그러나 오일러가 알기 어려운 정리를 깊게 추구함에 따라 그가 원하는 실계수 다항식 인수의 존재와 관련된 복잡한 문제가 오일러를 압도해버렸다. 어떤 의미로는 높은 차수의 다항식들속에서 길을 잃어버렸고 일반화된 증명은 미지의 세계로 사라져버렸다.

대수학의 기본 정리의 증명은 또 다른 수학자가 오일러가 쌓은 토대 위에서 오일러가 보지 못했던 것을 깨닫게 되기까지 반세기를 더 기다려야 했다.

에필로그

에필로그에서는 오일러의 공헌에도 완벽하게 풀리지 않았던 두 가지 문제가 역사적으로 그 이후에 어떻게 되었는지에 대해 기술할 것이다.

첫 번째 문제는 사차보다 차수가 높은 오차 이상의 방정식의 근의 공식에 대한 것이다. 오일러 이후의 수학자들 역시 오차방정식의 풀이법을 찾는 데 성공하지 못하였다. 결국에는 오일러가 "사차보다 차수가 높은 방정식의 근을 찾는 일반적인 방법은 없다"라고 인정한 후 한참 지나서 그것이 사실인 것으로 증명되었다. 즉, 일반적인 오차방정식의 해를 거듭제곱근으로 표현하는 것은 불가능하다고 수학적으로 증명되었다.

노르웨이 수학자 아벨Niels Abel, 1802–1829은 1824년과 1826년 논문들을 통해서 오차방정식의 해는 거듭제곱근으로 표현할 수 없음을 증명하였

제 6 장 오일러와 대수학

다.[143] 비상한 재능을 가졌던 아벨은 때 이른 갑작스런 죽음으로 세상을 슬프게 만들기도 했다. 아벨이 증명한 것은 오차방정식의 해를 구하는 것이 "어렵다", "아직 발견이 안 되었다" 또는 "현재의 수학적 지식의 한계를 넘어선다"는 것을 의미하지 않는다. 일반적인 오차방정식의 해는 오직 방정식 계수들의 덧셈, 뺄셈, 곱셈, 나눗셈 및 근호를 이용한 대수적 연산만을 이용하여 표현될 수 없다는 것이다. 즉 오차방정식이나 그보다 높은 차수의 방정식에는 이차방정식의 근의 공식과 같은 것이 없다는 뜻이다.

아벨의 증명은 결코 간단하지 않아서 여기서 자세히 설명하지 않을 것이다. 그러나 아이디어만 설명하자면, 일반적인 오차방정식을 근의 공식으로 풀 수 있다고 가정하면 어떤 표현을 한 방향으로 보면 정확히 다섯 개의 서로 다른 값을 가지지만 다른 방향으로 보면 5! = 120 개의 다른 값을 가지게 되어 모순에 이르게 되고, 아벨은 이와 같은 모순으로부터 처음의 가정이 틀렸다고 결론지었다.

따라서 이제까지의 탐구는 무용지물이 되었다. 오차방정식이나 또는 더 높은 차수의 방정식의 해를 거듭제곱근으로 표현하는 것은 2의 제곱근이 되는 유리수를 찾는 것처럼 불가능하다.* 일반적인 대수적 연산들을 차수가 낮은 방정식을 제외하고는 임의의 방정식을 푸는 것에 이용하는 것은 별로 효과적이지 않다.

이러한 방식의 탐구는 대수학의 한계를 분명히 드러내기도 하지만 새롭고 깊은 이해로 이끌었다. 19세기에 이루어진 이런 구체적인 연구에서 "군group", "체field"처럼 현대 추상 대수학의 주춧돌 같은 개념의 기원을 찾을 수 있기 때문이다.[144]

이 장면에서 아벨의 결과는 우리에게 다른 것을 설명해 준다. 바로

---

*$x^2 = 2$를 만족하는 유리수 x는 없다.

오일러가 실패했던 이유이다. 불가능한 일을 시도하다 실패한 사람을 비난할 수는 없기 때문이다.

대수학의 기본 정리의 증명은 오일러 사후 20년 뒤에 나왔기 때문에 오일러의 노력이 상대적으로 낮게 평가되었다.[145] 이것은 1799년 가우스의 장황한 제목의 박사학위 논문《모든 정수 계수와 유리 계수의 대수적 함수[즉, 모든 실계수 다항식]의 실계수 일차식 또는 이차식의 곱으로 표현할 수 있는가에 대한 정리의 새로운 증명 A New Proof of the Theorem That Every Integral Rational Algebraic Function [i.e., every polynomial with real coefficients] Can Be Decomposed into Real Factors of the First or Second Degree》에 등장한다. [146]

가우스는 이전에 시도했던 증명을 비평하는 것으로 그의 학위 논문을 시작하였다. 우리가 앞에서 살펴보았던 오일러 증명의 허점을 들어서 그의 시도를 이해하기 힘든 "그림자" 같다고 했다. 가우스에게는 오일러의 시도가 "수학에서 요구되는 명확성"이 결여되어 있는 것처럼 보였다.[147] 그러나 가우스 역시 학위 논문 이후로 1815년, 1816년, 1848년의 논문에서 명확한 증명을 거듭 시도하였다.

오늘날 대수학의 기본 정리는 주로 복소 해석학을 이용해서 증명한다. 복소수에서 복소수로 대응하는 함수를 생각하고 이 함수들의 해석적 특성들, 예를 들어 유계인지 미분가능한지 적분가능한지를 생각한다. 이전 장에서 언급했 듯이 코시, 리만, 바이어슈트라스 같은 19세기 수학자들은 이러한 문제들에 대해 열정이 있었다. 여기에서 전체의 내용을 다 소개하면 책이 너무 길어질 테니 대수학의 기본 정리의 증명을 대략 설명하는 것으로 에필로그를 마무리하려 한다. 우선 대수학의 기본 정리를 현대적인 형식으로 다시 써보자.

$n \geq 1$인 임의의 n차 복소 계수 다항식은 n개의 복소 계수 일차식으로 인수분해할 수 있다.

조금 더 형식을 갖추어 써보면

> 복소 계수 다항식 $P(z) = c_n z^n + c_{n-1} z^{n-1} + \cdots + c_2 z^2 + c_1 z + c_0$에 대하여, 복소수 $\alpha_1, \alpha_2, \cdots, \alpha_n$이 존재하여 $P(z) = c_n(z - \alpha_1)(z - \alpha_2)\cdots(z - \alpha_n)$이다. 단, $n \geq 1$이고 $c_n \neq 0$이다.

이 정리는 오늘날 오일러 시대에 비해 훨씬 더 일반적인 형태가 되었다. 완전히 복소수의 세계로 옮겨가서 주어진 다항식을 더 이상 **실계수 다항식**으로 여기지 않는다. 즉, 다음과 같은 다항식을 생각하고 있다.

$$z^7 + 6iz^6 - (2+i)z^2 + 19.$$

더 어려워보임에도 불구하고 대수학의 기본 정리는 여전히 성립한다. 그래서 이 구체적인 예의 경우는 분명히 일곱 개의 복소 계수 일차식 인수가 존재한다는 것이 보장된다.

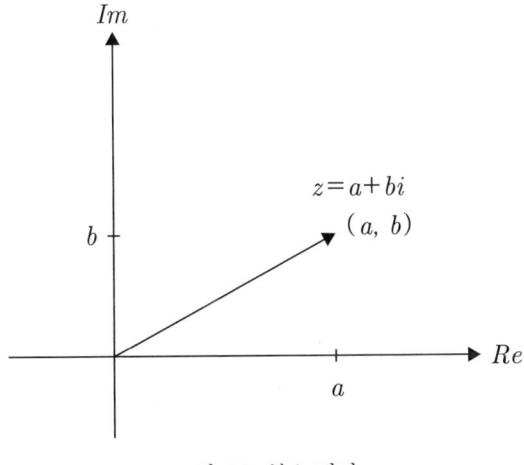

그림 6.3. 복소 평면

정리를 증명하려면 먼저 알아야 할 것이 많다. 그 중에서 가장 중요한 것은 복소수의 기하학적인 해석이다. 이것은 가로 방향의 실수축과 세로 방향의 허수축으로 구성된 소위 "복소 평면"으로 불리는 것으로, 오일러 사후 베셀Caspar Wessel, 1745-1818, 아르강Jean-Robert Argand, 1768-1822 그리고 가우스에 의해 발전되었다. 그림 6.3과 같이 복소수 $z = a+bi$는 기하학적으로 복소 평면 위의 점 (a,b)로 표현한다. 간단한 개념이지만 대수학과 복소기하학을 잇는 가장 중요한 개념이다.

두 번째는 복소수의 **절댓값**으로 실수의 절댓값에 대응하는 상대적 개념이다. 주어진 복소수 $z = a + bi$에 대하여 절댓값을 $|z| = \sqrt{a^2 + b^2}$로 정의한다. 앞의 기하학적 표현과 같이 절댓값은 단지 원점에서 (a, b)까지의 거리이고, 이러한 의미에서 복소수의 "길이"이다.

또한 입력하는 z와 출력되는 w가 모두 복소수인 **복소변수 함수** $w = f(z)$의 개념을 도입하자. 사실 앞 장에서 이미 오일러가 사인, 코사인, 지수함수와 로그함수의 복소변수 함수를 사용했다.

이제 복소 함수가 유계라는 의미를 명시하려 한다. 우리의 의도는 실수가 갖는 성질들에서 나온 개념을 복소수에서 정의하려는 것이다. 복소수 집합 S에서 양의 실수 M이 존재하여 S 안의 모든 z에 대하여 $|f(z)| \leq M$을 만족할 때 f는 유계라고 한다. 즉 $f(z)$에 대응하는 상이 원점을 중심으로 반지름이 M인 원 안에 모두 맺힌다는 뜻이다.

마지막으로 복소 극한과 복소 미분의 개념이 필요하다. 복소 미분의 원형은 당연히 미적분학에서 말하는 미분으로 극한이 존재할 때 다음과 같이 정의한다.

$$f'(z) = \lim_{\Delta z \to 0} \frac{f(z + \Delta z) - f(z)}{\Delta z}$$

만일 주어진 집합 안의 모든 점 z에서 복소 미분이 존재한다면 함수 f는 주어진 집합 위에서 **해석적**analytic이라고 한다. 복소수 집합의 모든 점 위에서 해석적인 함수는 **전해석 함수**entire function라고 한다.

제 6 장 오일러와 대수학

다소 짧고 엉성한 복소해석학 입문이지만, 19세기 수학자 리우빌Joseph Liouville, 1809–1882의 이름을 딴 중요한 정리를 소개한다.

정리 (리우빌의 정리) 유계인 전해석 복소변수 함수는 상수함수이다.

처음 보면 리우빌의 정리는 사실이 아닌 것처럼 보인다. 리우빌의 정리가 말하는 것은 복소변수 함수가 모든 점에서 미분 가능하고 함수의 상이 유한한 반지름을 가지는 과녁 안으로 들어간다면 그 함수는 상수, 즉 자명하다는 것이다.

임의의 상수 함수는 전해석 함수이고, 유계라는 리우빌 정리의 역에 대해서는 아무도 반대하지 않을 것이다. 이것의 반대 방향이 성립한다는 것이 그저 놀라울 뿐이다. 리우빌의 정리가 의심되는 사람은 함수 $f(x) = \cos x$을 반례로 인용할지도 모르겠다. 어쨌든 미적분학에서 알고 있는 것은 $\cos x$는 모든 점에서 미분 가능한 전해석 함수이고, 모든 실수 x에 대하여 $|\cos x| \leq 1$를 만족하므로 유계이다. 하지만 코사인 함수는 분명히 상수함수가 아니다.

분명히 사실이다. 그러나 리우빌의 정리에서는 정의역이 모든 복소수가 되는 함수를 고려한다. 지난 장에서 살폈듯이 오일러는 임의의 복소수 z에서 코사인 함수를 정의하는 데 성공하였다. 이는 분명히 전해석 함수이면서 상수함수가 아니었다. 우리가 $\cos z = 2$를 풀었듯이 모든 $M \geq 1$에 대하여 $\cos z = M$을 풀 수 있는데 이것이 코사인 함수가 복소수 집합 전체에서는 유계가 아니다라는 것을 보여준다. 그러므로 이것은 리우빌의 정리의 반례가 아니다.

사실 지금까지 언급한 것을 완전히 이해하려면 복소해석학을 몇 달은 배워야 한다. 여기서는 염치없이 내용을 축약하였다. 그럼에도 불구하고 우리는 대수학의 기본 정리를 공략할 수 있다. 열쇠가 되는 보조정리부터 시작하자.

보조정리   만일 $P(z)$가 상수가 아닌 복소계수 다항식이면 방정식 $P(z) = 0$은 최소한 하나의 복소수해를 가진다.

증명   귀류법을 사용하여 증명하자. 만일 P가 0이 되는 점이 하나도 없다면, 그것의 역수인 함수 $f(z) = 1/P(z)$은 다음을 만족한다.

- f는 모든 복소수 z에서 정의될 수 있다.
- f는 전해석 함수이고, 연쇄 법칙에 따라 $f'(z) = -\dfrac{P'(z)}{[P(z)]^2}$이다.
- f는 유계이다.

마지막 조건은 이번 장의 범위를 넘어서는 수학적 사실이다.

따라서 f는 전해석 함수이면서 유계이기 때문에 리우빌의 정리에 의하여 반드시 상수함수이어야 한다. 그러나 만일 f가 상수함수이면 이것의 역수인 P도 상수이다. 이는 P가 상수가 아닌 다항식이라는 가정에 모순이다.   □

보조정리에 의하여 이제는 대수학의 기본 정리를 쉽게 얻을 수 있다.

정리 $n \geq 1$일 때, 임의의 n차 복소 계수 다항식은 n개의 복소 계수 일차식들의 곱으로 인수분해할 수 있다.

증명   다항식 P는 임의의 n차 ($n \geq 1$) 복소계수 다항식이라고 하자. 보조정리에 의하여 복소수 α_1이 존재하여 $P(\alpha_1) = 0$을 만족한다. 이것은 $z - \alpha_1$이 $P(z)$의 인수라는 뜻이고, 따라서 $P(z) = (z - \alpha_1)Q(z)$이다. 여기서 Q는 $n-1$차 다항식이다. 이제 보조정리를 Q에 적용하면, $P(z) = (z - \alpha_1)(z - \alpha_2)R(z)$를 만족하는 복소수 α_2를 찾을 수 있다.

여기서 R는 $n-2$차 다항식이다. 이러한 식으로 반복하여 적용하면 각각의 단계에서 차수를 줄일 수 있고 따라서

$$P(z) = c_n(z-\alpha_1)(z-\alpha_2)\cdots(z-\alpha_n)$$

를 얻는다. 이로써 대수학의 기본 정리를 증명하였다. □

증명의 세세한 부분을 완전하게 채우는 것은 수학을 심각하게 배우고 이해해야만 가능하다. 특히 리우빌의 정리는 18세기 오일러의 선견지명 너머로 방대한 수학 지식에 바탕을 두고 있다.

지금까지 수학과 수학자들에 대해 말해주는 대수학의 두 가지 문제를 살펴보았다. 두 문제 모두 오일러가 완전히 해결하지는 못했지만, (이를 해결한) 아벨, 가우스, 리우빌과 같이 위대한 수학자들은 모두 오일러의 후손들이다.

오일러의 실패는 어쩌면 소수의 (사실은 궁극적으로 모두에 해당하는) 수학자들에게 약간의 위로가 되었을지도 모른다. 그리고 오일러의 시도를 단순히 수학적으로 실패한 것으로 넘기기 전에 이를 통해 오일러가 보여준 특유의 영리함, 대담함, 그리고 수학적 영민함에 대해서는 박수칠 만하다. 오일러는 발을 헛디뎠을 때에도 훌륭한 쇼를 보여줬다. 아마도 오일러의 천재성을 드러내는 것이리라.

제 7 장
오일러와 기하학

오일러가 기하학에서 가장 많은 유산을 남겼다는 데 이의를 제기할 사람은 없을 것이다. 오일러가 살았던 시대는 그리스 수학의 황금시대로부터는 이미 2000년이나 지났고, 비유클리드 기하학의 혁명이 일어나기까지는 아직 수십 년이 남아 있었다. 유클리드Euclid, 아르키메데스Archimedes, 아폴로니우스Apollonius와 로바체프스키Lobachevski의 이름들이 빛나고 있는 기하학의 명예의 전당에는 주 전시관 복도 어딘가에 오일러의 이름도 있다.

오일러가 기하학처럼 흥미진진하고 시대를 아우르는 주제를 소홀히 했을 리가 없다. 《오페라 옴니아》의 네 권, 무려 1600쪽에 이르는 분량은 완전히 기하학의 업적으로 가득하다. 종합 기하학Synthetic geometry은 좌표계를 이용하여 평면을 옭아매기 이전의 유클리드가 좀더 익숙한 분야로 오일러의 업적 중에는 여기에 해당하는 것도 많다. 그러나 대부분의 기하학에 관한 연구는 해석 기하학, 즉 좌표평면을 도입해서 수식과 도형을 자유롭게 이용하고 있다.

이 장에서는 오일러의 기하학 중에서 헤론의 공식과 "오일러 선"에 대해서 이야기하고자 한다. "오일러 선"은 삼각형의 매우 흥미로운 성질이다. 전자에서는 종합 기하학을 그리고 후자에서는 해석 기하학의 일면을 볼 수 있다. 헤론의 공식에서는 이미 알려진 사실에 이르는 새로운 길을 발견하게 될 것이고, 오일러 선에서는 새로운 길을 따라 색다른 곳으로 가는 기쁨을 맛보게 될 것이다. 이 두 가지 예를 통해서 기하학에서도 수학의 다른 많은 분야에서처럼 오일러의 공헌이 특별했다는 것을 확인하게 될 것이다.

본격적인 이야기를 시작하기 전에 몇 가지 미리 알아야 할 것이 있다. 당연히 고대 그리스로부터 시작된 수학에 관한 것이다.

프롤로그

그리스 문명의 고전시대는 수세기에 걸쳐 과학, 문학, 음악, 미술, 철학에 이르기까지 놀라운 진보를 보여준다. 이미 2000년 이상이 지난 오늘날에도 호메로스, 플라톤, 아리스토텔레스는 우리에게 익숙하다. 그러나 공리의 수학을 창조해낸 것보다 더 빛나는 업적은 찾을 수 없을지도 모르겠다. 그리고 그리스인들에게 "수학"은 곧 "기하학"과 동일시되었다는 점도 강조해둔다.

아주 세심하게 만들어지고 다듬어진 몇 개의 공리로부터 대단히 정교하고 복잡한 성질들이 유도된다. 각각의 증명은 이미 증명된 성질들을 이용해서 계속 펼쳐진다. 이런 방법으로 수학자들은 간단한 공리의 토대 위에 거대한 탑을 세워왔다.

이런 연역적인 체계는 유클리드의 《원론》이 가장 잘 보여준다. 《원론》은 이후로 수학의 전 영역에 직접적 혹은 간접적으로 영향을 주었다. 이슬람 수학자 알-키프티al-Qifti, 약1172-1248는 "[유클리드]가 남긴 발자취를 건너보지 않은 수학자는 아무도 없다"라고 말했다.[148] 유클리드 이후에, 굳이 몇몇의 이름을 말하자면 아르키메데스, 아폴로니우스, 프톨레마이오스Ptolemy 혹은 헤론Heron 등의 수학자들은 유클리드의 연구를 발전시키

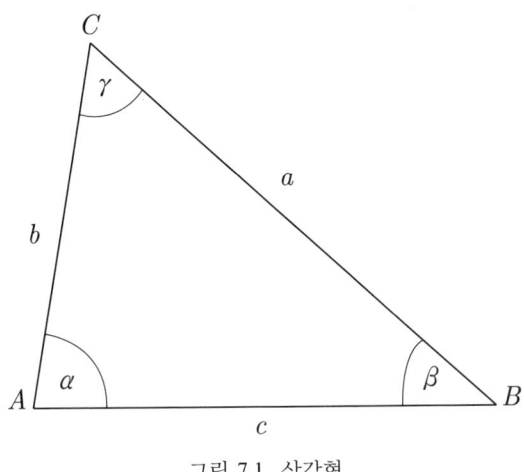

그림 7.1. 삼각형

고 더 나아가 기하학의 지평에 지워지지 않는 표지들을 남겼다.

오일러의 공헌을 잘 이해하기 위해 그리스 기하학자들로부터 잘 알려진 삼각형에 대한 몇 가지를 먼저 살펴보자. 구체적으로는 삼각형의 수심, 무게중심, 외심 그리고 내심과 삼각형의 각 변의 길이를 이용해서 넓이를 계산할 수 있는 헤론의 공식을 살펴본다.

■ 삼각형의 특별한 점들

이 장에서 삼각형 $\triangle ABC$는 항상 그림 7.1과 같이 각각의 변의 길이가 a, b, c이고 마주보는 각이 각각 α, β, γ로 주어진 일반적인 삼각형이 될 것이다. (그림에서는 예각 삼각형을 그렸지만, 증명에서는 직각삼각형 혹은 둔각삼각형이든 상관이 없다.) 주어진 삼각형에 아래와 같이 네 개의 특별할 점들을 정의할 수 있다.

1. 수심은 삼각형의 세 개의 수선이 만나는 점이다. 꼭짓점에서 마주보는 변에 수직이 되도록 그린 선이 수선이고, 수선들이 모두

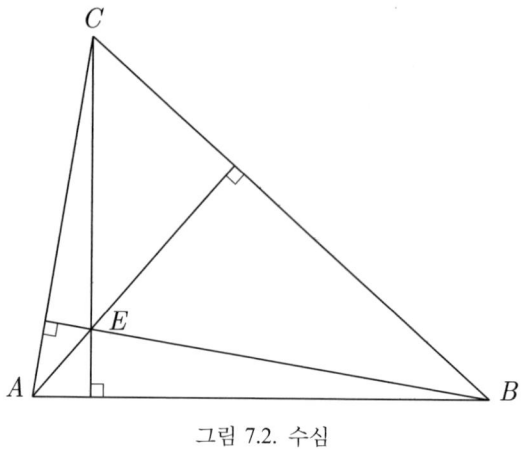

그림 7.2. 수심

한 점에서 만나는 것을 보이는 것은 좋은 연습문제가 될 것이다. 그림 7.2에서 보듯이 앞으로 수심은 E라고 표기하기로 한다. 옛날 수학책에서는 가끔씩 수심을 그 기원을 따라 "아르키메데스의 점"으로 부르기도 했다.[149]

2. **무게중심**은 세 개의 중선이 만나는 점이다. 중선은 각 꼭짓점과 꼭짓점에서 마주보는 변의 중심을 이은 선이다. 세 중선이 모두 한 점, 곧 무게중심에서 만나는 것을 보이는 것 역시 좋은 연습이 될 것이다. 또한 각 중선에서 꼭짓점으로부터 길이가 $\frac{2}{3}$가 되는 곳에 무게중심이 있다. 그림 7.3에서와 같이 F로 표기하는 무게중심은 이름 그대로 삼각형의 무게의 중심이기 때문에 삼각형의 형태에 대한 중요한 정보가 있다. 아르키메데스는 기원전 225년경에 쓴 첫 번째 책 《평면의 균형에 관하여》의 정리 13에서 무게중심을 다루고 있다.[150]

3. **외심**은 이름으로 알 수 있듯이 삼각형의 외접원의 중심이다. 각

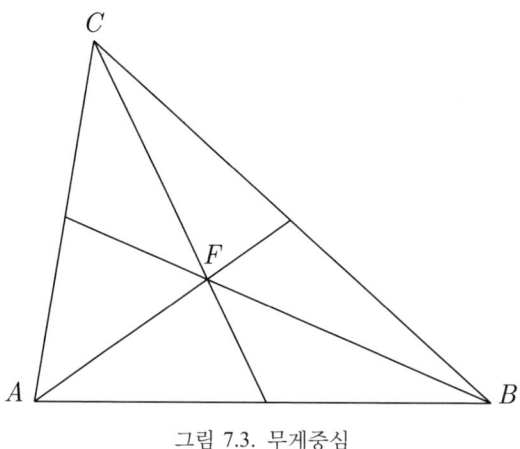

그림 7.3. 무게중심

변의 수직이등분선을 그었을 때 모두 만나는 점이고 그림 7.4에서처럼 H로 표기하자. 외접원의 반지름이 $\overline{AH} = \overline{BH} = \overline{CH}$라는 것을 바로 알 수 있다. 유클리드는 《원론》 제4권에서 정리 5로 외심을 다루고 있다.

4. 내심은 삼각형의 내접원의 중심이다. 유클리드의 《원론》 제IX권 정리4에 의하면 내심은 각의 이등분선들이 만나는 점이다. 그림 7.5에서처럼 O로 표기한다. 내접원의 반지름은 내심에서 각 변에 내린 수선의 길이와 같다. 그러므로 $r = \overline{OS} = \overline{OT} = \overline{OU}$이다.

삼각형의 이 네 가지 점들 중에서 가장 특별한 것은 아마도 내심일 것 같다. 왜냐하면 내심을 이용해서 그림 7.5에서처럼 삼각형을 세 개의 작은 삼각형들로 나누어 넓이를 계산할 수 있다.

$$\text{Area}(\triangle ABC) = \text{Area}(\triangle ABO) + \text{Area}(\triangle BOC) + \text{Area}(\triangle AOC)$$
$$= \frac{1}{2}cr + \frac{1}{2}ar + \frac{1}{2}br = r\left(\frac{a+b+c}{2}\right) = rs.$$

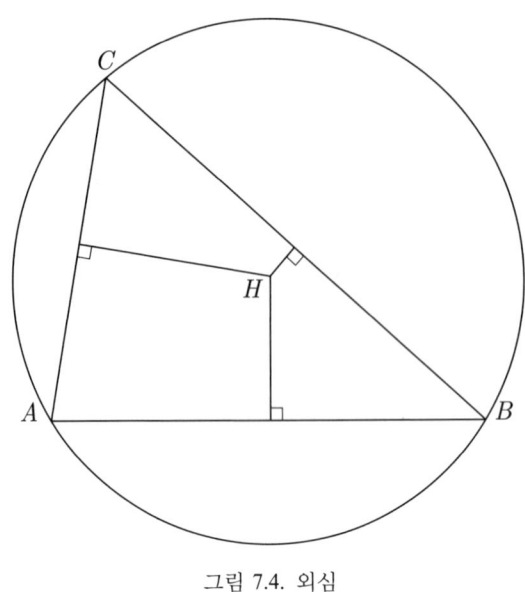

그림 7.4. 외심

이때, $s = (a+b+c)/2$이고 둘레의 반semiperimeter이라고 부른다. 즉, 삼각형의 넓이는 둘레의 반과 "내접원의 반지름"을 곱하면 된다. 이 공식은 그 자체로도 중요하지만 나중에 헤론의 공식을 증명하는 데 중요하게 쓰인다.

내심이 중요한 이유는 또 있다. 그림 7.5를 보면, OA는 각$\angle BAC$를 이등분할 뿐만 아니라, 직각삼각형 $\triangle OSA$와 $\triangle OUA$의 빗변이다. 그러므로 두 직각삼각형 $\triangle OSA$와 $\triangle OUA$는 합동이다. 이제 $\overline{AS}$와 $\overline{AU}$의 길이가 같은 것을 알았으니 $x = \overline{AS} = \overline{AU}$라고 하자. 비슷한 이유로 $y = \overline{BS} = \overline{BT}$, $z = \overline{CT} = \overline{CU}$라고 할 수 있다. 그러면 분명히 $a = y+z$, $b = x+z$, $c = x+y$이고,

$$s = \frac{a+b+c}{2} = \frac{(y+z)+(x+z)+(x+y)}{2} = x+y+z$$

제 7 장 오일러와 기하학

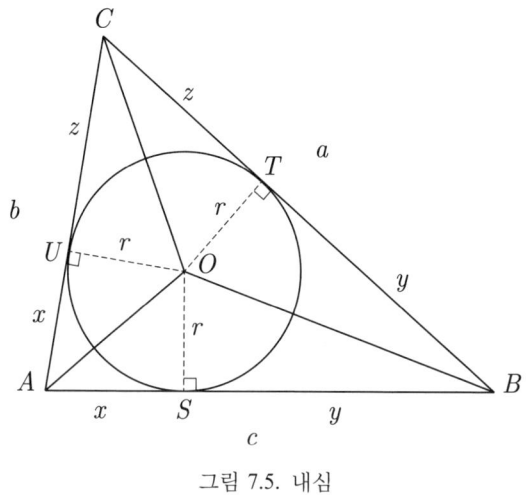

그림 7.5. 내심

이다. 결론적으로

$$s - a = (x + y + z) - (y + z) = x$$
$$s - b = (x + y + z) - (x + z) = y$$
$$s - c = (x + y + z) - (x + y) = z$$

이다. 이 모든 관계식들은 고대 그리스 수학자들이 현대의 대수적인 기호들을 사용하지 않고 알아낸 결과들이다.

■ 삼각형의 넓이에 관한 헤론의 공식

이제 고전 기하학의 보물 중 한 가지를 보고자 한다. 삼각형의 세 변이 자명하게 삼각형의 넓이를 결정할 것이다. 세 변의 길이가 정해지면 삼각형은 유일하게 결정될 테니 별로 놀랍지 않다. 놀라운 점은 세 변의 길이와 넓이의 관계를 보여주는 식이 복잡하다는 것이다.

2세기경에 알렉산드리아의 헤론은 변의 길이가 a, b, c로 주어진 삼각형에서 s를 둘레의 반이라고 하면 넓이가 $\sqrt{s(s-a)(s-b)(s-c)}$ 라는

171

것을 증명했다. 간단한 아이디어에 비해 공식은 필요 이상으로 심하게 꼬인 것같이 보이지만, 유클리드 기하학에서는 이런 것을 흔히 볼 수 있다.

헤론은 아주 복잡지만 영리하게 이를 증명했다. 우선 내접원을 그리고 보조선들을 이용해서 내접원에 내접한 사각형들에 대해 알려진 사실들과 닮은 삼각형을 거듭 이용하는 등 전체적으로 표류하는 듯하지만 마지막 순간에 모든 것을 마법처럼 한 가지로 엮어서 증명해냈다. 증명을 읽은 사람들은 모두 머리를 흔들며 천재적인 마무리에 놀랐다.

그러나 우리는 헤론의 증명을 따라가지 않을 것인데 다음과 같은 이유가 있다. 우선 헤론의 증명에서는 현란한 그리스 기하학의 일면을 볼 수 있겠으나 우리에게는 너무 멀리까지 가는 일이 된다. 그리고 헤론의 아름다운 아이디어에 대해서는 이미 다른 책에서 자세히 다루었다.[151] 여기서는 우리 여정의 목표대로 오일러의 증명과 이와 비교할 만한 두 가지 다른 증명을 더 보기로 한다.

오일러 등장

오일러는 물론 헤론의 공식을 잘 알고 있었고 "기억할 만한 공식"이라고 했다. 1748년 《여러 가지 기하학적 증명 Variae demonstrationes geometriae》이라는 건조한 제목의 논문에서 헤론의 공식을 그리스 기하학의 방식대로 증명했다. "이 방법에서는 해석학의 흔적을 찾아볼 수 없을 것이다."고 공언했고, 물론 그 약속을 지켰다.[152] (오일러의 표현을 그대로 따를 예정인데 이에 대해 미리 양해를 구할 것이 있다. 오일러는 각과 각의 크기를 구별하지 않고 같은 이름을 사용했고, 합동이라는 것과 그래서 길이가 같다는 것을 구별하지 않고 혼용하여 썼는데 독자들이 헷갈릴지도 모르겠다.)

정리 각 변의 길이가 a, b, c로 주어진 삼각형 $\triangle ABC$에서 $s = (a+b+c)/2$라고 하면, 넓이는 $\text{Area}(\triangle ABC) = \sqrt{s(s-a)(s-b)(s-c)}$이다.

증명 삼각형 $\triangle ABC$는 각 변의 길이가 각각 a, b, c 그리고 각 꼭지각이 α, β, γ라고 하자. 헤론이 했던 것처럼 오일러도 내접원으로 시작했다. 그림 7.6에서 보듯이 내접원의 중심을 O라고 하고, 반지름은 $r = \overline{OS} = \overline{OU}$이다. 내심의 성질 하나를 기억해보자. 즉 내접원의 중심과 각 꼭짓점을 이른 선분 OA, OB, OC는 $\triangle ABC$의 각 꼭지각을 이등분한다. 그러므로 $\angle OAB = \alpha/2$, $\angle OBA = \beta/2$, $\angle OCA = \gamma/2$이다.

오일러는 BO를 연장해서 A로부터 그은 선분과 수직으로 만나도록 했고, 만나는 점을 V라고 했다. 그리고 N은 선분 AV를 계속 연장한 것과 반지름 OS를 계속 연장했을 때 만나는 점이다. (오일러는 삼각형 안쪽에다 그려 넣었지만 바깥쪽에 그려 넣는 게 더 정확한 그림이다.) 자와 컴퍼스는 이제 필요 없다. 이것으로 증명에 필요한 보조선은 다 그려 넣었는데, 1600년 전 헤론이 사용했던 그림보다 훨씬 간단하다는 점을 밝힌다.

$\angle AOV$는 $\triangle AOB$의 한 외각이기 때문에,

$$\angle AOV = \angle OAB + \angle OBA = \alpha/2 + \beta/2$$

$\triangle AOV$는 직각삼각형이므로 $\angle AOV$와 $\angle OAV$를 합하면 직각이다. 그러므로 $\alpha/2 + \beta/2 + \angle OAV = 90°$이다. 또한 $\alpha/2 + \beta/2 + \gamma/2 = 90°$이기 때문에 $\angle OAV = \gamma/2 = \angle OCU$이다.

그러므로 두 개의 직각 삼각형 $\triangle OAV$와 $\triangle OCU$는 세 각이 모두 같기 때문에 닮은꼴이다. 닮음비는

$$\overline{AV}/\overline{VO} = \overline{CU}/\overline{OU} = z/r \tag{7.1}$$

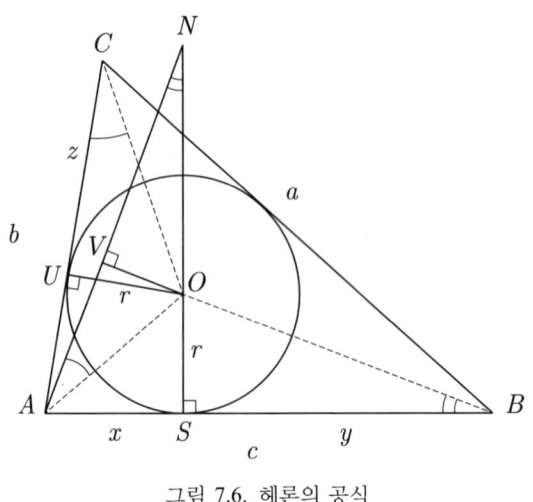

그림 7.6. 헤론의 공식

또한 삼각형 △NOV 와 삼각형 △NAS 도 △NAS 와 △BAV 처럼 닮은꼴이다. 물론 △NOV 와 △BAV 도 닮은꼴이다. 그러므로

$$\overline{AV}/\overline{AB} = \overline{OV}/\overline{ON} \quad \text{혹은} \quad \overline{AV}/\overline{OV} = \overline{AB}/\overline{ON}. \tag{7.2}$$

식 (7.1)과 (7.2)을 합하면

$$\frac{z}{r} = \frac{\overline{AB}}{\overline{ON}} = \frac{x+y}{\overline{SN}-r}$$

이다. 그러므로

$$z(\overline{SN}) = r(x+y+z) = rs \tag{7.3}$$

이다.

이제 마지막으로 $\overline{SN}$ 의 길이만 알아내면 된다. 각∠BOS 와 각∠VON 은 엇각으로 같다.

$$\angle OBS = 90° - \angle BOS = 90° - \angle VON = \angle ANS$$

그러므로 △NAS 와 △BOS 는 세 각이 모두 같으므로 닮은꼴이고, 닮음

비는 $\overline{SN}/\overline{AS} = \overline{BS}/\overline{OS}$이다. 이미 알고 있는 길이들을 이용해서 다시 쓰면 $\overline{SN}/x = y/r$, 즉 $\overline{SN} = (xy)/r$이다.

오일러는 아래와 같이 깔끔하게 마지막을 장식한다.

$$\text{Area}(\triangle ABC) = rs = \sqrt{rs(rs)} = \sqrt{z(\overline{SN})(rs)} \quad (7.3)\text{을 이용해서}$$

$$= \sqrt{z\left(\frac{xy}{r}\right)rs} = \sqrt{sxyz}$$

$$= \sqrt{s(s-a)(s-b)(s-c)} \qquad \square$$

이 방법은 헤론의 정리를 증명하는 가장 뛰어난 방법으로 명쾌한 오일러의 수학을 엿볼 수 있다.

그러나 이것은 단지 시작이었다. 1767년 논문에서 오일러는 다시 간단한 평면 도형들과 삼각형에 관심을 두었다. 이번엔 삼각형의 넓이보다 삼각형의 특별한 점들 사이의 관계를 연구했다. 그리고 발견한 놀라운 것은 삼각형의 수심과 무게중심과 외심은 항상 한 직선 위에 있다는 사실이다. 또한 수심은 정확히 외심에서 무게중심까지의 거리에 두 배가 되는 곳에 위치한다. 이처럼 근본적인 성질을 유클리드에서 아르키메데스를 지나 헤론에 이르기까지 오일러의 앞을 지나간 수천 명의 기하학자들은 찾지 못했다니! 우리는 이 발견을 기념하여 수심, 무게중심, 외심을 이은 선분을 삼각형의 "오일러 선"이라고 부른다.

이제 그의 아이디어를 자세히 살펴보자.[153] 독자들은 이 과정에서 오일러가 헤론의 공식을 비롯해서 닮은 삼각형, 수직이등분선 등의 고전 기하학을 어떻게 이용했는지를 보게 될 것이다. 또 한 가지 미리 말해두고 싶은 것은 위에서 본 헤론의 증명에서는 그러지 않았지만 이후에는 해석 기하학도 사용한다는 것이다. 증명 방법은 평면에 좌표축을 그려 넣고

몇 가지 사실들을 확인한 다음 데카르트의 거리 공식

$$d = \sqrt{(x_1 - x_2)^2 + (y_1 - y_2)^2}$$

을 이용하면 끝이다.* 길고 복잡한 식으로 부터 원하는 결론을 이끌어 내는 것은 대수학의 냄새다. 이런 의미로 오일러의 증명은 기하학적인 통찰력과 대수적인 끈기가 녹아든 작품이기도 하다.

각 변의 길이가 a, b, c로 주어진 임의의 $\triangle ABC$에서 시작하자. 그림 7.7에서처럼 꼭짓점 A를 좌표평면에서 원점에, 꼭짓점 B는 x-축에 두어도 수학적으로 문제가 없다.

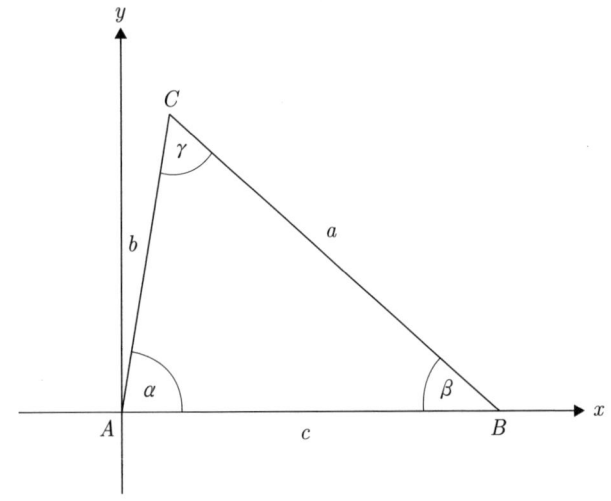

그림 7.7. 좌표 평면 위의 삼각형

삼각형의 넓이를 $K = \text{Area}(\triangle ABC)$라고 두고, 헤론의 공식을 다시

---

*평면의 두 점 (x_1, y_1)와 (x_2, y_2) 사이의 거리 d이다.

쓰면

$$K = \sqrt{s(s-a)(s-b)(s-c)}$$
$$= \sqrt{\frac{a+b+c}{2} \times \frac{-a+b+c}{2} \times \frac{a-b+c}{2} \times \frac{a+b-c}{2}}$$

이다.

근호를 없애기 위해 양변을 제곱하고 간단히 한다.

$$\begin{aligned}16K^2 &= [(b+c)+a][(b+c)-a][a-(b-c)][a+(b-c)] \\ &= [(b+c)^2 - a^2][a^2 - (b-c)^2] \\ &= [b^2 + 2bc + c^2 - a^2][a^2 - b^2 + 2bc - c^2] \\ &= 2a^2b^2 + 2a^2c^2 + 2b^2c^2 - a^4 - b^4 - c^4\end{aligned} \quad (7.4)$$

위의 식은 오일러의 증명에서 여러 번 반복해서 나올 것이다.

그의 방법은 항상 직접적이고 도전적이다. 즉, 수심, 무게중심, 외심의 좌표를 주어진 a, b, c, K를 이용해서 수식으로 표현하고, 그 좌표들을 이용해서 특별한 관계식을 찾아내는 것이다.

■ 수심 (E)

그림 7.8에서 보이는 대로 수선 AM, CP를 이용해서 수선 E를 그리는 것으로 시작한다.

삼각형 $\triangle ABC$에 코사인 공식을 적용하면

$$a^2 = b^2 + c^2 - 2bc\cos\alpha = b^2 + c^2 - 2bc\left(\frac{\overline{AP}}{b}\right) = b^2 + c^2 - 2c\overline{AP}$$

이다. 그러므로 $\overline{AP} = (b^2 + c^2 - a^2)/2c$이다. 같은 방법으로 $\overline{BM} = (a^2 + c^2 - b^2)/2a$을 얻는다. 이제 삼각형의 넓이를 고려하여

$$K = \text{Area}(\triangle ABC) = \frac{1}{2}(\overline{BC})(\overline{AM})$$

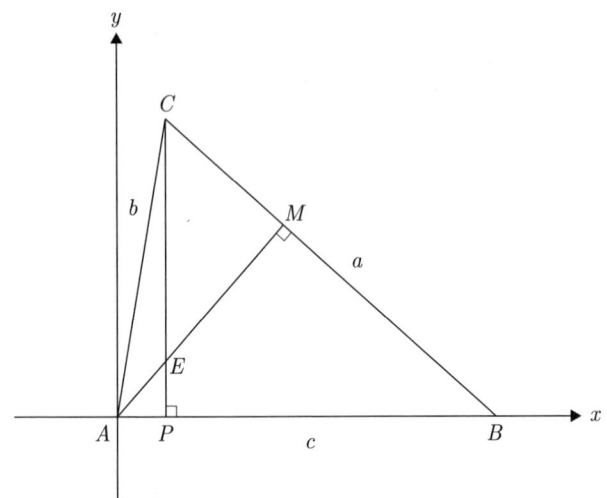

그림 7.8. 수심

이다. 그러므로

$$\overline{AM} = \frac{2K}{a}$$

두 삼각형 △ABM과 △AEP는 닮음이고, 닮음비 $\overline{BM}/\overline{AM} = \overline{EP}/\overline{AP}$ 로부터

$$\begin{aligned}
\overline{EP} &= (\overline{BM})(\overline{AP})/\overline{AM} \\
&= \left(\frac{a^2+c^2-b^2}{2a}\right)\left(\frac{b^2+c^2-a^2}{2c}\right) \bigg/ \frac{2K}{a} \\
&= \frac{2a^2b^2 - a^4 - b^4 + c^4}{8cK} \\
&= \frac{16K^2 - 2a^2c^2 - 2b^2c^2 + 2c^4}{8cK} \quad \text{(7.4)를 이용해서} \\
&= \frac{2K}{c} + \frac{c(c^2-a^2-b^2)}{4K}
\end{aligned}$$

이렇게 해서 아래와 같이 수심 E의 좌표를 구한다.

$$(\overline{AP}, \overline{EP}) = \left(\frac{b^2+c^2-a^2}{2c}, \frac{2K}{c} + \frac{c(c^2-a^2-b^2)}{4K}\right)$$

■ 무게중심 (F)

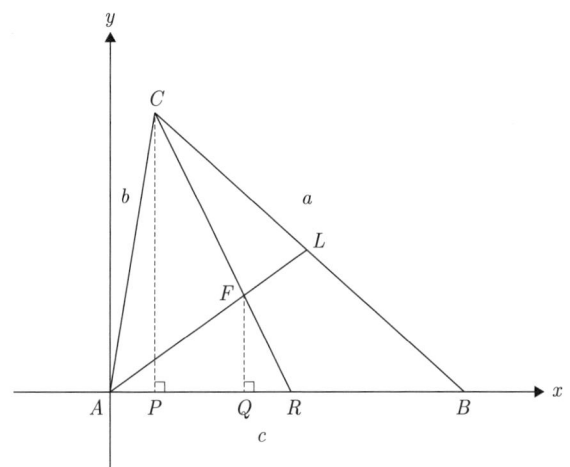

그림 7.9. 무게중심

그림 7.9에서 R는 AB의 중점이고 L은 BC의 중점이다. 중선 CR와 AL이 만나는 점이 무게중심 F이고, CP는 삼각형의 높이다.

삼각형의 넓이는 $K = \text{Area}(\triangle ABC) = \frac{1}{2}(\overline{AB})(\overline{CP})$이므로 $\overline{CP} = 2K/c$라는 것을 알 수 있다.

AB에 수직인 선 FQ를 그으면, $FQ \perp AB$, 두 삼각형 $\triangle RQF$와 $\triangle RPC$는 닮음이다. 그러므로 이 장을 시작할 때 밝혔던 무게중심의 잘 알려진 사실을 이용하면 닮음비는 $\overline{RQ}/\overline{RP} = \overline{RF}/\overline{RC} = \frac{1}{3}$이다. 이것과 중선의

성질을 이용해서 아래와 같이 계산한다.

$$\overline{AQ} = \overline{AR} - \overline{RQ} = \frac{1}{2}(\overline{AB}) - \frac{1}{3}(\overline{RP})$$

$$= \frac{1}{2}c - \frac{1}{3}(\overline{AR} - \overline{AP})$$

$$= \frac{1}{2}c - \frac{1}{3}\left(\frac{1}{2}c - \frac{b^2 + c^2 - a^2}{2c}\right) \quad \text{위에서 구한 } \overline{AP}\text{의 좌표를 이용해서}$$

$$= \frac{3c^2 + b^2 - a^2}{6c}$$

무게중심의 나머지 좌표를 계산하기 위해 두 삼각형 $\triangle RQF$와 $\triangle RPC$가 닮은꼴이라는 사실로 돌아가서

$$\frac{\overline{FQ}}{\overline{CP}} = \frac{\overline{RF}}{\overline{RC}} = \frac{1}{3}$$

그러므로

$$\overline{FQ} = \frac{1}{3}(\overline{CP}) = \frac{2K}{3c}$$

이렇게 해서 무게중심의 좌표는 아래와 같다.

$$(\overline{AQ}, \overline{FQ}) = \left(\frac{3c^2 + b^2 - a^2}{6c}, \frac{2K}{3c}\right)$$

- 외심 (H)

이제 그림 7.10을 참고하자. 앞에서와 같이 R는 AB의 중점이고 D는 AC의 중점이다. 각 변의 수직이등분선이 만나는 점이 외심이다. AM은 삼각형의 높이이므로, 앞에서처럼 넓이를 이용해서 $\overline{AM} = 2K/a$이다.

삼각형 $\triangle ABC$에 코사인 법칙을 적용해서,

$$c^2 = a^2 + b^2 - 2ab\cos\gamma = a^2 + b^2 - 2ab\left(\frac{\overline{CM}}{b}\right)$$

$$= a^2 + b^2 - 2a\overline{CM}$$

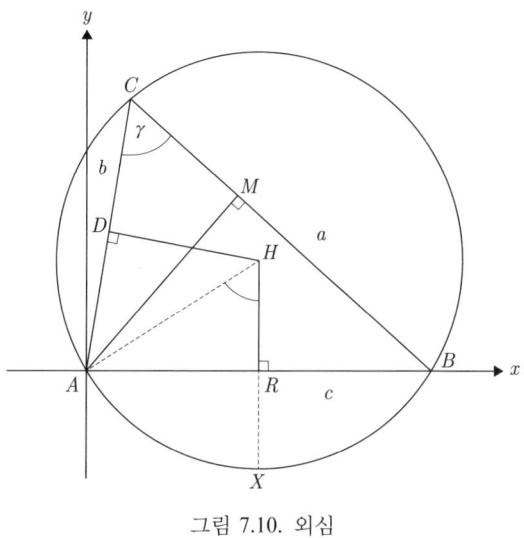

그림 7.10. 외심

그러므로
$$\overline{CM} = \frac{a^2 + b^2 - c^2}{2a}$$

다음으로 외접원에서 $\angle ACB$의 크기는 호 AB의 길이의 절반, 즉 호AX의 길이와 같다. 그리고 호AX의 길이는 부채꼴의 중심각 $\angle AHR$이다.

$\angle ACB = \angle AHR$이므로 두 삼각형 $\triangle ACM$와 $\triangle AHR$은 닮은꼴이고, 닮음비로부터 $\overline{HR}/\overline{AR} = \overline{CM}/\overline{AM}$. 그러므로

$$\overline{HR} = \left(\frac{1}{2}c\right)\left(\frac{a^2 + b^2 - c^2}{2a}\right) \bigg/ \frac{2K}{a} = \frac{c(a^2 + b^2 - c^2)}{8K}$$

이므로, 외심 H의 좌표는 아래와 같다.

$$(\overline{AR}, \overline{HR}) = \left(\frac{c}{2}, \frac{c(a^2 + b^2 - c^2)}{8K}\right)$$

정리하면 오일러가 찾은 세 개의 중요한 점들의 좌표는 아래와 같다.

수심 $E : \left(\dfrac{b^2+c^2-a^2}{2c}, \dfrac{2K}{c} + \dfrac{c(c^2-a^2-b^2)}{4K} \right)$

무게중심 $F : \left(\dfrac{3c^2+b^2-a^2}{6c}, \dfrac{2K}{3c} \right)$

외심 $H : \left(\dfrac{c}{2}, \dfrac{c(a^2+b^2-c^2)}{8K} \right)$

선분 $\overline{EF}$, $\overline{EH}$, $\overline{FH}$의 길이도 찾아야 하고 아직 갈 길이 멀다. 이쯤에서 평범한 수학자들은 좌절할지도 모르지만 오일러는 여전히 신나게 나아간다. 그가 유일하게 허용한 평범함은 거리가 아닌 거리의 **제곱**을 계산한 것이다. 위에서 도입한 좌표와 그림을 그대로 갖고 크게 숨을 한번 고른 뒤 오일러의 자취를 계속 따라가자.

먼저 EF의 길이의 제곱, 즉 수심에서 무게중심까지의 거리의 제곱은

$$(\overline{EF})^2 = \left[\dfrac{b^2+c^2-a^2}{2c} - \dfrac{3c^2+b^2-a^2}{6c} \right]^2$$

$$+ \left[\dfrac{2K}{c} + \dfrac{c(c^2-a^2-b^2)}{4K} - \dfrac{2K}{3c} \right]^2$$

$$= \left[\dfrac{b^2-a^2}{3c} \right]^2 + \left[\dfrac{4K}{3c} + \dfrac{c(c^2-a^2-b^2)}{4K} \right]^2$$

$$= \dfrac{(b^2-a^2)^2 + 16K^2}{9c^2} + \dfrac{2c^2-2a^2-2b^2}{3}$$

$$+ \dfrac{c^2(c^4+a^4+b^4-2a^2c^2-2b^2c^2+2a^2b^2)}{16K^2}$$

식 (7.4)의 헤론의 공식을 쓰면 우변의 분자를 좀 간단하게 정리할 수 있다.

$$(\overline{EF})^2 = \dfrac{(b^2-a^2)^2+16K^2}{9c^2} + \dfrac{2c^2-2a^2-2b^2}{3} + \dfrac{c^2(4a^2b^2-16K^2)}{16K^2}$$

$$= \dfrac{(b^2-a^2)^2+16K^2}{9c^2} - \dfrac{2a^2+2b^2+c^2}{3} + \dfrac{a^2b^2c^2}{4K^2}$$

제 7 장 오일러와 기하학

고맙게도 계산은 여기까지만 하면 된다.

다음은 $\overline{EH}^2$, 즉 수심에서 외심까지의 거리의 제곱이다.

$$(\overline{EH})^2 = \left[\frac{b^2+c^2-a^2}{2c} - \frac{c}{2}\right]^2$$
$$+ \left[\frac{2K}{c} + \frac{c(c^2-a^2-b^2)}{4K} - \frac{c(a^2+b^2-c^2)}{8K}\right]^2$$
$$= \left[\frac{b^2-a^2}{2c}\right]^2 + \left[\frac{2K}{c} + \frac{3c(c^2-a^2-b^2)}{8K}\right]^2$$
$$= \frac{(b^2-a^2)^2 + 16K^2}{4c^2} + \frac{3c^2-3a^2-3b^2}{2}$$
$$+ \frac{9c^2(c^4+a^4+b^4-2a^2c^2-2b^2c^2+2a^2b^2)}{64K^2}$$

다시 한번 헤론의 공식(7.4)을 써서 우변의 분자를 정리한다.

$$(\overline{EH})^2 = \frac{(b^2-a^2)^2 + 16K^2}{4c^2} + \frac{3c^2-3a^2-3b^2}{2} + \frac{9c^2(4a^2b^2-16K^2)}{64K^2}$$
$$= \frac{(b^2-a^2)^2 + 16K^2}{4c^2} - \frac{6a^2+6b^2+3c^2}{4} + \frac{9a^2b^2c^2}{16K^2}$$

마지막으로 무게중심에서 외심까지의 거리의 제곱인 $\overline{FH}^2$ 은

$$(\overline{FH})^2 = \left[\frac{3c^2+b^2-a^2}{6c} - \frac{c}{2}\right]^2 + \left[\frac{2K}{3c} - \frac{c(a^2+b^2-c^2)}{8K}\right]^2$$
$$= \left[\frac{b^2-a^2}{6c}\right]^2 + \frac{4K^2}{9c^2} - \frac{a^2+b^2-c^2}{6}$$
$$+ \frac{c^2(a^4+b^4+c^4+2a^2b^2-2a^2c^2-2b^2c^2)}{64K^2}$$
$$= \frac{(b^2-a^2)^2 + 16K^2}{36c^2} - \frac{a^2+b^2-c^2}{6} + \frac{c^2(4a^2b^2-16K^2)}{64K^2}$$

(7.4)를 이용해서

$$= \frac{(b^2-a^2)^2 + 16K^2}{36c^2} - \frac{2a^2+2b^2+c^2}{12} + \frac{a^2b^2c^2}{16K^2}$$

이제 오일러는 대수적 정보들과 기하학적 정보들을 함께 묶어서 원하는 결과를 얻는다.

정리 임의의 삼각형의 수심(E), 무게중심(F), 외심(H)은 모두 한 직선 위에 있으며, $\overline{EF} = 2(\overline{FH})$와 $\overline{EH} = 3(\overline{FH})$를 만족한다.

증명 $d = \overline{FH}$라고 두고, 위의 결과로부터

$$(\overline{EF})^2 = \frac{(b^2-a^2)^2 + 16K^2}{9c^2} - \frac{2a^2+2b^2+c^2}{3} + \frac{a^2b^2c^2}{4K^2}$$

$$= 4\left[\frac{(b^2-a^2)^2 + 16K^2}{36c^2} - \frac{2a^2+2b^2+c^2}{12} + \frac{a^2b^2c^2}{16K^2}\right]$$

$$= 4(\overline{FH})^2$$

그러므로 $\overline{EF} = 2(\overline{FH}) = 2d$이다. 이것은 수심에서 무게중심까지의 거리가 외심에서 무게중심까지의 거리의 두 배라는 뜻이다.

또한,

$$(\overline{EH})^2 = \frac{(b^2-a^2)^2 + 16K^2}{4c^2} - \frac{6a^2+6b^2+3c^2}{4} + \frac{9a^2b^2c^2}{16K^2}$$

$$= 9\left[\frac{(b^2-a^2)^2 + 16K^2}{36c^2} - \frac{2a^2+2b^2+c^2}{12} + \frac{a^2b^2c^2}{16K^2}\right]$$

$$= 9(\overline{FH})^2$$

이므로, $\overline{EH} = 3\overline{FH} = 3d$이다.

이 계산 결과를 통해 알 수 있는 것은 $d = 0$이 아닌 이상 수심, 무게중심, 외심은 모두 다른 점들이다. $d = 0$, 즉 세 점이 모두 같은 현상이 일어날 때는 오직 정삼각형일 때뿐이다. 그림 7.10에서 보는 바와 같이

$$\overline{EH} = 3d = 2d + d = \overline{EF} + \overline{FH}$$

이므로 E, F, H가 모두 한 직선 위에 있다는 것을 의미한다. 왜냐하면 만약 이 세 점이 모두 같은 직선 위에 있지 않다면 삼각형을 이룰 것이고,

삼각형의 어느 두 변의 길이의 합도 항상 나머지 한 변의 길이보다 크지 결코 같을 수 없기 때문이다. □

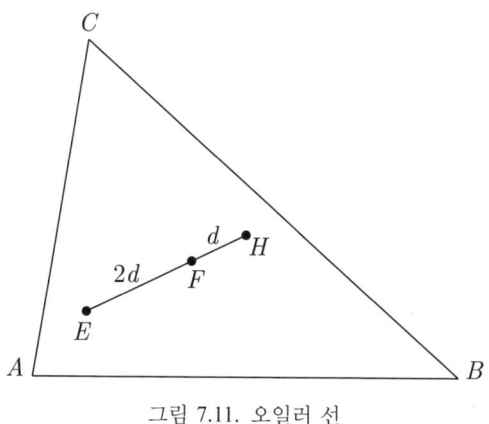

그림 7.11. 오일러 선

이것이 삼각형의 성질인 "오일러 선"이 시작된 유래다. 웰스David Wells는 이것을 오일러의 "기념비적인 정리"[154]라고도 불렀다. 그리고 이 정리가 바로 오일러에게 기하학의 명예의 전당에 이름을 걸 수 있는 영예를 주었다.

우리가 이 증명을 헤론의 정리의 증명과 함께 이 책에 넣은 이유는 두 가지다. 첫째는 이 증명을 통해서 해석학자이자 대수학자이자 수론학자인 18세기의 위대한 마스터 오일러가 기하학에도 조예가 깊었음을 확인할 수 있다. 오일러의 수학적 다양성은 도무지 한계가 없었다.

위의 두 증명은 또 다른 의미가 있다. 바로 데카르트의 시대까지 거슬러 올라가는 논쟁과 관련된다. 논쟁의 이유는 이제 막 신생아인 대수학이 기하학에서 어떤 역할을 하겠냐는 것이다.

오일러가 헤론의 정리를 어떻게 증명했나 생각해보라. 그 증명은 (오일러의 말대로) "순수" 기하학의 전형을 보여준다. 이와는 반대로 오일러 선은 데카르트 좌표계가 불러온 혁명의 소산물이다. 오일러는 유클리드까지의 그리스 고전 기하학만을 이용했을 수도 있었다.

과거의 어떤 수학자들은 해석 기하학이 고전 기하학보다 못하다고 생각했었다. 그들이 그렇게 생각한 이유는 대체로 심미적인 이유이다. "순수" 기하학에서는 종종 "영감"으로 불리는 통찰력에 의한 도약이 요구되기 때문이다. 예를 들면, 오일러가 헤론의 공식을 증명할 때 어떻게 $\triangle NOV$를 그려넣고 이용할 생각을 했을까? 어떤 닮은 삼각형이 헤론의 공식을 증명해줄 것이라고 어떻게 알았을까? 간단히 말하자면, 도대체 무엇을 해야 하는지 어떻게 알았냐는 것이다.

이런 질문에 대한 대답은 궁극적으로 인간의 지적 상상력에 대한 신비의 영역으로 들어간다. 마치 로미오와 줄리엣에 왜 발코니 장면을 넣었냐고 셰익스피어에게 묻는 것과 같은 것이다. 물론 그것은 이야기의 구성과 등장인물을 설명하는 중요한 요소이지만, 두 연인은 정원이나 숲속, 혹은 광장에서 만났을 수도 있었다. **발코니를 고른 것은 심미적인 것으로 정당한 이성적인 이유가 있다기보다 그냥 그 이야기에 가장 잘 어울리기 때문이다** — 그리고 정말로 아름다운 장면이 되었다. 우리는 그 순간에 순전한 예술성을 감상할 뿐이다. 이와 비슷하게 종합 기하학에서 보여주는 영감에 의한 심미적인 요소들에도 감탄하게 되는 것이다.

해석 기하학은 이와는 대조적이다. 오일러는 세 가지 특별한 점들의 좌표가 필요하다고 깨달은 뒤 함수들을 이용해서 하나씩 찾아나갔다. (오일러 선에 대한 훨씬 간단한 증명을 위해서는 [155]을 보라). (이제 와서 솔직히 말하자면) 정말 힘든 일이었다. 그의 계산들은, 스터디Eduard Study의 적절한 표현대로 "좌표계라는 방앗간의 덜컹거림"으로 가득했다. 혹자는 해석 기하학이 정말 기하학이냐고 반문하기도 한다. 명석함이나 명쾌함도 부족하고, 카르노Carnot가 표현한 대로 "해석학의 상형문자"에 의존하는 고생스러운 대수 계산에 지나지 않나?[156]

해석 기하학에 대한 이런 경멸이 팽배했을 때가 있었다. 샬Michel Chasles, 1793-1880, 몽주Gaspard Monge, 1746-1818, 슈타이너Jakob Steiner, 1796-1863와 같은 수학자들은 해석적 방법을 이용하는 것을 공정하지 못한 것으로 여겨서 거부했다. 만약 어느 산악인이 비행기에서 낙하산을 이용해 뛰어내리는 방법으로 에베레스트 산의 정상에 올랐다고 하면 우리는 그를 비난할 것이다. 비슷한 이유로 순수주의자들은 오일러 선의 발견과 같은 대수적인 증명에 냉소했다. 어떤 수학자들은 해석 기하학의 시작을 후회해서, 역사학자 클라인Morris Kline의 말에 따르면 데카르트에게 "보복"할 기회를 노렸다.

물론 이와 반대되는 주장도 있었다. 해석 기하학은 결국 위의 증명에서도 충분히 확인할 수 있는 결코 무시하지 못할 힘을 가졌다. 일관성 있는 방법을 제공하고 기하학적 의미가 쉽게 보이지 않아도 대수적으로 의미가 있는 것들의 관계를 분명하게 설명한다. 또한 하늘에서 뚝 떨어진 것 같은 직관력에 의존하지 않는다. 이런 점을 퐁슬레Jean-Victor Poncelet, 1788-1867는 해석 기하학을 즐겨하지 않았어도 다음과 같이 인정했다.

> 해석 기하학이 문제를 해결하는 데 포괄적이고 일관성 있는 방법을 제공하는 반면… 다른 기하학[고전 기하학]은 온전히 수학자의 명석함에 의존하는 우연에 의해 전개된다.[157]

시간은 열띤 논쟁도 가볍게 넘길 수 있는 각주 정도의 의미로 바꾸는 힘이 있다. 오늘날 종합 기하학과 해석 기하학의 싸움에서 어느 한 편을 들어야 한다고 생각하는 수학자는 거의 없다. 이와는 반대로 우리가 확인한 오일러의 두 가지 증명처럼 기하학의 무기고에 여러 가지 방법을 두는 것이 훨씬 좋다고 생각한다. 첫 번째 증명에서 명석한 오일러를 만났다면, 두 번째는 분명히 열심히 일하는 오일러를 만났다.

에필로그

앞에서 약속했듯이 에필로그에서는 헤론의 공식을 두 가지 다른 방법으로 증명한다. 헤론과 오일러가 그랬듯이 둘 다 내심에서 시작한다. 그리고 삼각함수 공식의 힘을 활용해서 증명을 획기적으로 간단하게 만들 것이다.[158]

정리 삼각형의 넓이는 $\text{Area}(\triangle ABC) = \sqrt{s(s-a)(s-b)(s-c)}$이다.

증명 그림 7.12을 참고해서 삼각형 $\triangle ABC$를 앞에서 우리가 이미 했던 두 가지 다른 방법으로 보자. 왼쪽에서는 내심 O가 그려졌던 삼각형을 고려하고, 오른쪽에서는 길이가 h인 삼각형의 높이 CP를 생각하자.

왼쪽 삼각형으로부터

$$\sin\frac{\alpha}{2} = \frac{r}{\sqrt{r^2+x^2}}, \quad \cos\frac{\alpha}{2} = \frac{x}{\sqrt{r^2+x^2}}$$

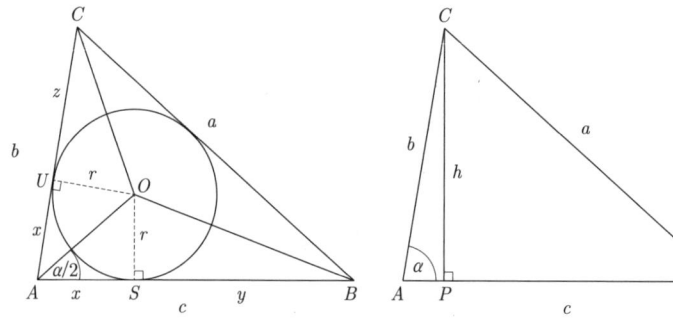

그림 7.12. 헤론의 공식

이고, 오른쪽 삼각형으로 부터는 $\sin\alpha = h/b$임을 바로 알 수 있다. 그러므로

$$h = b\sin\alpha = b\left[2\sin\frac{\alpha}{2}\cos\frac{\alpha}{2}\right] = b\frac{2rx}{r^2 + x^2}$$
$$= (x+z)\frac{2rx}{r^2 + x^2}$$

이고,

$$rs = \text{Area}(\triangle ABC) = \frac{1}{2}(\overline{AB})(\overline{CP})$$
$$= \frac{1}{2}(x+y)h$$
$$= \frac{1}{2}(x+y)(x+z)\frac{2rx}{r^2 + x^2}$$

이다. 양변에서 r를 소거하고 우변의 분모를 좌변으로 보내어 간단히 하면,

$$s(r^2 + x^2) = x(x+y)(x+z)$$
$$= x[x(x+y+z) + yz]$$
$$= x(xs + yz).$$

그러므로 $sr^2 + sx^2 = sx^2 + xyz$, 즉 $sr^2 = xyz$이다. 마지막으로 아래와 같이 헤론의 공식을 얻을 수 있다.

$$\text{Area}(\triangle ABC) = rs = \sqrt{s(sr^2)}$$
$$= \sqrt{s(xyz)} = \sqrt{s(s-a)(s-b)(s-c)} \quad \square$$

이 증명은 헤론이 했던 내접원을 이용한 옛날 아이디어와 삼각함수 공식를 이용한 새로운 아이디어가 어우러지는 가치를 보여준다. 그러나 순전히 효과적인 면을 고려하자면 다음의 증명 방법을 따라갈 수 없을 것이다.[159]

정리 삼각형의 넓이는 $\text{Area}(\triangle ABC) = \sqrt{s(s-a)(s-b)(s-c)}$ 이다.

증명 δ와 θ를 양의 실수로 $\delta + \theta = \pi/2$를 만족한다고 하자. 그러면 $(\tan\delta)(\tan\theta) = (\tan\delta)(\cot\delta) = 1$이다. 삼각형 $\triangle ABC$의 세 내각이 α, β, γ라고 하자. 방금 우리가 본 성질을 이용하면

$$1 = \tan\left(\frac{\alpha}{2}\right)\tan\left(\frac{\beta}{2} + \frac{\gamma}{2}\right) = \tan\left(\frac{\alpha}{2}\right)\frac{\tan\beta/2 + \tan\gamma/2}{1 - (\tan\beta/2)(\tan\gamma/2)}$$

이므로,

$$\tan\left(\frac{\alpha}{2}\right)\tan\left(\frac{\beta}{2}\right) + \tan\left(\frac{\alpha}{2}\right)\tan\left(\frac{\gamma}{2}\right) + \tan\left(\frac{\beta}{2}\right)\tan\left(\frac{\gamma}{2}\right) = 1.$$

이다. 그림 7.13에서 보는 대로 내접원의 반지름들을 이용해서 위의 식을 다시 쓰면,

$$\frac{r}{x} \times \frac{r}{y} + \frac{r}{x} \times \frac{r}{z} + \frac{r}{y} \times \frac{r}{z} = 1$$

양변에 xyz를 곱해서 간단히 하면 $xyz = r^2(x+y+z) = r^2 s$이고, 이제 위에서 한 계산을 똑같이 반복하면 헤론의 공식을 얻는다. □

이번 장에서 헤론의 공식을 세 번이나 거듭해서 증명했으니 이만하면 헤론의 공식을 믿지 못하는 독자는 없을 것이다.

"오일러 선"은 어떨까? 오일러는 1767년에 이 결과를 발표했다. 그 이후의 100년은 기하학의 르네상스였다는 것도 밝혀둔다. 죽었던 주제가 갑자기 되살아난 것같이 보이기도 한다. 그 이유가 순전히 오일러의 영향이라고 하는 것은 좀 무리가 있겠지만 그의 뒤를 이은 수학자들이 이 뛰어난 마스터가 평면 기하학을 상당한 관심을 둘 만한 주제로 인식했다는 점은 분명히 알았을 것이다.

19세기 전반에 등장한 비유클리드 기하학과 거의 같은 시기에 꽃피운 사영 기하학 역시 기하학에 대한 새로운 관심을 더욱 부추겼을 것이다.

제 7 장 오일러와 기하학

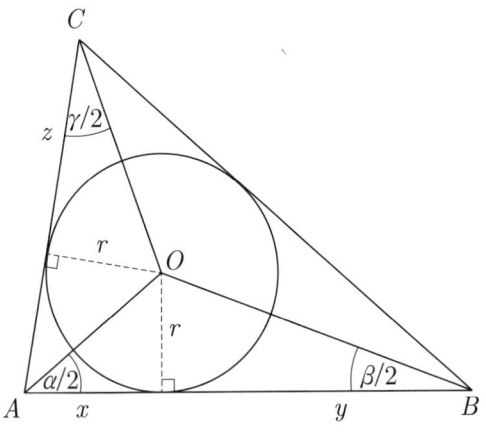

그림 7.13. 내심과 헤론의 공식

그러나 대부분의 수학자들은 오래되고 익숙한 유클리드 기하학에 집중하고 있었다. 수학 역사학자인 카조리Florian Cajori는 말했다. "··· 새로운 정리가 삼각형이나 원과 같이 이미 그리스 시대부터 수많은 기하학자들의 의해서 샅샅이 연구된 간단한 도형에서 발견된다는 것은 진실로 놀라운 일이다."[160]

"오일러 선"의 세기 동안 수학자들은 삼각형의 새로운 성질들을 찾아내서 이제 나겔 점Nagel point, 고르곤 점Gergonne point, 포이어바흐 원Feuerbach circle과 같은 새로운 용어들이 유클리드 기하에 출현했다. 심지어 프랑스 국왕마저 거들어서 오늘날 "나폴레옹의 정리Napoleon's Theorem"라고 불리는 결과도 등장했다. 그리스 수학이 기하학의 황금기였다면, 오일러 이후의 100년은 그에 버금가는 시대라고 할 수 있을 것이다.

이 시기의 결과 중 오일러 선과 직접적으로 관계가 있는 "포이어바흐 원" 한 가지만 살펴보자. 그림 7.14를 참고하여 삼각형 $\triangle ABC$에서 시작한다. 앞에서 썼던 기호들을 일관성 있게 사용해서 R, L, D는 모두

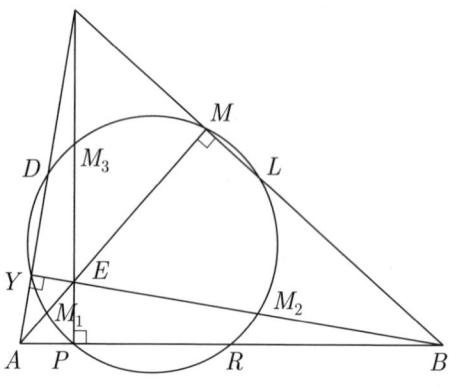

그림 7.14. 아홉 점의 원

각 변의 중점이고 AM, BY, CP는 모두 수심 E를 지나는 높이들이다. 수심과 각 꼭짓점을 잇는 선분의 중점을 표시한다. 즉 M_1은 선분 AE의 중점이고 M_2는 BE의 중점, M_3는 CE의 중점이다.

이제 두 명의 수학자 퐁슬레와 브리앙송C. J. Brianchon, 1785-1864이 발견한 정리를 서술하자.

> 임의의 삼각형의 각 꼭짓점에서 마주보는 변에 내린 수선의 발을 모두 지나는 원은 각 변의 중점을 모두 지난다. 뿐만 아니라 각 꼭짓점과 수심을 이은 선분의 중점들도 모두 지난다.[161]

다시 말해서, 그림 7.14에서 보듯이 세 수선의 발인 M, Y, P, 각 변의 중점인 R, L, D 그리고 M_1, M_2, M_3의 아홉 개의 점들을 모두 지나는 원이 있다는 말이다. 게다가 — 이제 상황이 더 복잡해진다 — 그 원의 중심은 바로 오일러 선의 중점이고 반지름은 외접원의 반지름과 같다. 간단한 삼각형 안에서 기하학자들은 실타래같이 엮인 놀라운 사실들을 발굴해왔다.

유감스럽게도 포이어바흐 원은 수학의여러 다른 것처럼 잘못 붙여진 이름이다. 앞에서 밝혔듯이 1821년 처음으로 발견한 것은 퐁슬레와 브리앙송이다. 1년 뒤에 포이어바흐Karl Wilhelm Feuerbach, 1800–1834가 우연히 똑같진 않았지만 관련된 아이디어를 발견했다. 오일러의 논문에서 영감을 얻어서 포이어바흐가 논문을 발표했고, 어찌해서 그의 이름이 퐁슬레/브리앙송의 원에 붙게 되었던 것이다.

오늘날에는 "아홉 점의 원"으로 불린다. 좀더 정확한 이름을 붙이자니 다소 심심한 이름이 되었다. 무슨 이름으로 부르든 이런 원이 존재한다는 사실은 여전히 매우 재미있는 일이다. 이 아홉 개의 각각의 점들은 그리스 수학자들에 의해 이미 완벽하게 이해되었음에도 1821년이 되기까지 아무도 원 하나에 모두 올라간다는 사실을 알아차리지 못했다. 이 장면에서 또 한번 수학의 매력을 확인한다. 바로 항상 우리를 놀라게 한다는 것!

"아홉 점의 원"이 이상해보인다면, 지금부터 설명하려는 것은 기하학에서 가장 독특한 것 중 하나라고 할 것이다. 1899년 미국의 수학자 몰리Frank Morley, 1860–1937에 의해 발표된 정리이다. 이 장을 끝내기 전에 마지막으로 간단하게 소개하려고 한다.

유클리드가 삼각형의 각 꼭짓점의 각을 이등분한 선들이 만나는 점이 내심이라고 밝혔다면, 몰리는 꼭짓점을 삼등분하면 어떻게 되겠냐고 물었다. 물론 그의 시대에는 이미 자와 컴퍼스를 가지고 임의의 각을 삼등분하는 것은 수학적으로 불가능하다는 것이 밝혀져 있었다. 그러나 삼등분 선을 유클리드 식의 방법으로 그릴 수 없다고 해도 분명히 존재하는 것이다. 몰리는 그림 7.15에서 보는 것처럼 삼등분 선들이 삼각형 안에서 서로 만난다면 어떻게 될지 궁금해했다.

결과는 놀라웠다. 처음에 주어진 삼각형이 어떻게 생겼든지 간에 각의 삼등분 선들이 만나서 만들어진 삼각형은 항상 정삼각형이다! 밖에 있는

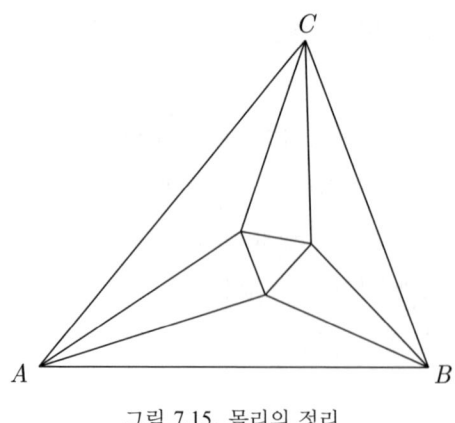

그림 7.15. 몰리의 정리

원래 주어진 삼각형을 비틀면 안에 있는 정삼각형은 방향이나 크기가 바뀔 수도 있다. 그러나 세 변의 길이는 항상 같고 세 각은 항상 60°이다. 직관적으로 바로 알 수 없는 어떤 이유로 삼등분 선들이 삼각형 안에서 불변하는 고정량을 주고 있는 것이다.[162] 몰리의 정리는 놀랍고, 증명하기 어렵고, 그리고 완벽하게 아름답다.

기하학은 수학의 분야 중 "시대에 따라 취향이 가장 변하기 쉬운" 것으로 여겨왔다.[163] 고전 시대의 절정에서부터 19세기의 르네상스를 지나 상대적으로 좀 소홀시되는 오늘날까지 기하학의 인기는 크게 변화해왔다. 그러나 우리가 이 장에서 본 정리들을 통해서 이미 분명히 알았을 것이다. 유클리드의 기하학은 "기본적"이라는 오해 뒤에서 새롭고 훌륭한 결과들을 숨기며 어느 누구의 생각보다도 훨씬 깊숙이 자리하고 있다. 헤론에서 오일러까지 또 퐁슬레에서 몰리까지 기하학이 이루어낸 아름다움은 명백하다.

아직도 의심이 남은 사람은 커다란 삼각형을 그려보길 권한다. 그리고 자와 컴퍼스를 가져다가 수심과 무게중심과 외심이 마술처럼 정말로 한 선분 위에 나란히 올라가는지 살펴보길 바란다. 오일러 선은 기하학의 아름다움을 보여주며 변화를 진정한 수학의 즐거움으로 여겼던 오일러에겐 찬란한 표지가 되었다.

제 8 장
오일러와 조합론

조합론은 중요하고도 활발한 이산 수학의 한 분야로 주로 유한개인 대상을 세는 것에 관심이 있는 분야이다. 결국 세는 것은 고난도의 사고 능력이 필요하지 않으니 쉬운 분야라고 생각할지도 모르겠다.

예를 들어보자. 세 명의 사람이 제과점에서 계산하기 위해 줄을 서는 서로 다른 방법의 수가 얼마나 있을까? 세 명의 사람을 a, b, c라고 하고 가능한 모든 방법을 나열해보면

$$abc, \quad acb, \quad bac, \quad bca, \quad cab, \quad cba$$

와 같고, 이것을 세면 줄은 서는 가능한 방법은 여섯 가지가 있다는 것을 안다. 식은 죽 먹기다.

약간 복잡한 다른 문제를 생각해보자. 만일 같은 제과점에서 15가지 종류의 도넛을 팔고 있다면 배고픈 사람이 상자에 도넛을 12개 골라 담는 방법의 수는 몇 개일까? 12개 모두를 다 똑같은 도넛을 고른 경우부터 다 다른 것을 고른 경우까지 모든 것을 고려해야 한다.

이 경우는 9,657,700가지의 방법이 있다. 표현을 바꾸어보면 서로 다른 방법으로 사람들이 도넛 상자를 꾸려나올 수 있는 방법은 거의 백만 가지가 있다는 것이다. 처음의 문제처럼 모든 가능한 방법을 나열하여 세는 것으로는 이 문제의 답을 얻을 수 **없다**. 더 정확히 말하면 이 도넛 문제는 수학, 곧 조합론적 방법이 필요하다.

조합론이 공식적인 수학의 한 분야가 된 것은 상당히 최근이지만 세는 것에 대한 문제는 역사가 길다. 당연히 오일러도 조합론 연구에 기여했다는 사실은 놀라운 일이 아니다. 이제 오일러 이전의 결과에 대하여 간단히 설명한 후, 오일러의 매우 흥미로운 업적 두 가지를 자세히 살펴볼 것이다. 하나는 오일러가 "신기한" 문제라고 불렀던 제한된 순열에 대한 것이고, 다른 하나는 오일러의 통찰력 있는 분석을 확인할 수 있는 수의 분할에 대한 것이다.

프롤로그

조합론적 연구가 언제 시작되었는지 정확히 아는 것은 어렵지만, 인도의 수학자 바스카라Bhaskara, 1114-약 1185의 연구에서 이와 관련된 문제를 확인할 수 있다. 이후 프랑스 남부의 레위 벤 게르손Levi ben Gerson은 《계산의 예술 The Art of the Calculator 또는 Maasei Hoshev》이라는 전근대기의 가장 훌륭한 논문을 썼다.[164] 벤 게르손은 초기 형태의 수학적 귀납법을 사용하여 기초 조합론의 핵심 공식들을 증명하였다.

다음 몇 세기 동안 여러 수학자들이 이 주제에 조금씩 관여하였다. 오일러 이전에는 야콥 베르누이Jakob Bernoulli가 고전 《추측술 Ars Conjectandi》에서 기초적인 조합론의 결과들을 모아서 정리하였다. 《추측술》은 1600년대 후반에 쓰였지만 베르누이 사후 1713년에 출판되었다. 제목이 알려주듯이 이 책은 확률론을 깊이 다루었고, 가장 중요한 결과는 현재 "큰 수의 법칙"으로 알려져 있는 것으로 확률론의 기둥으로 확실하게 자리매김하고 있다. 확률을 계산하는 과정에서 베르누이는 경우의 수를 셀 필요가 있었다. 즉, 어떤 항목이 배열되거나 선택될 때 가능한 모든 경우의 수를 세는 것이다. 베르누이는 《추측술》의 두 번째 장에서 "순열과 조합의 원칙 The Doctrine of Permutations and Combinatorics"에 대해 논의하면서 1700년경의 조합론의 상황을 잘 보여주었다.

베르누이는 자연의 "무한한 다양성"은 주어진 상황에서 벌어질 수 있는 모든 경우의 수를 다 나열하여 이해하려는 인간의 인지 능력을 넘어서는 것이라고 설명한다. 그러나 "무언가를 셀 때 가장 유용한 것은 조합론Combinatoria이라 불리는 것으로 이것은 우리의 한계를 보완한다."[165]

한계를 보완하기 위해서, 베르누이는 우선 순열Permutation을 연구하기 시작하였다. 순열은 순서를 고려하여 물건을 선택하는 방법의 수이다. 베르누이는 다음의 규칙을 설명하였다. n개의 서로 다른 물건을 줄 세우는 서로 다른 방법은 $n(n-1)(n-2)\cdots 3\cdot 2\cdot 1$가지이다. 물론 요즘에는 이것을 간단하게 $n!$로 쓴다. 베르누이는 계산을 어려움을 극복하고자 $12! = 479,001,600$까지의 $n!$값을 표로 첨부하였다.

이 순열의 규칙은 조합론의 곱의 법칙으로부터 바로 얻을 수 있는 것이다. 곱의 법칙은 가장 간단하게 **보이지만** 수학에서 가장 간단하지 않은 정리이다. 곱의 법칙은 어떤 과정이 두 단계로 되어 있어서 첫 번째 단계가 m개의 서로 다른 방법으로 수행될 수 있고, 두 번째 단계가 n개의 서로 다른 방법으로 수행될 수 있다면, 전체의 과정은 당연히 $m \times n$개의 서로 다른 방법으로 수행될 수 있다는 것이다.

예를 들어, 세 개의 대문자 A, B, C와 네 개의 소문자 e, f, g, h가 있을 때, 우선 대문자를 선택한 후 그 다음으로 소문자를 선택하는 방법의 모든 방법의 수는 $3 \times 4 = 12$가지이다. 이것은 아래와 같이 가능한 방법을 모두 나열하여 쉽게 확인할 수 있다.

$$\begin{array}{ccc} Ae & Be & Ce \\ Af & Bf & Cf \\ Ag & Bg & Cg \\ Ah & Bh & Ch \end{array}$$

세 개의 대문자는 세 가지 열을 결정하고 네 개의 소문자는 네 가지 행을 만들어 $3 \times 4 = 12$가지의 항목이 생기는 것이 확인된다. 이러한 곱의 법칙은 명백하게 세 단계, 네 단계, 혹은 다단계로 확장된다.

원리를 설명하기 위해 베르누이는 "공기관식 오르간"의 하나의 옥타브에서 건반의 일부 또는 모두를 연주할 수 있는 다양한 방법이 얼마나 많은지 질문하였다.[166] 도에서 다음 도까지 각각 12개의 건반이 있고, 각각의 건반에 대해서 누르거나 또는 누르지 않는 두 가지 선택이 가능하다. 따라서 $2 \times 2 \times \cdots \times 2 = 2^{12} = 4096$가지의 연주 방법이 있다. 그렇지만 아무 건반도 누르지 않은 경우는 제외해야 하기 때문에, 4095가지의 가능한 소리를 만들 수 있다. 대부분의 경우는 참기 힘든 불협화음이 될 것이라는 점은 물론 언급하지 않았다.

서로 다른 n개의 순열 문제로 돌아가자. 베르누이가 관찰한 것은 첫 번째는 n가지 선택 가능성이 있고, 두 번째는 $n-1$가지 선택 가능성이 있고, 그 다음에는 $n-2$가지 선택 가능성이 있다는 것이었다. 곱의 법칙을 적용하면 전체 $n(n-1)(n-2)\cdots 3 \cdot 2 \cdot 1 = n!$가지의 순열이 있다는 것을 알 수 있다. 만일 n보다 작거나 같은 r개를 선택한다면, 비슷한 이유로 길이가 r인 순열은 $n(n-1)(n-2)\cdots(n-r+1)$가지가 있다.

베르누이는 또한 **조합**을 연구하였다. 조합이란 원소가 많은 집합에서 순서를 고려하지 않고 **부분 집합**을 만드는 방법의 수이다. 제과점에서 줄을 서는 문제와 달리 조합의 문제에서는 순서는 고려하지 않고 단지 있는지 없는지만 생각한다.

현대 기호로 $\binom{n}{r}$은 서로 다른 n개 중에서 원소의 수가 r개인 부분 집합의 수를 나타낸다. $\binom{n}{r}$이 얼마인지 계산하는 공식을 구하기 위하여 다음과 같이 곱의 법칙을 활용하자.

n개 중에서 r개를 선택하는 **순열**의 수를 두 가지 다른 방법으로 구하려고 한다. 첫 번째는 $n(n-1)\cdots(n-r+1)$가지 다른 방법이 있다는 것을 방금 관찰했다. 두 번째는 두 단계로 순서를 가지는 배열을 생각할 것이다. 우선, 순서를 무시하고 n개에서 r개를 한 움큼 선택한다. 그리고 그 선택된 r개를 순서를 고려하여 배열하는 것이다. 우리의 기호를 사용하면 원소의 개수가 r개인 부분 집합은 $\binom{n}{r}$가지가 있고, 각각의 원소들을 배열하는 서로 다른 방법은 $r!$가지이다. 곱의 법칙을 사용하면 결국 $\binom{n}{r} \times r!$가지 경우의 순열이 있다는 것이다.

위의 두 가지 방법을 통해서 얻은 순열의 수는 같다. 그러므로

$$n(n-1)\cdots(n-r+1) = \binom{n}{r} \times r!$$

이고, 따라서

$$\binom{n}{r} = \frac{n(n-1)\cdots(n-r+1)}{r!}$$

이다. 예를 들어 영어 알파벳의 네 개로 이루어진 서로 다른 부분 집합의 개수는

$$\binom{26}{4} = \frac{26 \times 25 \times 24 \times 23}{4 \times 3 \times 2 \times 1} = 14,950$$

가지이다. 조합에 대한 이러한 규칙은 바스카라도 알고 있었고, 벤 게르손Levi ben Gerson에 의해 오래 전에 증명되었다. 여기서는 야콥 베르누이가 초보자를 위한 배경 지식을 제공한 것이다.

베르누이는 이 주제를 더 깊이 들여다보며 이번에는 n개 중에서 중복을 원하는 만큼 허용하여 r개를 선택하는 조합의 수를 생각하였다. 이것은 정확하게 여러 가지 맛의 도넛이 있는 제과점에서 손님이 도넛을 선택하는 상황과 같다. 분명히 도넛 상자 안에 들어가는 순서는 중요하지 않기 때문에, 순열의 문제라기보다는 조합의 문제이다. 그러나 글레이즈

도넛을 선택한 후에, 두 번째도 다시 다른 글레이즈 도넛을 선택할 수도 있고, 그 다음에도 또 다른 글레이즈 도넛을 선택할 수 있다. 이러한 의미에서 한 번 선택된 도넛이라도 다시 선택될 수 있다.

이런 "도넛 고르기"와 같은 상황에서 얼마나 많은 다양한 조합이 가능할까? 야콥 베르누이는 다음의 규칙을 제시하였다.

> 두 개의 증가하는 등차 수열을 생각하자. 첫 번째 수열의 초항은 전체 (도넛의) 개수 n으로 고정되어 있고, 두 번째 수열의 초항은 1에서 시작한다. 두 개의 수열 모두 공차는 1이이고, 각 수열의 항의 개수는 조합이 가지는 1의 개수만큼이다. 이어서 첫 번째 등차 수열의 항들의 곱은 두 번째 등차 수열의 항들의 곱으로 나누어지고, 그 몫이 원하는 조합의 수가 될 것이다.[167]

그의 설명은 전혀 명확하지 않다. 사실 베르누이가 말하려고 하는 것과 왜 이 논리가 성립하는지 모두 이해하기 어렵다. 베르누이가 말하려는 것이 무엇인지부터 시작하자.

만일 서로 다른 n개 중에서 중복을 허용하여 r개를 선택하는 조합의 수를 센다고 할 때, 베르누이가 말한 두 개의 등차 수열은 다음과 같다.

$$\begin{array}{cccccc} n & n+1 & n+2 & \cdots & n+r-2 & n+r-1 \\ 1 & 2 & 3 & \cdots & r-1 & r \end{array}$$

가능한 조합의 경우의 수를 알아내기 위해, 첫 번째 등차 수열의 항들을 모두 곱한 후 이것을 두 번째 수열의 항들의 곱으로 나누어 아래와 같이 몫을 얻는다.

$$\frac{n \times (n+1) \times (n+2) \times \cdots \times (n+r-2) \times (n+r-1)}{1 \times 2 \times \cdots \times (r-1) \times r}$$

이 식을 본 독자들은 한눈에 이것은 현대의 표기법으로 $\binom{n+r-1}{r}$이라고 확신할 것이다.

제 8 장 오일러와 조합론

그런데 이것이 진짜 맞는 것일까? 만일 맞다면, 왜 그런 것일까?

아마도 베르누이의 규칙을 확인하기 위한 가장 쉬운 방법은 간단한 경우를 구체적으로 생각해보는 것이다. 네 가지 종류의 도넛이 있는 제과점에서 도넛 세 개를 산다고 가정해보자. 네 가지 도넛은 글레이즈 도넛, 설탕 도넛, 초콜릿 도넛, 플레인 도넛이고, 각각 g, s, c, p라고 표기하자. 물론 도넛이 종류별로 각각 하나씩만 있다면 우리가 도넛을 살 수 있는 가능한 방법은 $\binom{4}{3}=4$가지이다.

그러나 도넛 공급이 원활한 제과점이라면 각 종류의 도넛은 무한정 공급될 것이다. 설명을 위해 제과점에서는 도넛을 상자에 직접 담기 전에 종류별로 봉투에 넣어 포장을 한다고 하자. 손님이 도넛을 선택하면 네 개의 종류별로 포장된 도넛 봉투가 상자에 담긴다. 이때 어떤 봉투는 비어 있을 수도 있다.

예를 들어, 글레이즈 도넛 두 개와 설탕 도넛 하나를 주문했다면 다음과 같이 도넛 상자를 묘사할 수 있다.

$$g\ g\ |\ s\ |\ \ |\ $$

여기서 세로줄 (|)은 봉투 사이의 구분을 나타내고 끝의 두 자리는 빈 봉투를 나타낸다. 봉투들을 왼쪽에서 오른쪽 방향으로 글레이즈 도넛, 설탕 도넛, 초콜릿 도넛, 플레인 도넛 순서로 나열해서 상자에 담는다고 약속하면, 이것을 $XX|X||$ 와 같이 간단히 나타낼 수 있다. 즉, 두 개의 글레이즈 도넛을 첫 번째 봉투에 넣고 한 개의 설탕 도넛을 두 번째 봉투에 넣고 나머지 초콜릿과 플레인을 위한 두 개는 봉투는 빈 봉투이다. 또 다른 예로 글레이즈 도넛 한 개와 초콜릿 도넛 한 개 그리고 플레인 도넛 한 개를 선택했다면, $X||X|X$와 같이 쓸 수 있다. 초콜릿 도넛만 세 개를 선택했다면 $||XXX|$ 가 될 것이다.

203

잠깐 생각해보면 이 상황은 아래와 같은 여섯 개의 자리

─ ─ ─ ─ ─ ─

를 세 개의 X와 세 개의 세로줄로 채우면 되는 것이다. 세 개의 X와 세 개의 세로줄로 빈 자리에 채우는 각각 다른 배열은 도넛을 구매하는 서로 다른 방법을 나타내고, 반대로 각각의 도넛을 구매하는 방법은 정확히 이런 식의 배열 한개로 완벽하게 표현된다.

따라서 원래의 질문은 세 개의 X와 세 개의 세로줄로 여섯 자리를 채우는 방법의 수를 세는 좀 더 추상적인 질문으로 변환된다. 물론, 세 개의 자리를 X로 채우고 나면 나머지 세개는 세로줄로 채우는 것 말고 다른 방법은 없다.

그러므로 결론은 세 개의 X의 자리를 고르는 서로 다른 방법의 수, 즉 $\binom{6}{3} = \frac{6 \times 5 \times 4}{3 \times 2 \times 1} = 20$가지의 방법이 있다. 따라서 정확히 20가지의 각기 다른 도넛을 고르는 방법이 있다는 것이다. 의심이 많은 독자를 위해 여기에 적어보면 다음과 같다.

ggg ggs ggc ggp gss gcc gpp gsc gsp gcp
sss ssc ssp scc spp scp ccc ccp cpp ppp

이제 이 논리를 정확하게 따라서 일반적인 규칙을 도출할 수 있다. n개 중에서 중복을 허용하여 순서를 고려하지 않고 r개를 선택한다고 하자. 위와 똑같이 이것은 r개의 문자열 X와 $n-1$개의 세로줄을 $n+r-1$개의 자리에 채우는 문제로 추상화할 수 있다. 이로부터 r개의 자리를 선택하여 X로 채우면 되고, 자리를 선택하는 방법은 $\binom{n+r-1}{r}$개이다. 이 방법은 정확히 야콥 베르누이가 《추측술》에서 설명한 것이다.

이 장의 도입부에서 보았던 문제를 다시 돌아가서, 도넛이 충분히 많은 제과점에 15가지 다른 종류의 도넛($n=15$)이 있고, 그 중에서 12

개($r=12$)를 고른다면,

$$\binom{15+12-1}{12} = \binom{26}{12} = 9,657,700$$

가지의 서로 다른 방법으로 선택할 수 있다. 도넛 이야기를 계속하다보니 배가 고파지는 것 같다.

이 짧은 조합론 강의를 통해서 독자들이 겉으로는 간단해보이는 상황도 결코 간단하지 않은 분야라는 것을 이해하길 바란다. 가능한 방법을 세는 것은 미적분학이나 복소함수론에 대한 깊은 통찰력을 요구하지는 않지만, 모든 "고등" 수학의 분야에서 요구되는 것과 같은 그 자신만의 어려움이 있다.

오일러는 어려움에 절대 지치지 않는 수학자였다. 오일러의 다양한 수학적 관심은 당연히 나열하여 세는 문제도 포함하였다. 곧 살펴보겠지만 오일러는 흥미로운 질문을 했을 뿐 아니라 아름다운 해답도 내놓았다.

오일러 등장

1779년 10월 오일러는 상트 페테르부르크 학술원에서 《조합론의 궁금한 질문 A curious question from the doctrine of combinations》이라는 논문을 준비하였다.[168] 출판을 기다리며 쌓여 있던 오일러의 논문이 너무 많아서 이 논문은 오일러 사후 1811년에야 《아카데미 논문집 The Academy's Memoirs》에 출판되었다. 출판이 지연됨에도 불구하고 그는 "신기한" 어떤 문제의 예를 제시했을 뿐만이 아니라 재귀공식 recursion이라는 풀이법도 제공했다. 이후 재귀공식은 조합론의 주요한 연구방법 중 하나가 되었다.

그 문제는 알려진 지 수십 년이 되었고 이미 풀렸다. 1708년 몽모르 Pierre Remond de Montmort, 1678-1719는 트레즈 Treize라는 또는 조금 더 구체적인 이름으로 일치Rencontre라는 카드 게임을 논했다. 게임의 규칙은 다음과 같다. 게임의 참가자는 에이스부터 킹까지의 열세 장의 카드를 섞은 뒤 한 번에 한 장씩 카드를 뒤집는다. 이때, "하나"라고 말하며 첫 번째 카드를 뒤집고 "둘"이라고 말하며 두 번째 카드를 뒤집는 식으로 계속한다. 어느 순간 카드를 뒤집을 때 카드와 말한 숫자가 일치하면 승리한다. 예를 들어, 만일 네 번째 카드를 뒤집을 때 "넷"이라고 말하거나, 열한 번째 카드를 뒤집을 때 "잭"이라고 말한다면 말과 숫자가 일치하므로 카드를 뒤집은 사람이 이긴다.

몽모르는 이 게임의 이길 확률을 구해서 조합론 역사에 남는 명성을 얻었다. 이후 몇 년 동안 몽모르는 니콜라스 베르누이Nicolaus Bernoulli와 이 문제를 두고 교류하였다. 이와 독립적으로 드 무아브르Abraham De Moivre도 1718년 그의 책 《우연의 법칙 The Doctrine of Chances》에서 이 문제를 다루었다. 이렇게 이 우연의 일치에 관한 문제는 오일러가 등장하기 오래 전에 이미 풀려 있었다. 그러면 왜, 굳이 여기서, 이 문제에 관해 이야기하고 있을까?

몇 가지 이유가 있다.

첫째, 이 문제의 결론은 자명하지 않고 심지어 극적이어서 오일러의 호기심을 자극한 것 같다.

둘째, 오일러는 분명히 이 문제에 대한 다른 수학자들의 연구 결과를 몰랐다. 조합론의 초창기 역사에 대한 할Anders Hald의 말에 의하면

> 일치 문제는 여러 가지 다양한 맥락에서 마주치는 문제의 한 예이고, 따라서 많은 수학자들에 의해서 해결되었다. 이들 중 많은 사람들은 몽모르, 니콜라스 베르누이, 드 무아브르의 기본적인 기여를 알지 못했다. [169]

이 문제에 대한 오일러의 논의에는 이러한 오일러 이전 시기의 수학자들에 대한 언급이 없었다. 오일러는 언제나 칭찬하고 다른 이의 공로를 관대하게 인정하는 사람이었기에, 언급하지 않았다는 것은 그가 공을 훔친 것이 아니라 알지 못했다는 것이다. 그래서 우리는 오일러의 결과는 오일러 자신의 독창적인 것이라고 생각한다.

셋째, 오일러의 풀이는 명료하고 특유의 해설자로서의 재능이 눈부시게 드러난다. 이런 이유로 오일러의 것이 다른 수학자들의 것 사이에서 돋보인다.

마지막으로, 다른 수학자가 먼저 해결한 주제에 대한 오일러의 업적을 논하려 한다. 왜냐하면 오일러가 먼저 알아낸 업적이 **다른 수학자의** 공로로 알려진 예가 제법 많기 때문이다. 예를 들어, 푸리에 급수, 베셀 함수, 그리고 벤 다이어그램들은 모두 이름이 잘못 붙여진 예로 "오일러 급수", "오일러 함수" 그리고 "오일러 다이어그램"이라 불려야 마땅하다. 그러므로 그 반대로 다른 수학자가 먼저 해결한 것에 대한 오일러의 연구를 살펴보는 것도 괜찮을 것이다.

오일러는 아래와 같이 질문했다.

> $a, b, c, d, e, \cdots$ 와 같이 주어진 n개의 문자열에 대하여, 어느 문자도 처음의 위치와는 같지 않도록 재배열하는 방법의 수는 몇 가지인가?

몽모르의 1에서 13까지의 카드 게임의 예를 생각하면 카드를 뒤집을 때 숫자와 위치가 일치하지 **않는** 방법의 수를 묻고 있다. 다른 예로, 수리공이 자동차의 네 바퀴를 모두 떼어 내어 점검한다고 하자. 네 개의 바퀴를 다시 설치할 때 모든 바퀴가 원래의 자리와는 다른 자리에 설치되는 경우의 수는 얼마나 될까? 이 경우는 구체적으로 가능한 목록을 만들어 세면 아홉 가지의 방법이 있다는 것을 알 수 있다. 같은 질문을 바퀴가 18개인 화물차에 대해 한다면 답하기는 쉽지 않을 것이다.

만일 문자들을 재배열할 때 몇 번째 오는지 상관하지 않으면 분명하게 $n!$가지 재배열 방법이 있다고 오일러가 지적하였다. 이 장의 도입부에서 본 예를 기억하면 제과점에서 세 명의 손님 a, b, c가 줄서는 방법은 $3! = 6$가지이다. 분명히 이 6가지가 모두 a가 처음이라든가 b가 두 번째 또는 c가 마지막이라는 조건을 만족하는 것은 아니다.

오일러는 늘 하던 대로 간단한 예를 구체적으로 살피는 것으로 시작하여 더 일반적인 경우로 확장해 나갔다. 기호 사용을 즐겼던 오일러는 $\prod(n)$이라는 새로운 기호를 도입하였다. $\prod(n)$은 n개의 문자 a, b, c, d, ... 가 원래의 위치와 같지 않도록 재배열하는 방법의 수이다. (오늘날 이러한 순열을 **완전순열**derangement이라고 부른다.) 그 다음으로 오일러는 경우를 나누어 조사하였다.

$n = 1$인 경우, 문자 a 하나이므로 가능한 문자의 순열은 그 자리에 두는 것뿐이다. 따라서 $\prod(1) = 0$이다.

$n = 2$인 경우, 문자 a, b로 시작하자. 여기서는 두 개의 순열 ab와 ba가 있고, 문자들의 위치가 원래의 위치와 같지 않는 경우는 후자뿐이다. 따라서 $\prod(2) = 1$이다.

$n = 3$인 경우, abc의 순열을 생각한다. 제과점 줄 서는 문제에서 본 목록을 참고하면 여섯 개의 순열 중에서 오직 bca와 cab 두 개만이 완전순열이다. 따라서 $\prod(3) = 2$이다.

$n = 4$인 경우, $abcd$의 순열은 $4! = 24$개다. 자동차 바퀴 문제에서 봤듯이 모두 처음과 다른 위치에 오도록 배열하는 방법은 오직 아홉 개뿐이다. 다음의 24개의 순열 중에서 밑줄 그은 굵은 글씨로 표시한

것이 완전순열이다.

$$\begin{array}{cccc} abcd & bacd & cabd & \boldsymbol{dabc} \\ abdc & \boldsymbol{badc} & \boldsymbol{cadb} & dacb \\ acbd & bcad & cbad & dbac \\ acdb & \boldsymbol{bcda} & cbda & dbca \\ adbc & \boldsymbol{bdac} & \boldsymbol{cdab} & \boldsymbol{dcab} \\ adcb & bdca & \boldsymbol{cdba} & \boldsymbol{dcba} \end{array}$$

모험을 좋아하는 독자들은 $abcde$의 $5! = 120$개의 순열을 구체적으로 나열하여 이 중에서 처음과 모두 자리가 바뀐 문자들의 배열이 44개라는 것을 확인할지도 모르겠다.

오일러는 이 몇 가지 경우로부터 다음의 수열을 얻었다.

$$\prod(1) = 0 \quad \prod(2) = 1 \quad \prod(3) = 2 \quad \prod(4) = 9 \quad \prod(5) = 44$$

이런 짧은 수열에서 어느 누가 $\prod(6)$을 예상할 수 있을까? 그리고 $\prod(12)$는 어떻게 찾을 수 있겠는가? 문자 $abcdefghijkl$의 $12! = 479,001,600$가지의 순열의 목록을 만들어, 이 오억 개 정도의 순열 중에서 열두 개의 문자가 모두 제자리에 있지 않은 순열을 찾는 것은 이론적으로는 가능할지 모른다. 그러나 이보다 더 답을 찾기 어려운 방법도 없을 것이다.

문제를 풀기 위해서 $\prod(n)$의 수학적 성질을 이해해보자. 오일러는 여기서 패턴을 알아내었을 뿐만 아니라 재귀적인 상황을 이용한 답도 찾았다. 그의 방법은 간단하고 독창적이다.[170]

정리 $n \geq 3$에 대하여,

$$\prod(n) = (n-1)\left[\prod(n-1) + \prod(n-2)\right] \tag{8.1}$$

이다.

증명 오일러는 n개의 문자 $a\,b\,c\,d\,e\ldots$부터 시작하였다. 이 문자들이 어느 것도 원래의 자리에 돌아오지 않도록 재배열할 때 첫 번째 자리에 가능한 문자의 경우의 수는 $n-1$이다. 왜냐하면 첫 번째 자리에는 a가 올 수 없기 때문이다. 그리고 나머지 $n-1$개의 문자 중 어떤 것이 와도 본질적으로 다 같다. 구체적으로 오일러는 첫 번째로 온 문자가 b라고 가정했다. (다시 말하지만 b가 아닌 어떤 것이 와도 똑같은 논리를 적용할 수 있다.) 그러면 "재배열한 문자열의 첫 번째 자리에 b가 오는 경우의 수에 $n-1$을 곱하면 $\cdots$ $\prod(n)$을 구할 수 있다." 독자들은 여기서 곱의 법칙을 적용하고 있다는 것에 주목하자.

이제 b로 시작하는 새로운 순열을 생각하자. 오일러는 이것을 두 번째 자리에 a가 오는 경우와 a가 오지 않는 경우, 두 가지로 나누어 생각하였다.

경우 1. 이 시나리오대로라면 문자열은 $b\,a\ldots$로 시작한다. 이제 나머지 $n-2$개의 문자들 $c\,d\,e\ldots$를 원래의 자리와 같지 않도록 배열해야 한다. 그러나 이것은 문자의 개수가 "두 개" 줄기는 했지만 우리가 시작했던 바로 그 문제와 같다. 그러므로 오일러의 기호로 이 경우는 $\prod(n-2)$가지의 서로 다른 배열 방법이 있다.

경우 2. 이 경우는 첫 번째 문자가 b이고, 두 번째 문자가 a가 아님을 기억하자. 우리가 해야 할 일은 b 다음에 오는 $n-1$개 자리에 문자열 $a\,c\,d\,e\ldots$를 배열하는 것이다. 물론 세 번째 자리에는 c가 오지 않고, 네 번째 자리에는 d가 오지 않고, 다섯 번째 자리에는 e가 오지 않고 $\cdots$의 규칙을 지켜야 한다. 게다가 이 경우 a는 두 번째 자리에 오지 않는다. 왜냐하면 a가 두 번째 자리에 오는 경우는 이미 경우 1에서 다루었기 때문이다.

따라서 첫 자리에 있는 b를 무시하면 이 경우의 순열의 수는 $n-1$

개의 문자열 $acdef\ldots$를 이 중 어느 것도 처음 자리와 같지 않도록 배열하는 완전순열의 수 $\prod(n-1)$이다.

그러므로 경우 1과 경우 2로 나누어서 센 b로 시작하는 완전순열은 모두 $\prod(n-1) + \prod(n-2)$가지다. 그리고 첫 번째 자리에 b를 포함한 $n-1$가지 문자가 올 수 있기 때문에, n개의 문자를 재배열할 때 모든 문자의 자리가 바뀌는 모든 순열의 개수는

$$\prod(n) = (n-1)\left[\prod(n-1) + \prod(n-2)\right]$$

이다. □

이것이 오일러의 재귀공식이다. 물론 이 공식은 $\prod(n)$의 값을 바로 주지 않는다. 그보다는 $\prod(n)$과 $k < n$에 대해 $\prod(k)$의 값이 어떻게 연관되어 있는지를 알려준다. 완벽한 공식이 아니라고 할 수도 있겠지만 목록을 만들어 세는 것보다는 훨씬 나은 방법이다.

$\prod(1) = 0$와 $\prod(2) = 1$에서 시작하여 오일러 재귀공식으로부터

$$\prod(3) = 2\left[\prod(2) + \prod(1)\right] = 2[1+0] = 2,$$

$$\prod(4) = 3\left[\prod(3) + \prod(2)\right] = 3[2+1] = 9,$$

$$\prod(5) = 4\left[\prod(4) + \prod(3)\right] = 4[9+2] = 44,$$

$$\prod(6) = 5\left[\prod(5) + \prod(4)\right] = 5[44+9] = 265$$

를 얻는다. 조금 더 계산을 반복해서 열두 개 문자의 완전순열의 수를 얻을 수 있다.

$$\prod(12) = 11\left[\prod(11) + \prod(10)\right]$$
$$= 11[14,684,570 + 1,334,961] = 176,214,841$$

오일러는 "훌륭한 관계식"이라고 불렀던 무엇인가를 더 발견했다.[171] 오일러가 관찰한 것은

$$\prod(2) = 1 = 2 \cdot 0 + 1 = 2\prod(1) + 1,$$
$$\prod(3) = 2 = 3 \cdot 1 - 1 = 3\prod(2) - 1,$$
$$\prod(4) = 9 = 4 \cdot 2 + 1 = 4\prod(3) + 1,$$
$$\prod(5) = 44 = 5 \cdot 9 - 1 = 5\prod(4) - 1,$$
$$\prod(6) = 265 = 6 \cdot 44 + 1 = 6\prod(5) + 1$$

이고, 일반화하면

모든 $n \geq 2$에 대하여, $\quad \prod(n) = n\prod(n-1) + (-1)^n$이다. $\quad$ (8.2)

이것은 (8.1)보다 조금 더 좋은 재귀공식이라 할 수 있다. 왜냐하면 $\prod(n)$을 계산할 때 이전에 계산된 두 개의 $\prod$ 값이 아닌 오직 한 개의 값만이 필요하기 때문이다.

오일러는 두 개의 공식으로부터 같은 결과를 얻으면서 "이것은 기적처럼 보인다."라고 하였다. 물론 오일러는 두 번째 공식으로부터 $\prod(n) = n\prod(n-1) + (-1)^n$과 $\prod(n-1) = (n-1)\prod(n-2) + (-1)^{n-1}$임을 이용하여 쉽게 두 번째 공식을 유도할 수 있었다. 즉, 이 두 식을 더하면 $(-1)^n$과 $(-1)^{n-1}$은 서로 상쇄되어

$$\prod(n) + \prod(n-1)$$
$$= n\prod(n-1) + (-1)^n + (n-1)\prod(n-2) + (-1)^{n-1}$$
$$= n\prod(n-1) + (n-1)\prod(n-2)$$

이고, 이것을 간단히 하면 다음과 같이 첫 번째 공식이 유도된다.

$$\prod(n) = (n-1)\left[\prod(n-1) + \prod(n-2)\right]$$

반대 방향도 증명할 수 있다. 즉, (8.1)에서 $n = r$이라 하면 $\prod(r) = (r-1)[\prod(r-1) + \prod(r-2)]$이다. 이 식을 정리하여 다음을 얻을 수 있다.

$$\prod(r) - r\prod(r-1) = -\left[\prod(r-1) - (r-1)\prod(r-2)\right]$$

이러한 계산을 $r = n-1$일 때부터 $r = n-2, \cdots, r = 3$까지 계속 반복하면 다음 식을 얻는다.

$$\begin{aligned}\prod(n) - n\prod(n-1) &= -\left[\prod(n-1) - (n-1)\prod(n-2)\right]\\ &= -\left[-\left[\prod(n-2) - (n-2)\prod(n-3)\right]\right]\\ &= (-1)^2\left[\prod(n-2) - (n-2)\prod(n-3)\right]\\ &= (-1)^3\left[\prod(n-3) - (n-3)\prod(n-4)\right]\\ &= \cdots\\ &= (-1)^{n-2}\left[\prod(2) - 2\cdot\prod(1)\right]\\ &= (-1)^{n-2}[1 - 2\cdot 0] = (-1)^n\end{aligned}$$

따라서 $\prod(n) = n\prod(n-1) + (-1)^n$이라는 첫 번째 재귀공식 (8.2)을 얻는다.

이렇게 오일러는 $\prod(n-1)$과 $\prod(n-2)$를 포함하는 재귀공식으로부터 $\prod(n-1)$ 하나만 포함하는 재귀공식으로 $\prod(n)$의 표현을 발전시켰다. 이에 더 나아가 오일러는 완전순열에 대하여 놀라운 것을 알아내었는데, 바로 $\prod(n)$을 n만을 이용하여 **구체적**으로 계산할 수 있는 공식을 찾은 것이다. 새로운 공식을 이용하면, $\prod(12)$를 계산할 때 $\prod(1), \prod(2), \ldots, \prod(10)$ 또는 $\prod(11)$을 알지 못해도 구할 수 있다. 이 공식과 힘께 전혀 예상하지 못한 따름정리 하나를 에필로그에서 다룰 것이다.

오일러는 분명히 세는 것에 타고난 재주가 있었던 것 같다. 오일러의 증명은 단지 재귀하는 성질을 조사한 것인데 수세기 후 이것은 조합론을

213

나타내는 특징이 되었다. 그러나 이 정리는 이제 만나게 될 오일러의 수의 분할에 대한 연구에 비하면 가벼운 첫걸음마 같다.

자연수 n의 **분할**partition이란 n을 다른 자연수들의 합으로 표현하는 것이다. 예를 들어 자연수 6은 다음과 같이 자연수의 합으로 표현할 수 있다.

$$6, \ 5+1, \ 4+2, \ 4+1+1,$$
$$3+3, \ 3+2+1, \ 3+1+1+1, \ 2+2+2,$$
$$2+2+1+1, \ 2+1+1+1+1, \ 1+1+1+1+1+1$$

따라서 6의 분할은 총 11개가 있다. 덧셈은 교환법칙이 성립하기 때문에 순서를 바꾸어 더한 것은 같은 것으로 취급하여 $4+2$와 $2+4$를 모두 포함시키지 않는다. 한편 6 자체는 "하나unitary"로 된 분할로 허용한다.

게다가 분할을 분류하는 것으로 중요하다. 예를 들어 오일러는 서로 다른 (즉, 반복되지 않는) 수summand로 이루어진 분할을 논하였다. 이러한 경우에 해당하는 6의 분할은 다음과 같이 4개다.

$$6, \ 5+1, \ 4+2, \ 3+2+1$$

비슷하게 그는 더해지는 수가 홀수인 (더해지는 수가 서로 다를 필요는 없는) 분할을 고려하였다. 이 조건을 만족하는 6의 분할은 아래의 4개이다.

$$5+1, \ 3+3, \ 3+1+1+1, \ 1+1+1+1+1+1$$

또 다른 예로 자연수 9의 분할 30개의 목록을 보자. 밑줄 친 분할은 서로 다른 더해지는 수로 이루어진 분할이고, 굵은 글씨로 표시된 분할은 홀수인 수로 이루어진 분할이다. 6의 경우와 같이 두 가지 종류의 분할이 똑같은 수로 나타난다. 이것이 오일러가 놓치지 않은 것이다.

$$\underline{9}, \ \underline{8+1}, \ \underline{7+2}, \ \mathbf{7+1+1}, \ \underline{6+3}, \ \underline{6+2+1}, \ 6+1+1+1,$$

$\underline{5+4}$, **5+3+1**, $5+2+2$, $5+2+1+1$, **5+1+1+1+1**,

$4+4+1$, $\underline{4+3+2}$, $4+3+1+1$, $4+2+2+1$,

$4+2+1+1+1$, $4+1+1+1+1+1$, **3+3+3**,

$3+3+2+1$, **3+3+1+1+1**, $3+2+2+2$,

$3+2+2+1+1$, $3+2+1+1+1+1$,

3+1+1+1+1+1+1,

$2+2+2+2+1$, $2+2+2+1+1+1$,

$2+2+1+1+1+1+1$,

$2+1+1+1+1+1+1+1$,

1+1+1+1+1+1+1+1+1+1

다시, 10을 서로 다른 수의 합으로 표현하는 방법은 10가지이고, 홀수인 수의 합으로 표현하는 방법 역시 10가지라는 것을 확인할 수 있다. 우리가 본 예로부터 어떤 자연수를 서로 다른 수들의 합으로 분할하는 방법의 수와 (서로 다를 필요는 없이) 홀수인 수들의 합으로 분할하는 방법의 수가 정확히 같다는 현상이 확인된다.

유감스럽게도 하나씩 모두 확인하는 것은 곧 감당할 수 없을 만큼 어려워진다. 이 장을 읽어온 독자들은 아마 짐작하겠지만 아주 작은 수 n이라도 이 수의 분할은 어마어마하게 많은 수의 홍수 같을 것이다. 예를 들어 비교적 작은 수인 24도 1575개의 다른 분할이 존재한다. 이처럼 문제는 간단하게 들리지만 실제로는 매우 어려운 것이 조합론의 전형적인 현상이다.

분할에 대한 문제가 오일러의 주의를 끈 것은 1740년 노데 Philippe Naudé가 보낸 편지 때문이다.[172] 그 편지는 오일러의 최근 업적인 $\sum_{k=1}^{\infty} 1/k^2$에 대해 묻고 있었지만, 또한 양의 정수 m을 서로 다른 n개의 자연수의 합으로 표현하는 서로 다른 방법의 수에 대해 오일러가 무엇을 알고 있는지도 묻고 있었다. 그리고 더해지는 수들이 서로 다르다는 조건이 없는 경우는 또 어떻게 되는지도 함께 물었다.

분명히 오일러는 노데의 편지 이전에는 이런 문제를 생각해본 적이 없었지만 오일러에겐 전혀 어렵지 않은 문제였다. 바로 몇 주 뒤 오일러는 노데에게 답을 보내며 시력이 나빠져서 시간이 더 걸렸다고(!) 설명했다. 오일러가 답장을 빨리했다는 것보다 (문제를 빨리 풀었다는 뜻이므로) 더 놀라운 것은 그 문제의 풀이 과정에서 보여준 그의 수학적 통찰력이다. 오일러의 아이디어들은 《무한 해석학 입문》 I권 16장에서 자세히 설명되어 있다. 여기서는 서로 다른 수들로 분할을 하는 방법의 수와 홀수인 수들로 분할을 하는 방법의 수가 같다는 증명을 소개하려 한다.

이 문제를 깊이 생각하면서 오일러는 분할을 세는 것과 대수적 이항식을 곱하는 것 사이에 연결고리가 있음을 인지하였다. 오일러는 이것을 다음과 같은 식으로 표현하였다.

$$Q = (1+x)(1+x^2)(1+x^3)(1+x^4)(1+x^5)(1+x^6)\cdots$$

을 전개하면 멱급수

$$1 + x + x^2 + 2x^3 + 2x^4 + 3x^5 + 4x^6 + 5x^7 + 6x^8 + 8x^9 + 10x^{10} + \cdots$$

을 얻는다. 여기서 각각의 계수는 각각의 지수를 서로 다른 수들의 합으로 표현할 수 있는 방법의 수이다. 이 주장을 이해하려면 생각을 좀 해야 한다. 그러나 일단 이해하게 되면 거의 자명해보인다.

예를 들어 Q의 전개식에서 x^6의 계수를 보자. 분명하게 곱

$$(1+x)(1+x^2)(1+x^3)(1+x^4)(1+x^5)(1+x^6)\cdots$$

안에서 첫 번째 x^6은 여섯 번째 인수에서 x^6과 다른 인수에서의 1을 곱하여 얻는다. 두 번째 x^6은 다섯 번째 인수에서 x^5과 첫 번째 인수의 x를 곱하여 $x^{5+1} = x^6$을 얻는다. 이때 나머지 인수에서는 모두 1이

곱해진다. 세 번째 x^6은 $x^4 \cdot x^2 = x^{4+2} = x^6$으로 얻어지며, 마지막은 인수 세 개의 곱 $x^3 \cdot x^2 \cdot x = x^{3+2+1} = x^6$으로 얻어진다.

따라서 정확하게 Q의 전개식에서 x^6의 계수는 6을 **서로 다른** 자연수의 합으로 분할하는 방법의 수와 같다. 곱 안의 인수들은 같은 것이 반복되지 않으므로 "서로 다른" 것이 되어야 한다. 따라서 전개식에서 x^6은 네 번 등장한다. 왜냐하면 6을 서로 다른 더해지는 수로 분할하는 방법의 수는 $6, 5+1, 4+2, 3+2+1$로 네 가지이기 때문이다.

비슷하게 Q의 전개식에서 $8x^9$은 다음 항들의 합이다.

$$x^9, \quad x^{8+1}, \quad x^{7+2}, \quad x^{6+3}, \quad x^{5+4}, \quad x^{6+2+1}, \quad x^{5+3+1}, \quad x^{4+3+2}$$

지수들은 앞에서 다룬 9의 분할 목록에서 정확하게 여덟 개의 밑줄이 쳐진 분할이다.

오일러는 정수의 분할과 다항식 전개 사이에 바로 이런 연결 고리를 보았던 것이다. 그러나 오일러는 또 다른 것을 소매 속에 품고 있었다. 바로 아래와 같이 무한 곱의 **역수**를 도입한 것이다.

$$R = \frac{1}{(1-x)(1-x^3)(1-x^5)(1-x^7)\cdots}$$

이런 식에서 도대체 무엇이 가능하겠는가?

무한등비급수의 합의 공식

$$\frac{1}{1-a} = 1 + a + a^2 + a^3 + a^4 + \cdots$$

을 생각하면 이 연결 고리가 분명히 보인다. 무한등비급수에서 $a = x$, $a = x^3$, $a = x^5$, ... 에 대해 반복적으로 이 공식을 사용하여 아래과 같이 R을 다시 표현하였다.

$$R = \frac{1}{1-x} \times \frac{1}{1-x^3} \times \frac{1}{1-x^5} \times \frac{1}{1-x^7} \times \cdots$$
$$= (1 + x + x^2 + x^3 + \cdots) \times (1 + x^3 + x^6 + x^9 + \cdots)$$

$$\times (1 + x^5 + x^{10} + \cdots) \times (1 + x^7 + x^{14} + \cdots) \cdots$$

이 식은 단순히 무한 곱이 아니라 무한급수의 무한 곱이다!

당면한 문제와의 관련성은 각각의 지수는 홀수들의 합으로 표현할 수 있다는 것이다. 즉, 오일러는 위의 곱을 다음과 같이 다시 표현하였다.

$$R = (1 + x^1 + x^{1+1} + x^{1+1+1} + \cdots) \times (1 + x^3 + x^{3+3} + x^{3+3+3} + \cdots)$$
$$\times (1 + x^5 + x^{5+5} + \cdots) \times \cdots$$
(8.3)

이것을 곱해서 괄호를 풀고 동류항끼리 묶어 정리하면

$$R = 1 + x + x^2 + 2x^3 + 2x^4 + 3x^5 + 4x^6 + 5x^7 + 6x^8 + 8x^9 + 10x^{10} + \cdots$$

을 얻는다.

다시 "어떻게 이 전개식에서 네 개의 x^6의 항이 생기는가?"라고 묻는다면, 분명히 (8.3)의 곱에서 홀수의 합으로서 6을 분할하는 네 가지 가지 방법이 있으며 이 방법만이 가능하다. 즉, x^{5+1}, x^{3+3}, $x^{3+1+1+1}$, $x^{1+1+1+1+1+1}$이다. 이 지수들이 앞에서 확인한 대로 정확히 홀수들의 합으로 6을 나타내는 것이다. 마찬가지로 여덟 개의 x^9의 항이 있는데, 9를 홀수들의 합으로 표현하는 방법은 앞에서 굵은 글씨로 표현했던 여덟 가지 방법이 있기 때문이다.

이제 무한급수 R의 처음 몇 개의 항과 이에 대응하는 무한급수 Q의 항을 비교해보자. 이 두 급수가 완전히 일치한다는 것은 오일러를 아주 행복하게 했을 것이다. 이것은 분명히 우연일 리가 없었다.

정리하자면 오일러는 n을 서로 다른 양의 정수의 합으로 분할하는 방법의 수는

$$Q = (1 + x)(1 + x^2)(1 + x^3)(1 + x^4)(1 + x^5) \cdots$$

의 전개식에서 x^n의 계수와 같고, n을 (서로 같은 것을 허용하여) 양의

홀수인 정수의 합으로 표현하는 방법의 수는

$$R = \frac{1}{(1-x)(1-x^3)(1-x^5)(1-x^7)\cdots}$$

의 전개식에서 x^n의 계수와 같다는 것을 밝혔다.

이렇게 해서 오일러의 가장 천재적인 추론을 위한 무대가 갖춰졌다. 오일러의 말을 빌면 아래와 같다.[173]

정리 주어진 수를 서로 다른 양의 정수의 합으로 표현하는 서로 다른 방법의 수는 주어진 수를 (같거나 다른) 홀수의 합으로 표현하는 방법의 수와 같다.

증명 다시 $Q = (1+x)(1+x^2)(1+x^3)(1+x^4)(1+x^5)\cdots$ 라 하자. 오일러는 $P = (1-x)(1-x^2)(1-x^3)(1-x^4)(1-x^5)\cdots$ 를 도입하였다. 그러면

$$PQ = (1-x)(1+x)(1-x^2)(1+x^2)(1-x^3)(1+x^3)\cdot$$
$$= (1-x^2)(1-x^4)(1-x^6)(1-x^8)\cdots$$

이다. PQ의 인수들의 집합은 P의 인수들의 집합에 포함되기 때문에

$$\frac{1}{Q} = \frac{P}{PQ} = (1-x)(1-x^3)(1-x^5)(1-x^7)\cdots$$

이다. 그러므로

$$Q = \frac{1}{(1-x)(1-x^3)(1-x^5)(1-x^7)\cdots} = R$$

이다. 즉 Q와 R은 같다. 따라서 Q의 전개식에서 x^n의 계수는 R의 전개식에서 x^n의 계수와 같아야 한다. 그러나 앞서 언급한 것과 같이 이렇게 (같은) 계수들은 각각 서로 다른 수들로 이루어진 n의 분할의 개수와 홀수인 수들로 이루어진 n의 분할의 개수이다. 이로써 증명이 끝났다. □

정리의 등식과 오일러의 증명 중에서 어느 쪽이 더 놀라운지 결정하기는 쉽지 않다. 문제는 단순하고 우아하다. 그리고 하나의 논증으로 모든 n에 대한 결과를 확립하기에 포괄적이다.

문학이나 예술 혹은 연극에서 때때로 숨이 멎을 정도로 참신하고 강렬한 작품을 만나기도 한다. 수학은 감성이 아닌 이성의 작용이라 이러한 반응은 얻어내기가 어렵다. 대부분은 호기심으로 가득차 있던 노데의 편지의 답신인 오일러의 증명은 수학이 누릴 수 있는 최대의 감동인 듯하다.

에필로그

이번 장는 조합론의 두 가지 결과에 초점을 맞춰 왔기 때문에 에필로그도 이를 따르려 한다. 순서를 바꾸어 분할에 대해 살펴보고 그 다음 흥미로운 완전순열을 다루려 한다.

수의 분할에 대한 오일러의 연구는 앞의 정리에 국한되지 않았다. 앞서 말했듯이 오일러의 《입문》 I권 XVI장은 이러한 아이디어의 연구결과들을 담고 있다. 오일러는 분할에 대한 결과에 많은 지면을 할애했고, "눈여겨 볼만하고 수를 이해하는 데 유용한 이런 유형의 몇 가지 문제가 남아 있다."라고 썼다. 새 장난감을 가진 아이처럼 오일러는 너무나 재미있어서 멈출 수가 없었던 것 같았다.

한 가지 예로 그는 무한 곱

$$P(x) = (1+x)(1+x^2)(1+x^4)(1+x^8)(1+x^{16})\cdots$$

을 도입하였는데, 여기서 "각각의 지수는 앞선 지수의 두 배이다." 오일러는 앞서와 같은 이유로 이 곱을 전개하면 x^n 항은 n을 (만일 가능하다면)

2의 거듭제곱의 합으로 표현하는 방법의 수만큼 많이 있다고 하였다. 무한 곱을 정확히 계산하기 위하여 다음의 과정을 따랐다.

곱을 계산한 결과가 다음과 같다고 하자.

$$(1+x)(1+x^2)(1+x^4)(1+x^8)(1+x^{16})\cdots = P(x)$$
$$= 1 + \alpha x + \beta x^2 + \gamma x^3 + \delta x^4 + \epsilon x^5 + \cdots \tag{8.4}$$

여기서 계수 $\alpha, \beta, \gamma, \delta, \cdots$ 들은 결정해야 한다. 오일러는

$$\frac{P(x)}{1+x} = (1+x^2)(1+x^4)(1+x^8)(1+x^{16})\cdots$$

의 우변은 정확히 $P(x^2)$이고, 따라서

$$\frac{P(x)}{1+x} = P(x^2) = 1 + \alpha x^2 + \beta x^4 + \gamma x^6 + \delta x^8 + \cdots$$

이다. 위의 식의 양변에 $1+x$를 곱하여 다음을 얻는다.

$$P(x) = (1+x)(1+\alpha x^2 + \beta x^4 + \gamma x^6 + \cdots)$$
$$= 1 + x + \alpha x^2 + \alpha x^3 + \beta x^4 + \beta x^5 + \gamma x^6 + \gamma x^7 + \cdots$$

오일러는 이 식과 (8.4)의 $P(x)$를 비교하여, $\alpha = 1$, $\beta = \alpha$, $\gamma = \alpha$, $\delta = \beta$, $\epsilon = \beta$ 등등을 얻었다. $P(x)$의 계수는 모두 1이므로 따라서 다음을 얻는다.

$$(1+x)(1+x^2)(1+x^4)(1+x^8)(1+x^{16})\cdots = 1 + x + x^2 + x^3 + x^4 + x^5 + \cdots$$

오일러가 강조한 것은, "각각의 양의 정수는 이 급수 안에서 지수로서 오직 한 번만 등장하기 때문에⋯ 모든 양의 정수는 등비급수 $1, 2, 4, 8, 16, 32, \ldots$에서 각 항의 합으로 표현할 수 있고, [이 합은 유일하다]" ([ ]안은 첨가된 것이다).[174] 따라서 오일러는 각각의 정수를 유일한 이진 전개로 표현하였다.

이것은 최종적인 결과는 결코 아니고 오일러 이전부터 알려져 있던 것이기도 하다. 그보다 오일러가 무한 곱을 이용하여 분할을 연구한

이례적인 방법에 더 주목하게 된다. 이것은 익숙한 문제도 본질을 꿰뚫는 새로운 관점으로 다시 살펴볼 수 있는 마음가짐을 보여준다.

약속한 대로 이번 에필로그의 또 다른 주제인 서로 다른 n개의 완전순열의 수에 대한 오일러의 재귀공식을 다시 살펴보자. 이미 오일러의 "이중" 재귀공식

$$\prod(n) = (n-1)\left[\prod(n-1) + \prod(n-2)\right]$$

로부터 더 간단한 재귀공식 $\prod(n) = n\prod(n-1) + (-1)^n$ 을 얻는 과정을 살펴 보았다. 그러나 오일러는 $\prod(k)$에 대한 어떠한 사전 계산이 필요 없는 $\prod(n)$의 닫힌 형식closed form의 표현을 얻고자 연구를 이어갔다. 그 결과는 물론 더 나은 공식일 뿐만 아니라 다른 심오한 의미를 품고 있었다.[175]

정리 모든 $n \geq 1$에 대하여,

$$\prod(n) = n!\left[1 - \frac{1}{1!} + \frac{1}{2!} - \frac{1}{3!} + \frac{1}{4!} - \cdots + \frac{(-1)^n}{n!}\right]$$

이다.

증명 이 정리는 직접적으로 수학적 귀납법을 이용하여 증명할 수 있다. 만일 $n = 1$이면, $1!\left[1 - \frac{1}{1!}\right]$이므로 $\prod(1) = 0$을 만족한다. 다음으로 위의 결과가 $n = k$일 때 성립한다고 가정하자. 오일러의 두 번째 재귀공식을 이용하여

$$\prod(k+1) = (k+1)\prod(k) + (-1)^{k+1}$$

$$= (k+1)\left(k!\left[1 - \frac{1}{1!} + \frac{1}{2!} - \frac{1}{3!} + \frac{1}{4!} - \cdots + \frac{(-1)^k}{k!}\right]\right) + (-1)^{k+1}$$

$$= (k+1)!\left[1 - \frac{1}{1!} + \frac{1}{2!} - \frac{1}{3!} + \frac{1}{4!} - \cdots + \frac{(-1)^k}{k!} + \frac{(-1)^{k+1}}{(k+1)!}\right]$$

이고, 이로써 정리가 증명된다. □

이 공식을 이용하면 6의 완전순열의 수는

$$\prod(6) = 6! \left[1 - \frac{1}{1!} + \frac{1}{2!} - \frac{1}{3!} + \frac{1}{4!} - \frac{1}{5!} + \frac{1}{6!}\right]$$
$$= 720 - 720 + 360 - 120 + 30 - 6 + 1 = 265$$

이고, 이것은 앞에서 우리가 찾았던 답과 정확히 일치한다. 같은 방법으로 재귀공식의 도움없이 $\prod(12) = 176,214,841$을 직접 계산할 수 있다.

이제 다음과 같은 질문에 답을 할 수 있다. 만일 순서가 있는 항목들을 순서를 고려하여 무작위적으로 섞을 때 어느 항목도 제자리에 있지 않게 되는 **확률**은 어떻게 되는가? 즉, 완전순열이 될 확률은 어떻게 되는가? 예를 들어 달걀 12개가 담긴 상자에서 달걀을 모두 꺼내어 닦은 후 다시 상자에 담을 때, 어느 것도 원래의 자리에 있지 않게 되는 가능성은 얼마인가?

n개의 서로 다른 항목을 섞어 배열할 때 $n!$가지의 다른 순열이 있고, 어떤 항목도 원래의 자리로 되돌아가지 않는 완전순열의 수는 $\prod(n)$이다. 따라서 어떠한 항목도 원래의 위치로 되돌아가지 않을 확률은

$$p_n = \frac{\prod(n)}{n!} = \frac{n!\left[1 - \frac{1}{1!} + \frac{1}{2!} - \frac{1}{3!} + \frac{1}{4!} - \cdots + \frac{(-1)^n}{n!}\right]}{n!}$$
$$= 1 - \frac{1}{1!} + \frac{1}{2!} - \frac{1}{3!} + \frac{1}{4!} - \cdots + \frac{(-1)^n}{n!}$$

이다.

작은 n에 대한 이 확률을 다음의 표로 만들었다.

n	$\prod(n)$	확률 $= p_n = \prod(n)/n!$
1	0	$p_1 = 0$
2	1	$p_2 = \frac{1}{2!} = 0.5$
3	2	$p_3 = \frac{2}{3!} \approx 0.333333$
4	9	$p_4 = \frac{9}{4!} = 0.375000$
5	44	$p_5 = \frac{44}{5!} \approx 0.366667$
6	265	$p_6 = \frac{265}{6!} \approx 0.368056$

그리고 앞의 달걀 문제에서 상자 안의 어떤 달걀도 원래의 자리로 돌아가지 않을 확률은

$$p_{12} = \frac{\prod(12)}{12!} = \frac{176214841}{479001600} \approx 0.3678794413$$

이다. 이 값은 P_6와 매우 비슷하다. 만일 상자 안에 달걀이 24개 있었다면 원래의 자리로 돌아가지 않을 확률은

$$p_{24} = \frac{\prod(24)}{24!} \approx 0.3678794412$$

이고, 이는 달걀 12개에 대한 답과 매우 비슷하다.

오일러가 1751년 논문에서 설명했듯이 이러한 확률의 안정성은 우연이 아니다.[176] n이 무한대로 증가한다면

$$\lim_{n\to\infty} p_n = \lim_{n\to\infty}\left[1 - \frac{1}{1!} + \frac{1}{2!} - \frac{1}{3!} + \frac{1}{4!} - \cdots + \frac{(-1)^n}{n!}\right]$$
$$= e^{-1} = 1/e \approx 0.3678794412$$

를 얻는다. 여기서 2장에서 보았던 e^x를 다시 만났다.

수렴하는 속도가 매우 빠르다는 것 또한 확인하자. 교대급수이기 때문에 n항까지의 부분합과 급수의 합 $1/e$의 차는 급수의 $n+1$항의 절대값 $1/(n+1)!$을 넘을 수 없다. 따라서 완전순열이 될 확률이 매우 빨리

0.36788 근방으로 수렴한다. 오일러는 모든 $n \geq 20$에 대하여 그 값이 근본적으로 변하지 않는다는 것을 깨달았다. 즉, 달걀 24개가 원래의 자리로 되돌아 오지 않을 확률이나 달걀 24억개가 원래의 자리로 되돌아 오지 않을 확률이 같다는 뜻이다.[177] 그리고 이상하게도 이 확률은 거의 정확하게 $1/e$이다.

조합론 문제에서 e가 갑자기 튀어 나오는 것이 기적으로 보인다. 분명히 달걀을 상자에서 옮기는 문제와 자연로그의 밑 사이에 뻔한 연결고리는 없지만, 미적분학을 배우는 학생들은 e가 수학의 도처에 나타난다는 것을 알 것이다. 수 e는 이상한 장면에서 종종 등장하지만 여기서 우리가 본 곳보다 더 이상한 곳은 없을 것이다.

오일러가 이러한 아이디어들을 생각해낸 이래 수세기 동안 조합론은 두툼한 책들로 쓰일 수 있을 만큼 발전해왔다.[178] 20세기에 왕성하게 확장된 조합론의 뿌리 역시 수학의 과거 유산에 있다. 그리고 이 뿌리의 몇 줄기는 좋아하지 않은 문제가 도무지 없었던 것 같은 레온하르트 오일러까지 거슬러 올라간다. 오일러는 조합론에서도 수론, 해석학 그리고 기하학에서처럼 깊고도 영원한 발자국을 남겼다.

맺는말

도서관 책장에 묵직하게 꽂힌 오일러의 《오페라 옴니아》를 바라보면서 나는 베유의 말을 한번 더 생각한다.

18세기 최고의 시간에 오일러처럼 수학의 전 분야와 응용 분야를 모두 이끌었다는 독보적인 평판을 가진 수학자는 없다.[179]

이 책이 베유의 주장을 충분히 뒷받침했기를 소망한다. 되집어보면 서른여섯 개의 오일러 본래의 증명을 열세 권의 《오페라 옴니아》를 통하여 살펴보았다. 이를 통해서 오래되거나 혹은 새로운 — 이산적이거나 혹은 연속적이든, 대수적이거나 혹은 해석적이든 — 문제들을 재해석하고 그 과정에서 미처 예측하지 못한 놀라운 곳으로 인도하는 오일러의 능력을 확인할 수 있었다.

그러나 이 책은 오일러가 남긴 막대한 양의 업적 대부분을 빠뜨렸다. 미분방정식이나 변분법calculus of variation에 오일러가 남긴 공헌에 대해선 아예 언급도 못했다. 오늘날의 그래프 이론을 낳은 쾨니히스베르크의 다리 문제Königsberg Bridge Problem를 풀어낸 아이디어, 차례곱factorial을 정수가 아닌 실수까지 명석하게 확장시킨 감마함수Gamma function에 관한 연구, 초기 조합론적 위상수학에 주요한 역학을 했던 오일러-데카르트 공식(즉, $V + F = E + 2$)에 관한 논문도 완전히 빠뜨렸다.

우리 모두의 수학자 오일러

내가 누락한 것이 훨씬 더 확연하게 드러나는 것은 응용수학 분야이다. 《오페라 옴니아》의 사십 권에 달하는 양이 우리가 오늘날 응용수학이라고 부르는 주제들에 관한 것이다. 기계학에서부터 광학까지, 음악에서 조선학에 달하는 방대한 분야를 아우른다. 어쩌면 이 책의 후속을 내야 할지도 모르겠다.

그러나 지금은 오일러가 남긴 유산에 대해서 한두 가지 말로 마쳐야 한다.

이 책을 통해 보았듯이 오일러의 수학이 항상 오늘날과 같이 엄밀하거나 정확하진 않았다. 대체로 무한대를 대범하게 사용할 때 그렇게 보인다. 이런 약점은 그의 업적이 미성숙하고 직관적이며 전근대적이라고 비판하는 수학자들에게 유리한 논지를 준다. 일리가 있는 비판이다.

그러나 또 한편에서는 현대의 수학이 그가 없이 과연 존재할 수 있었겠냐고 당연하게 반문한다. 오일러가 가끔씩 논리보다 직관에 의존해서 경험적으로 연구를 진행했다는 것도 사실이다. 그러나 만약 그가 그 당시에는 닿을 수 없었던 수준의 엄밀한 논리 때문에 연구를 단념했더라면 그토록 놀라운 여정은 없었을것이다. 램Horace Lamb의 통찰력 있는 말을 들어보면

> 여행자가 다리의 모든 부분 하나하나가 다 안전하다는 것을 완전히 확인하기 전엔 도저히 다리를 건널 수 없다고 하면 그다지 멀리 가지 못 할 가능성이 크다. 모험이 필요하다. 수학에서도 마찬가지다. [180]

오일러는 그 나름의 모험을 했고 그로 인해 수학자들은 항상 감사하게 생각하고 있다고 믿는다.

이런 정신에서 갈릴레오의 《새로운 두 과학의 대화 Dialogues Concerning Two New Sciences》의 한 단락을 인용하려 한다. 이 대화에서 그는 혁신의 기대와 모험을 말한다. 갈릴레오의 말은 오일러보다 앞선 시대에 쓰였지만 오일러의 상황과 완벽하게 들어맞는다.

"하프를 발명해낸 사람에 대한 나의 찬사는"

> 갈릴레오가 말하기를, 그 악기가 실제로 매우 어렵게 만들어지고 연주는 더욱 어렵다는 것을 안다고 해서 덜해지지는 않는다. 오히려 그 악기를 가장 완벽한 형태로 완성하여 온 세기를 이은 수백 명의 장인들보다 발명자를 더욱 존경한다…

그리고 아래와 같이 인상적인 소견으로 마무리한다.

> 아주 사소한 것에서 시작하여 위대한 발명을 이루어내는 것은 평범한 사람들이 이룰 수 있는 소임이 아니다. [181]

레온하르트 오일러는 창조자이자 탐험가이자 예술가였다. 그가 가고 난 이후 두 세기도 더 지난 지금도 공명하는 열정을 가지고 미지의 세상을

탐험했다. 그가 탐험한 곳은 물리적인 밖으로의 세상이 아니라 안으로 존재하는 — 러셀Bertrand Russell이 "순전한 생각이 자연스럽게 존재하는 곳"[182] 이라고 했던—곳이다. 많은 위대한 탐험가들처럼 오일러도 가끔 방향을 잘못 잡거나 중요한 표식을 못 보는 수도 있었다. 그럼에도 불구하고 고대의 하프 창시자에 대한 갈릴레오의 말처럼 최고의 찬사를 오일러에게 돌리는 것이 마땅하다. 어스름 불빛 속에서 고전분투하고 비견할 데 없는 상상력을 가지고 연구하며 오일러는 수학의 최전선과 그 너머로 항해해갔다.

여기의 여덟 개 장을 통해서 내가 하려는 말이 충분히 전해졌길 바란다.

우리에게 이처럼 비범한 수학을 전해준 수학자는 결코 평범하지 않았다.

부록

오일러의 오페라 옴니아[*]

오일러의 업적을 모아 놓은 총서 《오페라 옴니아》는 오일러에 관심이 있는 사람들에게 최고의 자원이다. 1911년 첫 번째 책을 출간하며 시작된 편찬 프로젝트는 20세기가 다 지나도록 계속되어왔다. 현재까지 81권이 완성되었지만 오일러라는 샘은 여전히 마를 기미가 없다.

프로젝트의 적절한 예산을 마련하는 것은 그 동안 극복해온 어려웠던 점 중 하나이다. 그리고 우리가 겪은 두 번의 세계대전이 남긴 폐허 역시 큰 도전이었다. 특별히 가장 어려웠던 점은 이상하게 들릴지 모르겠지만, 바로 오일러의 업적을 찾아내는 "간단한" 작업이었다. 오일러가 생을 마쳤을 때 560개의 논문과 글이 인쇄물로 이미 나와 있었고, 이후에 상트페테르부르크 학술원이 몇십 년간 계속해서 유작들을 출간했다. 1843년 조사에서는 756개였다.[183] 그런데 그 항목들을 모두 해치웠다고 생각한 그 순간에 그때까지 전혀 알려져 있지 않았던 61개의 새로운 업적들이 발견되었다. 20세기 초 에네스트룀Gustaf Eneström이 오일러의 업적에 관한 조사를 완성했을 때는 그 수는 866개로 늘어나 있었다. 에네스트룀이 만든 이 목록을 이용해서 《오페라 옴니아》를 정리했다. (오일러 총서의 모음과 출판에 대해 좀더 자세히 알고 싶은 사람은[184]를 참조하라.)

---

[*]이 부록은 던햄이 집필한 이후 2018년 현재까지 출판된 상황을 반영하였다.

1909년 스위스 과학 학술원Swiss Academy of Sciences은 오일러의 총서를 분량이 얼마가 되든지 다 편찬하기로 결정하고, 루디오Ferdinand Rudio 1856-1929를 책임자로 세웠다. 이것은 아주 적절한 선택이었는데 왜냐하면 루디오는 열렬한 오일러 팬이었기 때문이다. 그는 자신이 살아있는 동안 오일러 프로젝트의 완성을 보기는 어려울 것이라는 것을 알면서도 지칠 줄 모르는 열정을 쏟아부었다.

《오페라 옴니아》의 각 권은 보통 400쪽에서 500쪽에 달하는 방대한 책이고 어떤 책들은 무려 700쪽이 넘는다. 크기와 무게 면에서는 《브리태니커 백과사전》과 견줄 만하다고 할 수 있다. 특별히 건장한 스포츠 선수가 아니라면 한 번에 다섯 권이나 여섯 권을 들기가 어렵고, 모두 합쳐서 25,000쪽이 넘는 전체를 한꺼번에 옮기려면 아마도 지게차가 필요할 것 같다.

《오페라 옴니아》는 1부에서 4부까지 크게 네 부분으로 나누어져 있고 각 부는 수십 개의 책들로 구성되어 있다. 1부의 두 권으로 되어 있는 제16권을 포함한 제1권부터 제29권까지의 서른 권은 대수학, 해석학, 수론 등과 같은 순수 수학 분야에서의 오일러의 업적이 실려있다. 2부는 두 권으로 완성된 제11권을 포함해서 제26권과 제27권이 완성되면 모두 서른 두 권으로 역학, 공학, 천문학에 관한 업적이 담겨있다. 3부는 2004년에 마지막으로 완성된 제10권을 포함해서 모두 열두 권으로 물리학과 그 외의 분야에 관한 것들이다. 그리고 현재도 편찬 작업이 한참인 4부는 다시 A와 B의 두 부분으로 나뉘어서 A의 열 권에는 오일러가 연구에 관해서 주고받은 서신들을 모았고, B의 일곱 권에서는 기타 다른 사본들을 정리할 예정이다.

각각의 책들은 대부분 내용을 요약한 것으로 시작하고 몇몇은 관련이 있는 다른 사람의 논문을 포함하고 있다. 예를 들면 우리가 6장에서 보았

바젤의 베르누이-오일러 센터에   파리 6대학 도서관에 있는
보관 중인 《오페라 옴니아》   《오페라 옴니아》

던 대수학의 기본 정리에 관한 오일러의 오류를 포함한 증명도 가우스의 비평과 함께 고스란히 실어 놓았다. 또 2부 제11권의 part 2는 영어로 쓰인 트루스델Clifford Truesdell의 탄성체elastic bodies에 관한 초기 이론들에 대한 책이다. 그러나 《오페라 옴니아》의 대부분은 순전히 오일러의 논문과 글들로 채워져 있다.

《오페라 옴니아》는 처음부터 원래 쓰인 언어 그대로 편찬하기로 결정했다. 그래서 오일러가 사용했던 라틴어와 프랑스어가 주로 사용되고 가끔씩 독일어가 사용된다. 영어만 읽는 독자들에겐 아쉬운 소식이지만 사실 영어로 번역된 오일러의 책이나 논문은 매우 드물다. 아래의 목차에서 소개한 대로 오일러가 쓴 대수학 교재와 《무한 해석학 입문》과 《독일 공주에게 보내는 편지》가 예외적으로 영어로 번역되어 있어 있다.

《오페라 옴니아》는 이렇듯 읽기도 쉽지 않고, 첫 번째 책인 제1부의 1권은 출판된 지 이미 100년도 더 지나는 등, 그 독특한 상황 때문에 주변의 도서관이나 서점에서 쉽게 찾아볼 수 없다. 직접 보려 한다면 연구자들을 위한 자료들을 잘 갖춘 큰 도서관부터 찾아나서야 한다.*

몇몇 논문들은 다행히 영어로 번역이 되어 있고 쉽게 찾아볼 수 있다. 예를 들어 이 책의 참고 문헌으로 쓰인 스미스David Smith의 《A Source Book in Mathematics》나 스트라위크Dirk Struik의 《A Source Book in Mathematics: 1200-1800》, 혹은 칼린거Ronald Calinger의 《Classics of Mathematics》, 포벨John Fauvel과 그레이Jeremy Gray의 《The History of Mathematics: A Reader》에서 오일러의 논문을 찾아볼 수 있다. 연분수에 관한 유명한 논문은 라틴어 학자인 마이라 와이만Myra Wyman과 수학자인 아들 보스트웍 와이만Bostwick Wyman 모자에 의해 번역되었다.[185]

라틴어/프랑스어/독일어 문맹들을 위한 또 다른 소스는 1983년 11월에 발행된 《Mathematics Magazine》이다. 오일러 서거 200주년을 기념하여서 발행된 것으로 비록 직접적으로 번역된 것은 아니지만 오일러의 업적에 관한 글들과 수학에서 오일러의 이름이 붙은 용어들을 상세하게 모아놓았다. 《오페라 옴니아》에 관한 이야기는 이쯤에서 마무리하고 이제 아래에 있는 목록을 보자. 우선 Vol. II. 5는 2부의 제5권을 의미한다. 각각의 책들은 부 안에서 주제별로 모아져 있고, 같은 주제 안에서는 출판된 시간순으로 정리되어 있다. 예를 들어, 오일러의 기하학에 관한 업적은 1부 제26권부터 제29권에 모아져 있고, 가장 오래된 업적은 제26권에 그리고 사후에 출판된 업적은 제29권에 들어 있다. 만약 오일러가 어떤 주제에 관해서 종합적인 글을 썼다면 출판 순서에 관계없이 그 주제의 논문을 모은 곳의 가장 앞쪽에 배치했다.

《오페라 옴니아》의 목록이다. 각 권의 출판 연도와 페이지 수와 주제도 함께 보여준다.

---

*서울대학교 도서관에서 전자책으로 일부 볼 수 있다.

오페라 옴니아

1부(Series I) 순수 수학

Vol. I.1 (Published 1911/ 651 pp.) the 1770 text on algebra
    Available in English as Vol. I.1 《Elements of Algebra》, trans. John Hewlett, Springer-Verlag, New York (1840 Reprint)

Vol. I.2 (Published 1915/ 611 pp.) papers on number theory

Vol. I.3 (Published 1917/ 543 pp.) papers on number theory

Vol. I.4 (Published 1941/ 431 pp.) papers on number theory

Vol. I.5 (Published 1944/ 370 pp.) papers on number theory

Vol. I.6 (Published 1921/ 509 pp.) papers on the theory of equations

Vol. I.7 (Published 1923/ 577 pp.) papers on combinatorics and Probability

Vol. I.8 (Published 1922/ 390 pp.) the 1748 *Introduction to analysin infinitorum*

Vol. I.9 (Published 1945/ 402 pp.) the 1748 *Introduction to analysin infinitorum*
    Available in English as Vol. I.9 《Introduction to Analysis of the Infinite》, trans. John Blanton, Springer-Verlag, New York, 1988.

Vol. I.10 (Published 1913/ 676 pp.) the 1975 text on differential calculus

Vol. I.11 (published 1913/ 462 pp.) the 1768 text on integral calculus

Vol. I.12 (published 1914/ 542 pp.) the 1768 text on integral calculus

Vol. I.13 (published 1914/ 505 pp.) the 1768 text on integral calculus

Vol. I.14 (published 1925/ 617 pp.) papers on infinite series

Vol. I.15 (published 1927/ 722 pp.) papers on infinite series

Vol. I.16 part 1 (published 1933/ 355 pp.) papers on infinite series

Vol. I.16 part 2 (published 1935/ 328 pp.) papers on infinite series

Vol. I.17 (published 1914/ 457 pp.) papers on integration

Vol. I.18 (published 1920/ 475 pp.) papers on integration

Vol. I.19 (published 1932/ 492 pp.) papers on integration

Vol. I.20 (published 1912/ 370 pp.) papers on elliptic integrals

Vol. I.21 (published 1913/ 380 pp.) papers on elliptic integrals

Vol. I.22 (published 1936/ 420 pp.) papers on differential equations

Vol. I.23 (published 1938/ 455 pp.) papers on differential equations

Vol. I.24 (published 1952/ 308 pp.) the 1744 text on the calculus of variations

Vol. I.25 (published 1952/ 342 pp.) papers on the calculus of variations

Vol. I.26 (published 1953/ 362 pp.) papers on geometry

Vol. I.27 (published 1954/ 400 pp.) papers on geometry

Vol. I.28 (published 1955/ 381 pp.) papers on geometry

Vol. I.29 (published 1956/ 446 pp.) papers on geometry

2부(Series II) 역학과 천문학

Vol. II.I (published 1912/ 407 pp.) the 1736 text on mechanics

Vol. II.2 (published 1912/ 459 pp.) the 1736 text on mechanics

Vol. II.3 (published 1948/ 327 pp.) the 1765 text on motion of rigid bodies

Vol. II.4 (published 1950/ 358 pp.) the 1765 text on motion of rigid bodies

Vol. II.5 (published 1957/ 324 pp.) papers on mechanics

Vol. II.6 (published 1957/ 302 pp.) papers on mechanics

Vol. II.7 (published 1958/ 326 pp.) papers on mechanics

Vol. II.8 (published 1964/ 417 pp.) papers on mechanics of rigid bodies

Vol. II.9 (published 1968/ 441 pp.) papers on mechanics of rigid bodies

Vol. II.10 (published 1947/ 450 pp.) papers on mechanics of elastic bodies

Vol. II.11 part 1 (published 1957/ 382 pp.) papers on mechanics of elastic bodies

Vol. II.11 part 2 (published 1960/ 428 pp.) Clifford Truesdell's The Rational Mechanics of Flexible or Elastic Bodies, 1638-1788.

Vol. II.12 (published 1954/ 288 pp.) papers on fluid mechanics

Vol. II.13 (published 1955/ 374 pp.) papers on fluid mechanics

Vol. II.14 (published 1922/ 481 pp.) Euler's translation of Benjamin Robins' book on artillery, with annotations

Vol. II.15 (published 1957/ 318 pp.) papers on the theory of machines

Vol. II.16 (published 1979/ 327 pp.) papers on the theory of machines

Vol. II.17 (published 1982/ 312 pp.) papers on the theory of machines

Vol. II.18 (published 1967/ 427 pp.) the 1749 text on naval science

Vol. II.19 (published 1972/ 459 pp.) the 1749 text on naval science

Vol. II.20 (published 1974/ 275 pp.) papers on naval science

Vol. II.21 (published 1978/ 241 pp.) pavers on naval science

Vol. II.22 (published 1958/ 411 pp.) the 1772 text on the theory of lunar motion

Vol. II.23 (published 1969/ 336 pp.) papers on solar and lunar motion

Vol. II.24 (published 1991/ 326 pp.) papers on solar and lunar motion

Vol. II.25 (published 1960/ 331 pp.) papers on the theory of astronomical perturbation

Vol. II.26 papers on the theory of astronomical perturbations, to appear in 2018

Vol. II.27 to appear

Vol. II.28 (published 1959/ 331 pp.) papers on motion od planets and comets

Vol. II.29 (published 1961/ 420 pp.) papers on astronomical precession and nutation

Vol. II.30 (published 1964/ 351 pp.) papers on eclipses and parallax

Vol. II.31 (published 1996/ 378 pp.) papers on tides and geophysics

3부(Series III) 물리학과 그 외의 분야

Vol. III.1 (published 1926/ 590 pp.) papers on general physics and acoustics

Vol. III.2 (published 1942/ 429 pp.) the 1738 text on basic school arithmetic

Vol. III.3 (published 1911/ 510 pp.) the 1769 text on optics

Vol. III.4 (published 1912/ 543 pp.) the 1769 text on optics

Vol. III.5 (published 1962/ 395 pp.) papers on optics

Vol. III.6 (published 1962/ 395 pp.) papers on optics

Vol. III.7 (published 1964/ 247 pp.) papers on optics

Vol. III.8 (published 1969/ 266 pp.) papers on optics

Vol. III.9 (published 1973/ 328 pp.) papers on optics, including E.A. Fellmann's essay on Euler's place in the history of optics (in German)

Vol. III.10 (published 2004/ 611 pp.)

Vol. III.11 (published 1960/ 312 pp.) the 768 Letters to a German Princess

Vol. III.12 (published 1960/ 310 pp.) the 768 Letters to a German Princess. Available in English as Letters of Euler on Different Subjects in Natural Philosophy, Vols. I and II , Amo Press, New York, 1975.

4부 A(Series IVA) 서신

Vol. IVA.1 (published 1975/ 666 pp.) index of Euler's known correspondence

Vol. IVA.2 (published 1998/ 747 pp.) correspondence with Johann and Nicolaus Bernoulli

Vol. IVA.3 part 1 (published 2016/ 608 pages) correspondence with Daniel, Johann II and Johann III Bernoulli

Vol. IVA.3 part 2 (published 2016/ 568 pages) correspondence with Daniel, Johann II and Johann III Bernoulli

Vol. IVA.4 part 1 (published 2015/ 592 pp.) correspondence with Goldbach

Vol. IVA.4 part 2 (published 2015/ 676 pp.) correspondence with Goldbach

Vol. IVA.5 (published 1980/ 611 pp.) correspondence with Clairaut, d'Alembert and Lagrange

Vol. IVA.6 (published 1986/ 453 pp.) correspondence with Maupertuis and Frederick the Great

Vol. IVA.7 (published 2017/ 633 pages) correspondence with L. Bertrand, Ch. Bonnet, M. M. Bousquet, J. de Castillon, G. Cramer, Ph. Cramer, G. Cuenz, A. von Haller, G. L. Lesage, J. M. von Loen, J. C. Wettstein

Vol. IVA.8 correspondence with J. A. von Segner and others, to appear in 2018

Vol. IVA.9 to appear

4부 B(Series IVB) 그 외의 사본

To appear

참고 문헌

[1] André Weil, *Number Theory An Approach through History*, Birkhauser, Boston, 1984, p.284.

[2] Raymond Ayoub, *Euler and the Zeta Rundtion*, The American Mathematical Monthly, Vol 81, No 10, 1974, p. 1069.

[3] Leonhard Euler, *Elements of Algebra*, John Hewlett, Springer-Verlag, New York(1840 Reprint), p. 296.

[4] Euler, *Opera Omnia*, Ser. I, Vol. 14, p. 12.

오일러의 삶

[5] Charles C. Gillispie, ed., *Dictionary of Scientific Biography*, Leonhard Euler, P. 468.

[6] Morris Kline, *Mathematical Thought from Ancient to Modern Times*, Oxford U. Press, ne York, 1972, p. 592.

[7] Cliffrd Truesdell, *Leonhard euler, Supereme Geometer*, in Euler's Elements of Algebra, p. xii.

[8] Ron Caliger, *Leonhard Euler: The First St. Petersburg Years(1727–1741)*, Historia Mathematica, Vol. 23, 1996, pp. 121–166 contains an account of the Basel problem and an excellent survey of Euler's first stay in Uussia.

[9] Cliffrd Truesdell, *Leonhard euler, Supereme Geometer*, in Euler's Elements of Algebra, p. xx.

[10]   Ibid., p. xv.

[11]   Ron Caliger, *Leonhard Euler: The First St. Petersburg Years(1727–1741)*, Historia Mathematica, Vol. 23, 1996, p. 143.

[12]   Euler, *Letters of Euler on Different Subjects in Natural Philosophy*, Amo Press, New York, 1975, p. 19.

[13]   [12]는 오일러의 《독일 공주에 보내는 편지》의 영어 번역이다.

[14]   Ibid., p. 155.

[15]   Ibid., p. ii.

[16]   see also Ron Caliger, *Euler's letters to a princess of Germany as an expression of his mature scientific outlook*, Archives of the History of the Exact Sciences, Vol. 15, No. 3. 1975/76.

[17]   Euler, *Letters of Euler on Different Subjects in Natural Philosophy*, Amo Press, New York, 1975, p. 26.

[18]   Cliffrd Truesdell, *Leonhard euler, Supereme Geometer*, in Euler's Elements of Algebra, p. xxix.

[19]   Roger Burlingame, *Benjamin Franklin: envoy Extraordinary*, Coward-McCann, New York, 1967, p. 182.

[20]   Euler, *Opera Omnia*, Ser. III, Vol. 12, p. 308.

제1장 오일러와 수론

[21]   Victor Klee and Stan Wagon, *Old and New Unsolved problems in Plane Geometry and Number Theory*, Mathematical Association of America, 1991, p. 178.

[22]   Nicomachus of Gerasa, *Introduction to Arithematic*, trans. Martin L. D'ooge, U. of Michigan Press, 1938, p. 209.

---

*ibid.는 "같은 곳에서"라는 뜻의 라틴어 ibidem의 축약이다.

[23] Leonard Eugene Dickson, *History of the Theory of Numbers*, Vol. 1, G. E. Stechert and Co., New York, 1934, p. 19.

[24] Stanley Bezuszka and Margaret kenney, "Even Perfect Numbers: (Update)^2," *The mathematics Teacher*, Vol. 90, No. 8, 1997, P. 632.

[25] Leonard Eugene Dickson, *History of the Theory of Numbers*, Vol. 1, G. E. Stechert and Co., New York, 1934, p. 7.

[26] Ibid, p. 10.

[27] Ibid, p. 12.

[28] André Weil, *Number Theory An Approach through History*, Birkhauser, Boston, 1984, p. 172.

[29] For Euler's argument, see William Dunham, *Journey Through Genius: Great Theorems of Mathematics*, Wiley, New York, 1990, Chapter 10.

[30] Euler, *Opera Omnia*, Ser. 1, Vol. 5, pp. 330-336.

[31] Harold M. Edwards, *Fermat's Last Theorem*, Springer-Verlag, New-York, 1997, p. 39.

[32] Euler, *Opera Omnia*, Ser. 1, Vol. 5, pp. 353–365.

[33] Euler, *Opera Omnia*, Ser. 1, Vol. 5, pp. 193–195.

[34] John Fauvel and Jeremy Gray. eds., *The History of Mathematics: A Reader*, Macmillan, London, 1987, p. 461.

[35] Along these lines, see Dan Kalman's "A Perfectly Odd Encounter in a Reno Cafe," *Math Horizons*, April, 1996, pp. 5–7.

[36] Euler, *Opera Omnia*, Ser. 1, Vol. 5, p. 355.

[37] Richard Guy, *Unsolved Problems in Number Theory*, Springer-Verlag, New York, 1981, p. 25.

[38] J. J. Sylvester, *Mathematical Papers*, Vol. 4, Chelsea, New York, 1973 (Reprint), pp.589–590.

[39] Ibid., p. 604 and pp. 611–615.

[40] Victor Klee and Stan Wagon, *Old and New Unsolved problems in Plane Geometry and Number Theory*, Mathematical Association of America, 1991, pp. 212–213.

[41] J. J. Sylvester, *Mathematical Papers*, Vol. 4, Chelsea, New York, 1973 (Reprint), p. 590.

[42] E. T. Bell, *The Queen of Sciences*, Williams and Wilkins, Baltimore, 1931, p. 91.

제2장 오일러와 로그함수

[43] Carl Boyer, *History of Analytic Geometry*, Scripta Mathematica, New York, 1956, p. 180.

[44] Euler, *Introduction to Analysis of the Infinite*, Book I, trans John Blanton, Springer-Verlag, New York, 1988, p. 3.

[45] Israel Kleiner, *Evolution of the Function Concept: A Brief Survey*, The College Mathematics Journal, Vol 20, No. 4, 1989, pp. 284–289.

[46] E. W. Hobson, *Squaring the Circle, A History of the Problem*, in Squaring the Circle and Other Monographs, Chelsea, New York, p. 42.

[47] Euler, *Introduction to Analysis of the Infinite*, Book I, p. vii.

[48] Victor Katz, *A History of Mathematics An Introduction*, Addison-Wesley, Reading, MA, 1998, p. 420.

[49] Euler, *Introduction to Analysis of the Infinite*, Book I, p. 84.

[50] John Fauvel and Jeremy Gray. eds., *The History of Mathematics: A Reader*, Macmillan, London, 1987, p. 403.

[51] Derek Whiteside, ed., *The Mathematical Papers and Isaac Newton*, Vol 2, Cambridge U. Press, 1968, pp. 184–189.

[52] Euler, *Introduction to Analysis of the Infinite*, Book I, p. 77.

[53] Ibid, p. 82.

[54] Ibid, p. 83.

[55] Ibid, p. 86.

[56] Ibid, p. 92.

[57] Ibid, p. 93.

[58] Ibid, p. 97.

[59] Ibid, p.94.

[60] Ibid, p. 96.

[61] Joseph Hofmann, *Leibniz in Paris 1672–1676*, Cambridge U. Press, 1974, p. 215.

[62] Euler, *Opera Omnia*, Ser I, Vol. 10, p. 122.

[63] Jakob Bernoulli, *Ars Conjectandi*, Impression Anastaltique Culture et Civilisation, Bressels, 1968 (Reprint), p. 251.

[64] Joseph Hofmann, *Leibniz in Paris 1672–1676*, Cambridge U. Press, 1974, p. 33.

[65] Euler, *Introduction to Analysis of the Infinite*, Book I, pp. 234–235.

[66] Euler, *Opera Omnia*, Ser I, Vol. 14, pp. 93–95.

[67] Euler, *Opera Omnia*, Ser I, Vol. 15, p. 116.

[68] J W L Glaisher, *On the History of Euler's Constant*, The Messenger of Mathematics, Vol 1, 1872, p. 29.

[69] Euler, *Opera Omnia*, Ser I, Vol. 15, p. 122.

제3장 오일러와 무한급수

[70] Jakob Bernoulli, *Tractatus de seriebus infinitis*, 1689, p. 247.

[71] Ibid., pp. 248–249.

[72] Ibid., p. 254.

[73] Euler, *Opera Omnia*, Ser. 1, Vol. 14, pp 39–41.

[74] Ibid., pp. 73–74.

[75] Ibid., pp. 84–85.

[76] Dan Kalman, *Six Ways to Sum a Series*, The College Mathematics Journal, Vol. 24, No 5, 1993, pp. 402–421.

[77] Euler, *Introduction to Analysis of the Infinite*, Book I, pp. 154–155.

[78] Johann Bernoulli, *Opera Omnia*, Vol 4, Georg Olms Verlagsbuchhandlung, Hildesheim, 1968 (Reprint), p.22.

[79] André Weil, *Number Theory An Approach through History*, Birkhauser, Boston, 1984, p. 184.

[80] Whiteside, ed, *THe Mathematical Papers of Isaac Newton*, Vol 5, p. 359.

[81] Euler, *Opera Omnia*, Ser. I, Vol. 6, pp. 20–25.

[82] Euler, *Opera Omnia*, Ser. I, Vol. 14, p. 185.

[83] Raymond Ayoub, *Euler and the Zeta Rundtion*, The American Mathematical Monthly, Vol 81, No 10, 1974, pp. 1067–1086.

[84] Howard Eves, *An Introductio to the History of Mathematics*, 5th ed., Saunders, New York, 1983, p.330.

[85] Euler, *Opera Omnia*, Ser. I, Vol. 14, p. 141.

[86] Ibid., pp. 178–181.

[87] Euler, *Introduction to Analysis of the Infinite*, Book I, p.158.

[88] Ibid., p. 165.

[89] Euler, *Opera Omnia*, Ser. I, Vol. 14, p. 80.

[90] Ibid., p. 440.

[91] Euler, *Opera Omnia*, Ser. I, Vol. 4, pp. 143–144.

[92] Alfred van der Poorten, *A Proof that Euler Missed*, The Mathematical Intelligencer, Vol. 1, No. 4, 1978, pp. 195–203.

제4장 오일러와 해석적 수론

[93] David Wells, *The penguin Dictionary of Curious and Interesting Numbers*, Penguin, New York, 1986, p. 176.

[94] Euler, *Opera Omnia*, Ser. 1, Vol. 3, pp. 359–404.

[95] Euler, *Opera Omnia*, Ser. 1, Vol. 14, pp. 216–244.

[96] Ibid., pp. 227–229.

[97] Leonard Eugene Dickson, *History of the Theory of Numbers*, Vol. 1, G. E. Stechert and Co., New York, 1934, p. 413.

[98] Euler, *Opera Omnia*, Ser. 1, Vol. 14, p. 243.

[99] Ibid., p. 242.

[100] André Weil, *Number Theory An Approach through History*, Birkhauser, Boston, 1984, p. 267.

[101] Ivan Niven, "A Proof of the Divergence of $\sum_p 1/p$." *The American Mathematical Monthly*, Vol. 78, No. 3, 1971, pp. 272-273.

[102] Euler, *Opera Omnia*, Ser. 1, Vol. 4, pp. 146–162.

[103] Ibid., P. 147.

[104] G. Lejeune Dirichlet, *Werke*, Vol. 1, Berlin, 1889, pp. 315–342.

[105] L. J. Goldstein, "A History of the Prime Number Theorem." *The American Mathematical Monthly*, Vol. 80, No. 6, 1973, pp. 599–614.

제5장 오일러와 복소변수론

[106] René Descartes, *The Geometry of René Descartes*, trans. David Eugene Smith and Marial Latham, Dover, New York, 1954, p. 175.

[107] Euler, *Elements of Algebra*, p. 268.

[108] Ibid., pp. 263–264.

[109] See Girolamo Cardano, *Ars Magna*, trans. T. Richard Witmer, Dover, New York, 1968, pp. 96–101. Or Dunham, *Journey Through Genius*, Ch. 6.

[110] Victor Katz, *A History of Mathematics An Introduction*, Addison-Wesley, Reading, MA, 1998, p. 336.

[111] Morris Kline, *Mathematical Thought from Ancient to Modern Times*, Oxford U. Press, ne York, 1972, p. 254.

[112] Euler, *Elements of Algebra*, p. 43.

[113] Euler, *Opera Omnia*, Ser. I, Vol. 6, pp. 66–77.

[114] Ibid., p. 118.

[115] David Eugene Smith, *A Source Book in Mathematics*, Dover, New York, 1959, pp. 440–450.

[116] Euler, *Opera Omnia*, Ser. I, Vol. 6, pp. 116–118.

[117] Morris Kline, *Mathematical Thought from Ancient to Modern Times*, Oxford U. Press, ne York, 1972, p. 626.

[118] Euler, *Introduction to Analysis of the Infinite*, Book I, pp. 106–107.

[119] Ibid., pp. 111–112.

[120] Euler, *Opera Omnia*, Ser. I, Vol. 19, pp. 431–432.

[121] Euler, *Opera Omnia*, Ser. I, Vol. 17, p. 219.

[122] Euler, *Opera Omnia*, Ser. I, Vol. 6, p. 136.

[123] Euler, *Opera Omnia*, Ser. I, Vol. 19, p. 419.

[124] Euler, *Opera Omnia*, Ser. I, Vol. 6, pp. 134–135.

[125] P. F. Fuss, *Correspondence Mathématique et Physique*, Vol. 1, Johnson Reprint, New York, 1968, p. 383.

[126] Euler, *Opera Omnia*, Ser. I, Vol. 6, pp. 132–133.

제6장 오일러와 대수학

[127] Euler, *Elements of Algebra*, p.186.

[128] See Descartes, pp. 180-187 and Whiteside, *The mathematical Papers of Isaac Newton*, Vol. 5, 0.413.

[129] Euler, *Elements of Algebra*, pp.282–288.

[130] Idid., p. 286.

[131] Morris Kline, *Mathematical Thought from Ancient to Modern Times*, Oxford U. Press, ne York, 1972, p.597.

[132] P. F. Fuss, *Correspondence Mathématique et Physique*, Vol. 1, Johnson Reprint, New York, 1968, pp. 170–171.

[133] Dirk Struik, ed., *A Source Book in Mathematics*: 1200–1800, Princeton U. Press, 1986, p.99.

[134] Euler, *Opera Omnia*, Ser. 1, Vol. 6, p. 107.

[135] See John, Stillwelll, *Mathematics and it History*, Springer-Verlag, New-York, 1989, pp. 195–200.

[136] Fuss, Vol. 1, p. 171.

[137] Euler, *Introduction to Analysis of the Infinite*, Book I, p. 124.

[138] Euler, *Opera Omnia*, Ser. 1, Vol. 6, pp. 93–94.

[139] Ibid., p. 95.

[140] Ibid., p. 99.

[141] Ibid., pp. 96–106.

[142] Ibid., p. 103.

[143] David Eugene Smith, *A Source Book in Mathematics*, Dover, New York, 1959, pp. 261–266.

[144] See, for instance, Israel Kleiner, "The Teaching of Abstract Algebra: An Historical Perspective," in *Learn from the masters*, Mathematical Association of America, Washington, D.C., 1995, pp. 225–239.

[145] Stillwell, p. 196, offers an interesting twist on this off repeated statement.

[146] Dirk Struik, ed., *A Source Book in Mathematics*: 1200–1800, Princeton U. Press, 1986, pp. 115–122.

[147] John Fauvel and Jeremy Gray. eds., *The History of Mathematics: A Reader*, Macmillan, London, 1987, p. 491.

제7장 오일러와 기하학

[148] T. L. Heath, ed., *The Thirteen Books of Eulid's Elements*, Vol. 1, Docer, New York, 1956, p.4.

[149] Albert Gminder, *Ebene Geometrie*, R Oldenbourg, Munich, 1932, p. 294.

[150] T. L. Heath, ed., *The Works of Archmedes*, Dover, New York, 1953, pp. 198–201.

[151] W. Dunham, *Journey Through Genius*, Chapter 5.

[152] Euler, *Opera Omnia*, Ser. I, Vol. 26, pp. 18–22.

[153] Euler, *Opera Omnia*, Ser. I, Vol. 6, pp. 139–157.

[154] David Wells, *The Penguin Book of Curious and Interesting Geometry*, Penguin, New York, 1991, p. 69.

[155] J. Ferrer, *A Vector Approach to Euler's line of a triangle*, The American Mathematical Monthly, Vol. 99, No. 7, 1992, pp. 663–664.

[156] Morris Kline, *Mathematical Thought from Ancient to Modern Times*, Oxford U. Press, ne York, 1972, p. 835.

[157] Ibid., p. 834.

[158] William Dunham, *An Ancient/Modern Proof of Heron's Formula*, Mathematics Teacher, Vol. 78, No. 4, 1985, pp. 258–259.

[159] Barney Oliver, *Heron's Remarkable Triangular Area Fourmula*, Mathematics Teacher, Vol. 86, No. 2, pp. 161–163.

[160] Florian Cajori, *A History of Mathematics*, Macmillan, New York, 1922, p. 297.

[161] David Eugene Smith, *A Source Book in Mathematics*, Dover, New York, 1959, p. 337.

[162] Morris Kline, *Mathematical Thought from Ancient to Modern Times*, Oxford U. Press, ne York, 1972, pp. 839–840.

[163] Carl Boyer and Uta Merzbach, *A History of Mathematics*, 2nd ed, Wiley, New York, 1991, p. 533.

제8장 오일러와 조합론

[164] Victor Katz, *A History of Mathematics An Introduction*, Addison-Wesley, Reading, MA, 1998, p. 214 and pp. 278–282.

[165] Jakob Bernoulli, *Ars Conjectandi*, p. 73.

[166] Ibid., p. 85.

[167] David Eugene Smith, *A Source Book in Mathematics*, Dover, New York, 1959, p. 275.

[168] Euler, *Opera Omnia*, Ser. 1. Vol. 7, pp. 435–440.

[169] Anders, Hald, *A history of probability and Statistics and their Applications before 1750*, Wiley, New York, 1990, p.340.

[170] Euler, *Opera Omnia*, S.er. 1. Vol. 7, pp. 436–438.

[171] Ibid., pp. 439–440.

[172] André Weil, *Number Theory An Approach through History*, Birkhauser, Boston, 1984, pp. 276–277.

[173] Euler, *Introduction to Analysis of the Infinite*, Book I, pp.275–276.

[174] Ibid., pp. 277–278.

[175] Euler, *Opera Omnia*, Ser. 1, Vol. 7, pp. 542–545.

[176] Ibid., pp. 11–25.

[177] Ibid., p. 25.

[178] A very nice survey is H. L. Alder's "Partition Identities–from Euler to the Present", *The American Mathematical Monthly*, Vol. 76, No. 7, 1969, pp. 733–746.

맺는말

[179] André Weil, *Number Theory An Approach through History*, Birkhauser, Boston, 1984, p. 169.

[180] Morris Kline, *Mathematical Thought from Ancient to Modern Times*, Oxford U. Press, ne York, 1972, p. 468.

[181] Stillman Drake, trans, *Discoveries and Opinions of Galileo*, Doubleday Anchor Books, Garden City, New York, 1957, p. 1.

[182] Robert E. Egner and Lester E. Dennon, eds., *The Basic Writings of Bertrand Russell*, 1903–1959, Simon and Schuster, New York, 1961, p. 254.

부록

[183] For the actual list, see Fuss, *Correspondence Mathématique et Physique*, Vol. 1, Johnson Reprint, New York, 1968, pp. LVII–CXX.

[184] S. B. Engelsman, *What You Should Know about Euler's Opera Omnia*, Nieuw Archief voor Wiskunde, 4th Series, Vol. 8, No. 1, 1990, pp. 67–79.

[185] B. F. Wyman and M. F. Wyman (trans.), *Mathemacical System Theory*, No. 18, Vol. 4, 1985, pp. 295–328.

찾아보기

【ㄱ】

가우스Gauss, Carl Friedrich . . 51, 105, 134,
　　158–159, 163, 233
가이Guy, Richard 19
각
　　　　각의 삼등분선 194
　　　　각의 이등분선 169, 173, 194–195
갈릴레오 229
거리 공식 176
《계산의 예술 The Art of the Calculator》. 198
고르곤 점Georgonne point 192
곡선 25, 26
골드바흐Goldbach 133
골드바흐Goldbach, Christian . xxiii, 9, 143,
　　146
곱의 법칙 199–201, 210
곱의 성질 12
공리 166
그래프 이론 227
그레고리Gregory of St. Vincent 31
그레고리Gregory, James 30, 40
급수
　　　　p-급수 56, 67, 71, 73, 78–80

로그 38–47, 52, 59, 61, 95
무한등비급수 20, 54, 55, 59, 61,
　　68, 217
사인 62
유한등비급수 4, 20, 45
일반화된 이항전개 30–33, 74, 122
조화급수 . . 22, 42–47, 52, 53, 56,
　　90–95, 98, 99, 101
지수함수 36–37
《기하학 Géométrie》. 107, 135
기하학
　　그리스 2, 166, 172, 192, 194
　　비유클리드 기하학 165, 192
　　사영 기하학 192
　　종합 기하학Synthetic geometry . . 165,
　　　　166, 187, 188
　　해석 기하학 . . 165, 176, 186–188
　　해석적 기하학 81, 108

【ㄴ】

나겔 점Nagel point 192
나폴레옹의 정리Napoleon's Theorem . . . 192
내심 167, 169–170, 173, 189, 194

253

내접원 169, 172–173, 190–191
내접원의 반지름 170
네이피어Napier, John 28, 33
노데Naudé, Philippe .. xxiii, 215, 216, 220
높이 180, 181, 189, 193
뉴턴Newton, Isaac 30–34, 38, 67, 137
뉴턴의 공식 67
니븐Niven, Ivan 100
니코마쿠스Nicomachus 3
니콜라이Nicolai, F.B.G. 51

【 ㄷ 】
단원근roots of unity 115, 116
달랑베르d'Alembert, Jean 144, 145
대수학
    대수학의 기본 정리 ... xxiii, 136,
        141–159, 162–163, 233
    오일러의 정의 136
    추상 대수학 158
《대수학 원론 Elements of Algebra》 ... 110,
    114, 136, 137
대수학 113
데카르트Descartes, René 8, 107, 115, 135,
    137, 176–188
델 페로Del Ferro, Scipione ... 110, 135–136
《독일 공주에게 보내는 편지》 ... xxiv,
    xxv, 233, 242
둘레의 반semiperimeter 170, 171
드 무아브르De Moivre, Abraham . 116, 121,
    206
드 무아브르의 정리 116–118, 121–123,
    127

디리클레Dirichlet, Peter Gustav Lejeune . 104–
    106

【 ㄹ 】
라이프니츠Leibniz, Gottfried Wilhelm .. xviii,
    45, 57, 114, 115, 130–131, 133, 143
라플라스Laplace, Pierre-Simon de Laplace . ix,
    xxix, 27
램Lamb, Horace 229
러셀Russell, Bertrand 230
레위 벤 게르손Levi ben Gerson .. 198, 201
렌Wren, Christopher .... xi, xvi
로그 27–35, 45–47
    쌍곡로그 37
    자연로그 ($\ln x$) 32, 37, 38, 41,
        145, 225
    표 29
    황금률 35, 40
로미오와 줄리엣 187
로바체프스키Lobachevski 165
로베스피에르Robespierre xvii
로피탈의 정리 60
루디오Rudio, Ferdinand 232
르장드르Legendre, Adrien-Marie 106
리만Riemann 106, 134, 158
리우빌Liouville, Joseph 161–163
리우빌의 정리 161–163
리틀우드Littlewood, J. E. 84

【 ㅁ 】
마스케로니Mascheroni, Lorenzo 51
메르센 소수 5–6, 17

메르센Mersenne, Marin 5, 8
메르카토르Mercator, Nicolas 30, 33–34, 38
멩골리Mengoli, Pietro .... xxi, 57
몰리Morley, Frank 194–195
몰리의 정리 194–195
몽골피에 형제Montgolfier brothers ... xxviii
몽모르Montmort, Pierre Remond de . 205–206
몽주Monge, Gaspard 187
무게중심 . 167–168, 175–177, 180, 182, 184, 196
무한 곱 . . 64–65, 77, 217–218, 221–222
《무한 급수에 관하여 Tractatus de seriebus infinitis》 43, 53–55, 57
《무한 해석학 입문 Introductio in analysin infinitorum》 . . . xxiii, 25–27, 34–35, 41, 45, 65, 116, 121, 135, 216, 220, 233
《무한급수에 대한 다양한 관찰 Variae observationes circa series infinitas》 88
미분방정식 227
《미분학 입문 Institutiones calculi differentialis》 xxiii, 41
미켈란젤로Michelangelo 17

【ㅂ】
바빌러스Bovillus, Carolus 8
바스카라Bhaskara 198, 201
바이어슈트라스Weierstrass, Karl . 134, 158
바젤 대학University of Basel xviii
바젤의 문제 . xxi, xxii, 53, 57, 58, 63, 65, 73, 76
발레 푸생Vallée Poussin, C. J. de la 106
방정식

거듭제곱근 풀이solution by radicals 110, 157
사차 136
삼차 108–114, 121, 133–137, 139–140, 149
오차 141, 151, 156–157
이차 108–110, 133, 135, 141
일차 135
《방정식의 허근에 관한 연구Recherches sur les racines imaginaries des équations》 117, 146
베르누이 수 73
베르누이, 니콜라스Bernoulli Nicolaus 143, 206
베르누이, 다니엘Bernoulli, Daniel . xx–xxi, 6, 73
베르누이, 야코프Bernoulli, Jakob ..... xxi, 43–45, 52–58, 61, 198–204
베르누이, 요한Bernoulli, Johann . xviii–xxi, 66, 130–133
베를린 학술원Berlin Academy . . xxiii–xxvi
베셀 함수 207
베셀Wessel, Caspar 159
베유Weil, André .... xii, 66, 227
벤 다이어그램 207
벨Bell, Eric Temple 23
변분법 .... xii, 227
보이어Boyer, Carl 25–26
《보편적 산술Arithmetica Universalis》 67
복소 평면 159
볼테르Voltaire xxvi
봄베리Bombelli, Rafael 113–115, 135

255

부분분수 144, 145
부분적분법 59, 61, 75
분할 198, 214–222
브리앙숑Brianchon, C. J. 193–194
브릭스Briggs, Henry ... xiv, 28–30, 33, 40
비교판정법 57–58
비에트Viète, François 135, 136

【ㅅ】
사라사Sarasa, Alfonso de 31
삼각함수 공식 189–190
삼각함수를 이용한 치환 125, 145
상트 페테르부르크 학술원St. Petersburg Academy . xx–xxii, xxv–xxvi, xxviii, 9, 205
《새로운 두 과학의 대화 Dialogues Concerning Two New Sciences》 229
샬Chasles, Michel 187
선형해석linear interpolation 29
세인트 폴 대성당St. Paul's Cathedral xi
셰익스피어Shakespeare, William 17, 81, 106, 187
소수 2–16, 19–22, 82–106
　　소수의 무한성 82, 84–86, 94
　　소수의 역수들의 합 .. 94, 98, 99, 102, 103
소수 정리prime number theorem ... 105–106
소포클레스Sophocles 17
수
　　무한히 작은 수 ... 35, 36, 38, 52, 63, 122–123
　　무한히 큰 수 36, 38, 52, 62, 122–123
삼각수triangular number 54
서로소 12–14, 104
완전수perfect number 1–23, 52
제곱수가 아닌 수 100–102
짝수배 홀수 2
친화수amicable number 10–11
수선 167, 177
수심 167, 175–179, 182, 184, 185, 196
수직이등분선 169, 176, 181
수학적 귀납법 198, 222
순열 198–202, 208–211
슈마허Schumacher, Johann xxii
스위스 과학 학술원Swiss Academy of Sciences 232
스타이너Steiner, Jakob 187
스터디Study, Eduard 187
실베스터Sylvester, J. J. 19
실수의 완비성 49

【ㅇ】
아다마르Hadamard, Jacques 106, 121
아라고Arago, François 73
아르강Argand, Jean-Robert 159
아르키메데스Archimedes .. 165–168, 175
아르키메데스의 점 168
아리스토텔레스Aristotle 166
아벨Abel, Niels 157–158, 163
아유브Ayoub, Raymond xiii
아크사인 74–76
아크탄젠트함수 145
아페리Apéry, Roger 80

찾아보기

아폴로니우스Apollonius 165–166
아홉 점의 원 . . . . 포이어바흐 원을 함께 참조, 194
알-콰리즈미al-Khowârizmî, Muhammad ibn-Musa 135, 136
알-키프티Ibn al-Qifti 166
에네스트룀Eneström, Gustaf 231
에드워즈Edwards, Harold 10
에베레스트 산 187
《여러 가지 기하학적 증명 Variae demonstrationes geometriae》 172
예카테리나 I세Catherine I of Russia . . . xxii
예카테리나 대제Catherine the Great . . . xxvi
역도함수 125, 145
《역학 Mechanica》 xxiii
연분수 234
오일러 상수 (γ) 47–52
오일러 선 165, 175, 185–188, 191–196
오일러-데카르트 공식 227
오일러-마스케로니 상수 . . . . 오일러 상수를 참조, 51
오일러Euler, Leonhard
　편지 133
　독일에서 삶 . . . . xxiii–xxvi
　러시아에서 삶 . . . . xix–xxiii, xxvi–xxviii
　수학적 업적 231–239
　스위스에서 삶 . . . . xvii–xix
　편지 . . . xxiii, 6, 9, 73, 143, 146, 215, 220, 232

《오일러의 적분학에 관한 노트 Adnotationes ad calculum integrale Euleri》 51
오일러의 항등식 . . . . xxiii, 123–126
《오페라 옴니아 Opera Omnia》vii, xii–xiii, 10–234
와이만, 마이라Wyman, Myra 234
와이만, 보스트윅Wyman, Bostwick 234
완전순열 208–213, 220, 222–223
　완전순열의 확률 223–225
외심 168, 175–177, 181–185, 196
외접원 168, 181, 193
우니크르누스Unicornus 8
《우연의 법칙 The Doctrine of Chances》 . 206
워싱턴Washington, George xvii
《원론 Elements》 . . . 1–3, 26, 82, 135, 166, 169
원적법quadrature of the circle 61
웨건Wagon, Stan 1
웰스Wells, David 185
《위대한 기술 Ars Magna》 112, 136
월리스의 공식 65, 66
유클리드Euclid . . . . xiv, 1–8, 11–13, 16–17, 23, 26, 82–85, 94, 135, 165, 166, 169, 175, 186, 194
이차방정식의 근의 공식109, 110, 115, 129, 147, 157
인수분해의 유일성 4
일치Rencontre(coincidence) 206

【ㅈ】
재귀공식 205, 213, 222, 223
《적분학 입문 Institutiones calculi integralis》

257

xxvii
절댓값 160
조합 200–202
조합론 ... 197, 198, 198–206, 214, 225
조합론적 위상수학 227
중간값 정리 108, 150–151, 155
중선 168, 180

【 ㅊ 】
천왕성 xxviii
체비쇼프Chebyshev, Pafnuty 106
《추측술 Ars Conjectandi》 198, 204
《친화수 De numeris amicabilibus》 10

【 ㅋ 】
카르노Carnot, Lazare N. M. 187
카르다노Cardano, Girolamo .. 112, 135–136
카르다노의 공식 ... 112–114, 118–121, 138
카조리Cajori, Florian 192
카타리나 그셀Euler, Katharina Gsell ... xxi, xxvi, xxviii
코시Cauchy, Augustin-Louis 134, 158
콩도르세Condorcet, Marguis de xxix
쾨니히스베르크의 다리 문제Königsberg Bridge Problem 227
쿡 선장Cook, Captain James xvii
크로네커Kronecker, Leopold 93
큰수의 법칙 198

【 ㅌ 】
탄성체Elastic bodies 233

트루스델Truesdell, Clifford ... xxii, 16, 233
트레즈Treize 205

【 ㅍ 】
페라리Ferrari, Ludovico 136
페르마Fermat, Pierre de 9, 86, 87
페이디아스Pheidias 17
《평면의 균형에 관하여 On the Equilibrium of Planes》 168
포이어바흐 원Feuerbach circle ... 192–194
포이어바흐Feuerbach, Karl Wilhelm 194
폰 솔트너von Soldner, Johann Georg 51
퐁슬레Poncelet, Jean-Victor .. 188, 193–195
푸리에 급수 207
프랭클린Franklin, Benjamin .... xvii, xxviii
프리드리히 대제Frederick the Great .. xxiii–xxvi
프톨레마이오스Ptolemy 166
플라톤Plato 166
피타고라스 2

【 ㅎ 】
할Hald, Anders 206
함수 25–27
　감마함수gamma function 50, 227
　다항식함수 27
　로그함수 27–34
　삼각함수 27
　유계 158, 161
　전해석 함수 161–162
　제타함수zeta function 73
　지수함수 27, 34–35

해석적 함수 161
해석적 수론 81, 82, 99, 104–106
《해석학의 정석 The Analytic Art》 135
해왕성 xxviii
햄릿 xiii
헤론Heron . xiv, 166, 171–175, 189, 195
   헤론의 공식 .. 165, 167, 170–176,
       183, 186–187, 189–191
호메로스Homer 166
홉슨Hobson, E. W. 26

【 E 】

e 37, 50, 127, 225

【 I 】

$i(=\sqrt{-1})$ 116, 127

【 P 】

Pi (π) 50, 62, 65, 127

EULER, THE MASTER OF US ALL
by William Dunham

Copyright ⓒ William Dunham, 1999
Korean Translation Copyright ⓒ KYUNGMOONSA, 2016

우리 모두의 수학자
오일러

지은이	윌리엄 던햄
옮긴이	김영주·김지영
펴낸이	조경희
펴낸곳	경문사
펴낸날	2016년 7월 1일 1판 1쇄
	2018년 9월 1일 1판 2쇄
등 록	1979년 11월 9일 제313-1979-23호
주 소	04057, 서울특별시 마포구 와우산로 174
전 화	(02)332-2004 팩스 (02)336-5193
이메일	kyungmoon@kyungmoon.com

 facebook.com/kyungmoonsa

값 15,000원

ISBN 978-89-6105-966-4

★ 경문사 홈페이지에 오시면 즐거운 일이 생깁니다.
http://www.kyungmoon.com

한국과학기술출판협회 회원사